# 石油化工企业

## 电信工程设计与规范应用

张力克 · 编著

中国石化出版社
·北京·

## 内容提要

本书回顾了石油化工企业电信设计专业的发展过程，介绍了石油化工企业电信系统的设计原则和原理，结合SH/T 3153—2021《石油化工电信设计规范》，详细介绍了石油化工电信设计的内容、系统构成、设计原则与技术要求。本书明确了设计的责任与义务，要求用技术指标实施精确设计，克服随意倾向，指出了设计专业间及工程各方的界面关系与责任。

本书可供石油化工、天然气化工、煤化工企业，液化天然气接收站、石油库新建、扩建和改建工程的电信设计人员、设计管理及设计审查人员、使用与维护人员以及希望了解石油化工行业电信系统的人员参考。

**图书在版编目(CIP)数据**

石油化工企业电信工程设计与规范应用/张力克编著.—北京：中国石化出版社，2024.3
ISBN 978-7-5114-7312-7

Ⅰ.①石… Ⅱ.①张… Ⅲ.①石油化工企业-通信工程-设计规范 Ⅳ.①TE46

中国国家版本馆CIP数据核字(2024)第038506号



**中国石化出版社出版发行**
地址:北京市东城区安定门外大街58号
邮编:100011　电话:(010)57512500
发行部电话:(010)57512575
http://www.sinopec-press.com
E-mail:press@sinopec.com
北京富泰印刷有限责任公司印刷
全国各地新华书店经销
*
787毫米×1092毫米16开本16印张342千字
2024年3月第1版　2024年3月第1次印刷
定价:96.00元

# 前 言

石化行业是国家的支柱产业，石油炼制与化工生产企业作为行业中的重要组成部分具有工艺技术复杂、运行条件苛刻、生产规模大、连续性强的特点。石油化工企业生产风险与危险大，发生火灾与爆炸事故后，群死群伤的概率高、经济与财产损失大，属于投资密集的高危行业。因此石油化工企业工程设计要确保安全，企业的电信系统设计要为企业的安全管理服务，为企业的安全管理指挥服务。

SH/T 3153《石油化工电信设计规范》作为石油化工企业电信工程唯一的设计标准，全面地覆盖了石油化工企业电信专业工程设计的各个系统与设计环节，是一部电信专业工程设计的综合专业规范。SH/T 3153—2021 要求以技术指标为依据进行设计，将设计参数落实到设计过程的设备与设施中，让设计的电信系统更有效、精准地为企业生产服务。SH/T 3153—2021 更正了以往标准中不符合石油化工企业特点的做法，明确了工程设计应达到的深度要求，明确了电信专业与相关专业及与设备制造、施工安装的设计界面与责任界面，明确了电信工程设计应承担的责任与义务。近些年，电信专业涉及的系统蓬勃发展，电信专业的设计标准却得不到及时跟进，SH/T 3153—2021 的实施改善了这种现状，使得石油化工企业电信工程设计有章可循、有法可依。由于本版规范修订涉及与更新的内容较多，使得设计人员在规范的使用过程中出现了一些理解和应用困难，为便于广大设计人员更好地理解和使用 SH/T 3153—2021，现编写《石油化工企业电信工程设计与规范应用》(以下简称《规范应用》)，以帮助广大设计人员从企业电信专业的发展过程、石油化工企业管理与生产的需求和特点等方面理解规范中的条款，使电信系统的工程设计更加符合石油化工企业的需求，使工程设计过程有序进行，依法实施。

《规范应用》明确了企业电信工程设计的必要设计程序及输入输出条件的关联关系，简述了系统的工作原理与技术指标的作用，为正确理解与设计电信系统提供了帮助。

《规范应用》指出了电信专业设计人员需要掌握的知识范围，明确了基础工程设计阶段在电信系统设计过程中的作用和对专业管理的重要性，为电信专业的管理与工程项目管理和监督提供了指导。

《规范应用》可供包括石油化工、天然气化工、煤化工企业及液化天然气接收站、石油库的新建、扩建和改建工程的电信设计人员、设计管理及设计审查人员、使用与维护人员以及希望了解石油化工行业电信系统的人员阅读。

SH/T 3153—2021 的管理由中国石油化工集团有限公司负责，规范编制组负责解释。本书对 SH/T 3153—2021 的释义不属于官方解读，解释的内容仅作为作者对 SH/T 3153—2021 的理解，不具有法律效力，仅供读者参考。

# 目　录

# 1 概述

石油化工电信专业是服务于石油化工企业生产和管理，服务于企业应急安全管控的专业，《石油化工企业电信工程设计与规范应用》(以下简称《规范应用》)回顾了石油化工企业电信专业的发展和专业设计内容的变化与扩充过程，介绍了石油化工企业电信系统的设计原则与原理，以诠释 SH/T 3153—2021《石油化工电信设计规范》(以下简称《规范》)与应用为目的，浅析了电信系统的功效与设计原则，释疑了《规范》中条款的目的与技术指标作用。

《规范应用》适用于石油化工、天然气化工、煤化工企业及液化天然气接收站、石油库的新建、扩建和改建工程中的电信设计人员、设计管理及设计审查人员、使用与维护人员和希望了解石油化工行电信系统的人员使用。为了解石油化工企业电信系统的功能效用，了解石油化工企业电信系统设计的原则、步骤、深度及与其他行业电信系统设计的区别提供了帮助。

《规范应用》对电信设计过程中基础工程设计阶段设计文件的重要作用作了重点说明，明示了基础工程设计阶段设计文件深度的必要性，明确了基础工程设计文件必须具备的设计技术指标，对工程管理与设计审查人员知晓技术管理内容和要实现的目标及设计文件应具备的深度提供了参考，为石油化工企业电信工程设计的有序管理提供了技术支持。《规范应用》诠释了《规范》中设计与施工、设备制造的责任范围，有助于设计与工程管理人员厘清设计与施工、设备制造的责任界面关系，也有利于设计与工程管理人员有序设计与管理。

《规范》根据中华人民共和国工业和信息化部《2015 年第三批行业标准制修订计划》(工信厅科〔2015〕115 号)的要求，在原 SH/T 3153—2007《石油化工企业电信设计规范》和 SH/T 3028—2007《石油化工装置电信设计规范》合并的基础上，参照石油化工企业电信系统十几年的发展而修订。在《规范》修订的过程中，组织了相关设计单位和安全管理部门、生产企业参与，并征求了行业内大量专业人员意见。

《规范》是石油化工企业电信工程唯一的设计标准，涵盖了企业中电信专业涉及的全部设计内容与各设计阶段需完成的文件内容，《规范》编制立足于石油化工企业的特点，填补了其他相关电信标准未能涵盖与体现的石油化工企业内容及特点，剔除了其他电信标准中不适合石油化工企业特点的内容与条款，形成了适用于石油化工企业特点的设计标准，改变了石油化工企业电信工程设计受相关标准条款约束造成的混乱状态，使得石油化工企业电信设计有章可循、有法可依。

# 2 电信专业回顾

## 2.1 专业发展历程

20世纪50年代中后期，随着国民经济的恢复，国家开始了新一轮经济建设，改造了一批遗留的炼油化工项目，开始了新炼油厂的建设，在建设中为使企业的电信设计满足与符合石油化工企业的需求与特点，设计单位配套设立了专职的通讯专业。通讯专业成立之初，专业的设计范围确定为全厂性的弱电系统设计，专业的行政管理纳入全厂性电气专业管理，即简称为强弱电组或电气组，专业的简称为“讯”。通讯专业成立时，承担的设计内容主要包括有线电话通信系统、无线通信系统、有线广播系统、直流子母钟(时钟)系统，以及相关的线路设计。随着时代的进步，通讯专业的设计范围得到了扩展，后续增加了视频图像、火灾报警及与安全保卫相关系统的设计内容，通讯专业由单纯的通讯设计扩展到工艺过程控制以外的所有弱电领域，于80年代初，通讯专业陆续更名为电信专业。

电信专业有线电话通信系统的设计内容以企业内的行政电话系统、调度电话系统、直通电话部分为主。行政电话系统负责企业内部各生产岗位、管理岗位间的语音通信联络，并通过中继线路与本地或异地建立市话或长话联系。调度电话系统主要承担企业内生产调度和管理指令下达与接收岗位工况的即时反馈，根据生产管理组织结构的需要，调度电话系统依照企业管理层级分别有厂调度电话系统和车间调度电话系统，随着企业规模的扩大，又出现了总厂或公司级调度电话系统。各调度电话系统按管理层级层层相连，形成了企业的调度指挥通信网络。近些年，随着企业一体化与扁平化管理的出现，出现了由企业调度岗位直接指挥生产岗位的生产管理指挥模式，企业调度电话系统的层级逐步减少，车间级调度电话系统已较为少见。调度电话系统同时还兼有语音电话会议功能，该功能通常用于企业每日晨会的组织与服务，随着企业管理水平提高与电信设施进步，电话会议功能逐步发展成为跨区域跨企业的电话会议系统，并融入了视频图像功能。直通电话是各生产岗位间热线语音通信设施，其主要特点是提供及时准确的语音通信服务，即无须拨号，摘机对方立即振铃，对方摘机即可通话，不需要电话交换机的交换过程，也不存在线路被占用的可能，属于无障碍迅捷联系的语音通信手段。有线电话系统具有通信可靠性高的特点，系统时时刻刻都能够保证通信的畅通，正是因为有线电话系统长期保持高可靠畅通，使人误以为有线电话系统简单，产生了电话系统永远不会中断的错觉，掩盖了有线电话系统对可靠性环节的要求，忽略了电话系统安全环节的设计。

专业建立之初的有线广播系统是以满足非生产性广播系统需求设置的公共广播，该系统对系统的安全性与可靠性要求低，主要服务于厂前区域的公共场所，广播的内容以新闻时事、通知及娱乐类为主。20 世纪 70 年代初，随着国家改革开放的实行，国家引进了一批国外生产装置，同时国外的生产指挥管理模式也一并引入，在引进的石油化工化纤生产装置区率先使用了生产扩音对讲系统，80 年代后期随着炼油企业控制操作由分散布置的控制室提升为集中布置的中心控制室形式，内外操岗位距离增大，岗位责任进一步明确，生产扩音对讲系统在新建炼油企业内得到广泛应用。进入 21 世纪后，石油化工企业的广播系统又增加了应急(消防)广播需求，补充完善了人员安全疏散指挥管理功能，形成了应急广播、生产扩音对讲广播(冶金企业称为指令通信系统)和公共广播的企业广播体系，企业的广播体系由单纯的语音通知娱乐广播逐步转化为以生产指挥与人员安全疏散指挥为主的广播系统，由此对系统的安全可靠性与性能指标需求也提出了具体指标要求。广播系统设计的核心要求是确保播出的语音具有高听懂度要求，要在系统应用覆盖范围内提供低失真和足够语音声压信号压制噪声干扰的广播，确保受众能够听清听懂播出的信息。在应急(消防)广播系统设计中，要求确保系统的完好与完整性，对系统与线路进行完整性侦测，对线路异常中断和设备故障实施告警，防止在应急工况下因系统异常而无法使用。

直流子母钟(时钟)系统是企业生产的时间基准，在石英电子钟没有出现和手表不普及的年代，企业生产的时间节奏全部依靠直流子母钟进行管理，现在铁路、车站等场所依旧沿用子母钟报时系统。随着生活水平提高，手表和石英钟的普及，企业内曾一度不再设置直流子母钟系统。近些年，随着技术进步和企业控制系统种类增加、管理操控集中度提升，各系统间的集成互控与对数据储存时间的要求更为精确，由各系统自带时钟产生的时间漂移问题日渐凸显，需要企业恢复建立统一的时钟基准，恢复对各系统统一授时的时钟管理系统，用现代更精准的授时管理系统替代原有的直流子母钟(时钟)系统。

无线通信系统的快速发展源于 20 世纪 70 年代以后无线通信系统的普及与应用，企业应用的无线通信主要有无线对讲、无线载波通信、一点多址(一种集群通信)等系统。无线通信系统是将语音或数据信息通过特定频率调制传输的系统形式，属于解决通信终端设备最后一公里灵活性的通信传输设施。无线通信系统给用户带来了使用的便捷性，但在开放空间传输的信号极易受到干扰、遮挡和攻击，传输的可靠性低于有线通信系统，不适用于重要信息的传输，因此在《规范》中将其定位于“作为有线通信系统的补充与延伸”，宜作为辅助或补充通信传输系统使用。由于无线通信系统在开放空间传输有信息泄露的风险，因此要求凡“涉及保密的信息不应在无线通信系统中传输”，而“涉及保密的信息”不仅指语音信息，同时还包括数据控制指令等信息，以防止控制指令信息遭受攻击影响企业生产安全。

工业视频监视的大规模应用起源于 20 世纪 70 年代钢铁企业的大型轧钢设备引进，80 年代中期石油化工行业开始应用电视监视系统，90 年代随着摄像机防爆防护技术成熟，防爆型摄像机开始进入易燃易爆生产区域。经过40年的发展，电视监视系统经历了模拟控制和数字控制阶段，系统也从单头单尾演变成与一体化企业管控相吻合的统一管理系统构架，成为企业一体化建设集中操控的有效视频监视手段。视频监视的业务范围由单纯的工业生产过程监视扩展过渡到企业的生产过程监视、安全防范监视、人员管理监视等多个领域，实现了企业全域图像监视。同时还利用图像智能处理技术实现了探测报警功能，系统名称也由工业电视系统更名为电视监视系统。

电视监视系统是将摄像机采集的模拟信号经线路传输和系统控制由显示设备以模拟信号形式将其还原成图像的系统。模拟电视监视系统是以模拟信号进行传输线路并实施一对一切换控制的系统，具有实时性好无延时无信号传输损伤、结构简单明了易维护的优点。缺点是信号衰减补偿烦琐、传输距离短，通常在远距离传输中多采用光传输方式。数字电视监视系统是将模拟信号转换成数字信号进行传输和控制，最终还原成模拟图像信号显示的系统，具有传输线路简洁和图像便于处理的优点，但数字系统通常为共用通道传输，存在实时性差、传输与交换带宽受限、数据易拥塞等问题，信号的模数/数模转换与数字化处理过程会造成像素损失与传输时延。近几年出现了一种被称为广播级高清电视的系统形式，该系统的图像信号传输与控制以模拟方式为主，以获得高清的图像信号，控制信令传输与控制以数字信号方式为主，广播级高清电视的系统受应用范围小、技术复杂与不成熟的影响未得到广泛应用。随着光交换技术和量子通信技术的发展与成熟，光交换技术与量子通信技术为电视监视系统的高带宽传送和降低系统时延提供了新的技术前景，为大幅提高系统的性能指标提供了技术突破可能性。

石油化工企业属于火灾危险企业，自诞生之初企业便与火灾防范及消防施救相伴，企业建立有健全的火灾报警与管理的设备设施体系。早先企业的火灾报警设施以有线语音报警和有线通信指挥为主，企业设置有火灾电话报警系统。自GB 50116—1988《火灾自动报警系统设计规范》诞生以来，随着火灾自动报警系统标准体系完善与设备成熟，火灾自动报警系统开始在石油化工企业中得到应用，SH 3028—1990《石油化工企业生产装置电信设计规范》中作了明确规定，并在以后的各类石油化工设计标准中不断完善。石油化工企业的火灾自动报警系统设计与民用建筑等行业有众多差异，其主要差异有以下几个方面：①企业的管理范围大，存在大量的露天可燃物生产储存场所，场所内的可燃物料及火灾参数相对固定具备精准探测的条件；②可燃物料的火灾蔓延速度极快，需要准确判断火灾事故，并快速控制灭火设施施救，及时切断可燃物料；③企业内的工作人员受过应有的培训，熟悉工作岗位环境与设备，员工负有设备操作与管理的责任。依据以上特点，在工程设计中要求将企业火灾报警系统设立成统一指挥与管理的系统构架，提高系统的可靠性，降低错漏报率，按可燃物料种类实施个性化精准探测，提高系统的控制响应速度。企业的火灾自动报警系统设计与民用行业结构也存在差异，需要以精准、可靠、有效、迅速为核心，生产区可通过技术指标进行设计，要求将火灾事故解决在初始状态，减轻企业的人员伤害与财产损失。

安全防范系统是近些年企业新增的系统内容，安全防范部分属于与生产过程无关的企业安全保卫，安全防范系统的内容包括门禁控制系统、入侵和紧急报警系统及治安反恐防范设施。根据企业安全保卫的一体化管理需求，企业的安全防范设施要求建立全厂统一的系统管理体系。由于安全防范系统与生产操作的关联度低，外聘临时人员比例高，为避免对生产操作造成影响，安全防范系统的安全保卫控制室需要单独设置，以排除非直接生产人员对生产操作的干扰。

随着企业电信系统日趋扩展与系统数量不断增加，石油化工企业电信系统的关联程度日趋复杂，将电信及其他相关系统的控制操作进行重新组合实施系统集成、扩展功能，成为实现电信及其他相关系统的整体控制、避免操作孤岛的有效方法。电信系统集成是将多个系统或设备间控制信息进行关联的设备集成。企业中的电信系统集成设计始于 20 世纪 90 年代末电视监视系统与火灾自动报警系统的信息联动，2008 年又扩大了设备集成的范围，实现了电信专业所有系统及有毒有害气体报警系统的设备集成，完成了电信设计理念与实践的新跨越，使系统整体的操作更为灵活简单，联动控制更加迅捷，功能更全面。电信系统集成是实现与完成系统特定功能的再创造过程，是一项实现系统综合目标的设计理念。从广义上理解，电信系统集成既不是其中的一套系统，也不是一套设备，更不是一套软件，电信系统集成是综合所有子系统互补共享的设计思想，是以功能与技术指标设计指导系统建设的规划实施，电信系统集成要有具体的设计构架及完整的功能设计与技术指标设计，电信集成属于设备集成范围，不属于数据集成范畴，是以设计主导的实施过程。在《规范》的编制过程中将“(电信)系统集成”纳入《规范》中，顺应了技术进步和国家提倡智能化企业建设的需求，推动了电信专业设计在新的技术应用方面标准化的发展，满足了企业对电信系统服务的高标准要求。在工程设计过程中，电信系统集成的设计思想要始于工程设计的前期初始规划阶段。在基础设计阶段电信集成的功能与技术指标必须落实到位，并将功能与技术指标要求体现到基础设计阶段的文件中，以便在后续的设计工作及设备供货和设备安装调试过程得到落实。

安全管理控制指挥系统是企业生产运行与开工阶段的安全保障设施，是集各系统的安全报警与通信信息进行安全管理与应急处置应用的系统。安全管理控制指挥系统是以各个电信子系统为基础，以电信集成作为技术支撑的设备集成应用，系统实现了信息共享、快速决断指挥、图像集中显示、环境信息显示、应急与消防设施启动、应急广播与警报疏散管控、应急指挥预案编制与再现的事故处置救援管理。安全管理控制指挥系统最为突出的优势是明确了岗位责任，杜绝了岗位间责任推诿现象，快速掌握事故现场状况，迅速决策指挥。自 2009 年开通第一套安全管理控制指挥系统以来，系统发现处置了多次隐患，避免了重大事故的发生，已成为企业安全生产的必备设施。

电信线路设计是完善电信系统功效的重要组成部分，线路设计既复杂又灵活，属于电信系统设计中看似简单实则复杂的设计部分。电信线路敷设有直埋敷设、管道敷设、电缆沟敷设、桥架敷设、穿钢管明暗配敷设等多种方式，而架空杆路敷设方式由于安全性能低，一般避免在企业生产区内使用。在电信线缆的结构选择中蕴藏着丰富的技术含量，电信线路结构配接的优劣直接影响电信系统的功能与使用。线路中的线缆绝不是导体与绝缘的关系，在电信的许多系统中，需要将线缆的电气参数用到极致，甚至为实现系统的特殊技术要求，需要线缆配合以完成系统指标的提升，设计需要熟知线缆材质与结构的基本特性，熟知敷设环境与线缆结构之间的联系。电信线路设计要按用户负荷的多少和安全条件选择电信线路主干路与备份迂回路由，做到线路既简洁又实用，在出现线路故障时能够快速迂回连通保障生产。在工程设计的初始阶段，电信各系统的结构构成需与电信主干线路结合确定，到基础设计阶段完成时，应基本确定电信干线路的敷设方式，确定线路构成、位置与规模。电信线路设计是能够体现设计水平的部分，线路设计的好坏直接影响使用和维护，影响今后企业的扩充改造，需要引起设计的重视。

## 2.2　电信专业设计难度

石油化工企业电信专业承担的电信系统种类多样，同时涉及的系统设备也十分复杂。由表2－1可以看出，电信专业涉及的波长从直流信号到紫外线波，范围十分广泛，几乎涵盖了平日所见的所有波长范围。石油化工企业电信专业属于涉及波长范围最广的专业，各波长段设备的技术特点和应用特征各不相同，直流、交流、无线电波、可见光波段中从设备制造、系统功能、设备安装方面都有非常大的差异，涉及的知识范围与技术原理非常广，在信号传输中，每个波长段的传输形式各不相同，传输的方式与使用的线缆要求也不同，有时这些技术原理和应用之间的差距属于颠覆性的差距。

**表2－1　电信专业使用信号涉及的波长划分范围**

| 名称 | | 波长 |
|---|---|---|
| 直流 | | — |
| 交流 | | 6000km |
| 无线电波 | 长波 | >1km |
| | 中波 | 1km～100m |
| | 短波 | 100～10m |
| | 超短波 | 10～1m |
| | 微波 | 1000～1mm |
| 红外线 | 远红外 | 1000～50μm |
| | 中红外 | 50～2.5μm |
| | 近红外 | 2.5～0.75μm |
| 可见光 | | 0.75μm～400nm |
| 紫外线 | 近紫外 | 400～200nm |
| | 远紫外 | 200～10nm |
| X射线 | | 10～0.1nm |
| γ射线 | | 0.17～0.005nm |

石油化工企业电信专业是需要应用长线概念指导传输设计的专业，设计需要熟知并研究各种波长段信号传输的特征，用长线概念分析解释设计中遇到的各种现象，以长线概念指导设计工作。

电信专业属于设计业务范围很宽的设计专业，涉及的常规业务范围有语音交换及通信系统、电视监视系统、火灾报警系统、语音与数字传输系统、安全防范系统及安全管理指挥等内容。除上述常规电信系统的业务外，还进行过卫星地面站、微波通信系统、电力载波通信系统的设计及铁路信号通信与港口海事通信系统等业务的设计与配合工作。各个系统间业务的关联程度很低，技术复杂、发展快，业务围绕的目标之间不存在业务服务范围的聚焦点，如电气专业的业务服务范围以供配电为核心，仪表自控专业的业务服务范围以过程控制为核心。电信专业涉及的技术应用有探测、信号采集、图像、光、声音、控制、传输等，在高等教育中没有一个专业学科可以全面覆盖以上的应用内容与专业知识，需要在工作中不断地探索、学习、实践与总结，电信专业的知识与技术含量、应用范畴、再学习的过程不亚于任何一个相关专业。

电信系统中大量的私有通信协议使得系统的通用性极差，给设计和应用制造了大量难题，而民用等级设备想要做到既可靠又稳定极为困难，其探索、应用、实践的过程涉及的难度不言而喻，其设计工作难度不低于行业中的任何相关专业。在工业设计院中，电信专业承担的业务范围相当于邮电等设计院的全部业务范围，但因专业与石油化工生产的直接关联程度较弱而被长期忽视，使专业得不到健康发展，专业建设不到位，积累的问题也较多，循环往复，一直处在边缘位置。

由于电子器件的快速进步，新的技术原理快速推出，电信专业的新技术新应用不断涌现。民用及其他行业使用量大的电信设备研发主导着系统的发展方向，致使石油化工行业电信系统的特殊需求得不到满足，在设计过程中需要根据企业需求对已有的电信系统进行筛选和功能扩展，选出满足企业需要的具有行业特点的电信设备。当企业必要的需求仍得不到满足时，还需要协调开发研制，这些工作无形中又增加了石油化工企业电信设计的难度。电信专业更新变化快，不能用相关成熟专业的思维与模式看待电信专业的设计过程。石油化工电信设计人员，需要正确地理解使用的系统与设备，分清设备的适用范围，学习了解设备的特性，了解并理解企业的需求，正确理解概念。需要电信专业的设计人员拥有充足的基础理论知识作为支撑，拥有用理论与原理分析问题与解决问题的能力和方法，防止不合实际概念的诱导，总结经验教训，拒绝资本诱惑，以认真负责的态度从事设计工作。

## 2.3 电信设计中的问题

1）企业电信设计与相关行业设计阶段体系的差异。石油化工企业电信系统的设计流程与民用等行业电信系统的设计流程有很大差异。民用等行业中的初步设计阶段与施工图阶段在石油化工企业设计中被称为基础设计阶段与详细设计阶段，两种设计阶段体系设计的内容、深度、要求各不相同，且在石油化工企业的电信专业设计中不允许出现深化设计阶段。

受工艺条件及安装环境的限制，企业电信设备的使用功能、技术要求、安装方式通用性差，特种设备多，需要依据使用的具体需求与安装环境要求确定设备的形式、技术参数与安装方式，需要与相关专业密切协同，紧密配合，同步完成设计工作。因此，石油化工的电信设计不允许在相关专业设计完成后再独自进行设计，不允许出现住房和城乡建设部设计管理规定的电信专业深化设计阶段，企业的电信专业设计要求在基础设计阶段完成所有电信系统的系统结构设计、系统与设备技术指标及参数设计、设备平面布置设计，提出设备及主要材料的采购技术指标及参数要求，在详细设计阶段完成所有电信系统的施工安装设计。石油化工的电信设计与住房和城乡建设部设计管理规定存在设计阶段的差异。

石油化工企业由于其设计阶段的差异，需要由设计主导电信系统技术的全过程，其中包括系统的应用、系统/设备的功能与技术要求、施工安装要求及系统验收，并对设计的全过程技术负责。而由第三方代为设计的方式难以完美地实施电信系统的设计配合工作，更不能交由不了解企业特点与专业交往流程的单位承担设计工作。

2）涉及的业务范围广而杂。电信专业涉及的业务范围囊括了企业中除过程控制以外的所有弱电系统，属于企业中业务范围广、散、杂的专业。电信设计范围囊括了整个企业的管理区域，专业的业务种类包括语音通信系统、电视监视系统、火灾报警系统、安全防范系统等内容。电信专业除进行上述常规电信系统的设计外，还进行了卫星地面站、微波通信系统、电力载波通信系统的设计及铁路信号通信与港口海事通信系统等业务的设计配合工作。而这些系统设计内容重复出现的概率极低，可知识与专业的技术含量却很高，使得电信专业设计的业务范围长期处在不断变化、调整、扩充中，也使得电信专业的业务学习长期处在不断扩充新知识和新领域的过程中。

3）部分管理人员对电信专业认知不足，不了解专业设计特点与流程。电信专业处于快速发展期，设备更新换代快，系统的结构技术要求变化快，部分管理人员不了解或不知道电信专业知识密集复杂程度，对设计中各设计阶段的内在规律与相互联系不了解，不注重或回避对设计人员能力与技术素质的培养，习惯于用成熟系统的设备配置与安装图设计进度管理方式管理电信专业设计的全过程，不重视方案设计阶段的管理，津津乐道于项目节点进度控制而不重实效，专业建设与技术素质培养严重脱节，使得专业管理停留于表面，工作中得过且过，使得人员素质与项目不配套，将设计质量与进度对立，让项目进度牵着跑。

4）电信专业技术标准缺乏。随着电信专业业务内容不断变化与技术进步，电信专业的技术标准严重缺乏，设计中大量参考使用以民用行业等相关领域为主要目标的标准规范，没有照顾到工业企业的特殊性与差异。而石油化工的电信标准存在缺失与覆盖面不全的现象，无法很好地指导、制约、衡量设计的内容与质量，缺少应有的设计安装手册指导，设计的系统构架与设备安装形式多样，质量参差不齐，使得企业的电信专业设计无章可循或有章难循，出现了一些按企业需求设计审查难以通过或按现有标准执行设计难以满足企业需求的现象。电信专业的长期设计标准缺失及不到位致使部分设计人员对标准的严肃性意识缺乏，养成了随意设计的习惯，不严格执行标准中的条款，使部分设计人员不适应也不愿意用技术尺度约束设计的行为规则和用技术要求度量设计项目优劣，致使设计工作陷入杂乱无章，步入无序无法的混乱状态。

5)设计流程管理不到位。设计工作具有循序渐进依阶段不断深化的特点，工程设计自可行性研究阶段开始到基础设计阶段确定系统的结构与技术参数止，再到详细工程设计阶段确定各设备的施工安装方式与位置、确定配线安装方式、配合完成施工与设备调试验收结束，整个设计处在封闭完善且逐步深化的过程之中，任何设计阶段方案的随意变化都可能产生弊端。前期设计，特别是在基础设计阶段的方案性内容在详细工程设计阶段的断裂，擅自变更产生的弊端最为严重。2007 年，在沿海某炼化一体化项目中，由于未按基础设计阶段设计文件的方案执行详细工程设计阶段设计及基础设计文件潦草，致使详细工程设计阶段产生了大量的遗漏与缺失，虽经补救开通了系统，但大量的现场设计原因变更单和口头修改约定造成了工程延期和项目投资大量增加，造成竣工图无法完成和项目因电信系统设计文件拖延收尾困难的现象。在其他工程中出现设计方案随意变更造成的问题也屡屡出现，其中基础设计阶段到详细工程设计阶段的方案变更对工程的影响最大，因此需特别注意基础设计阶段设计文件的质量与在详细工程设计阶段的延续性。

6)设计文件质量与责任。设计文件质量包括规范执行力、设计文件深度、设计文件的功能与技术指标的完整性、业主对系统的满意程度、系统的开通顺利程度与技术要求的相符程度、请购文件的可执行力、详细设计施工安装的可实施性、变更单的数量等方面。项目设计不应以设计文件存档为目的，应以项目实施结束作为项目完成终点。设计文件的质量优劣需要通过实践的检验，设计文件可实施性差，不符合安装要求往往是设计文件质量低的结果。设计文件深度不够，往往具有专业性和部门性，通常是由专业管理与部门管理长期缺失造成的。工程设计在基础设计阶段及以前要以落实技术方案、系统结构及功能与指标要求为主，需建立清晰的功能和技术指标要求供货方界面，基础设计阶段遗留的问题极易造成详细工程设计的混乱，设计要对设计文件中功能要求和技术指标不到位或错误引起的设备技术问题负设计责任。详细设计阶段以完善落实技术要求的施工设备安装与配线为主，设计文件的深度应能建立完整的界面关系，要根据场所环境和所选设备的技术参数做出完整的设计文件，因设计文件的错误或没有指出要求的安装错误，设计要负主要责任。设计要保证设计方案与设计文件的可实施性，要明了设计文件中提供的实施方式安装后的成果式样，对于有特殊要求的设备与线路必须以安装详图指导安装。

设计质量可以通过项目执行的过程、设计文件的深度及项目的最终结果判断其优劣。通常可以按优秀、合格、完成、做完衡量设计质量，判断质量的依据可按以下内容进行。

a)优秀设计：按照项目设计进度要求完成设计文件，设计文件全部符合设计规范的设计质量与设计深度要求，设计方案与应用的设备合理，技术指标先进，设计的系统能够顺利施工开通并达到设计的功能与技术指标，系统的功能与技术指标满足业主要求，基础设计文件的功能与技术指标要求满足设备采购的深度需要，详细设计文件深度能够指导施工单位正确安装，并满足安装需求，安装的设备方便使用和维护，少有设计原因变更单。

b)合格设计：按照项目设计进度要求完成设计文件，设计文件符合设计规范的设计质量要求，设计深度基本满足要求，设计方案与应用的设备合理，设备布置、安装及线路基本符合规范要求，设计的系统开通顺利并基本实现设计的功能与技术指标，系统的功能与技术指标基本满足业主要求，基础设计文件的功能与技术指标基本满足设备采购的需求，详细设计文件深度能够指导施工单位安装，安装的设备方便使用和维护，有设计原因变更单。

c)完成设计：设计进度可以满足项目建设的需要，设计文件基本符合设计规范的系统结构要求，设计方案与应用的设备可用，设备布置、安装及线路基本符合规范要求，设计的系统经修改能够开通并大致实现设计的功能与技术指标，系统的功能与技术指标基本达到业主要求，基础设计文件的功能与技术指标经修改基本满足设备供货的要求，详细设计文件深度基本满足施工单位安装需求，有较多的设计原因变更单。

d)做完设计：设计通过努力基本达到工程建设安装的进度要求，设计基本符合设计规范的要求，设计的系统经反复修改能够开通或开通的系统与设计文件的功能和技术指标存在差距，系统的功能与技术指标和业主要求存在差距，基础设计文件的功能与技术指标经修改勉强满足设备供货的要求，详细设计图纸需要在大量的变更文件指导下进行施工安装，存在大量的设计原因变更单。

7)要注重设计人员的理论知识与实践经验培养，设计人员需要具有丰富的理论知识与现场实践经验。电信专业具有学科广、知识点多且散的特点，需要掌握的基础知识与技术原理内容多。由于设计专业管理与业务学习不到位，出现有不清楚工程需求和系统设备技术原理的设计，对设计的技术原理似懂非懂，设计的过程与深度走哪算哪打哪指哪，设计不求真谛，丧失了设计应具备的基本能力。工程设计不是重复与复制的过程，是研究解决问题和再创造的过程，是掌握知识的再应用过程，生搬硬套格式化模板抄袭设计与管理，培养不出具有原创动力的设计能力。工程设计是现场实践与理论相结合的过程，工程设计必须有现场实践过程作为支撑。设计需要丰富的理论知识与工程实践，是循环往复逐步提高的过程，工程现场实践是理论联系实际的过程，是提升挖掘再现潜能的有效手段，部门管理者须鼓励现场实践。工程设计需要知识沉淀，还需要自我的努力学习。

8)资本的影响与侵蚀。随着经济的发展，资本在经济发展过程中的作用逐渐凸显，资本的竞争促进了技术进步，引导着产品和系统的发展方向，可资本的弃短竞长也抑制了有着特种需求行业的发展。石油化工企业的电信系统不属于大众电信系统，市场容量需求小，要求产品的品质高而精，企业有着自己需求的特殊性，这些年来企业的电信设计在众多民用行业系统和相关标准的裹挟下寻求自身发展，企业电信行业亟须对系统发展方向进行正确引导，寻找适合企业的电信系统。资本竞争中的另一种干扰形式是概念的炒作，以偏概全的概念宣传影响人的思维，使部分人脱离了设计的初衷与目的。资本竞争已渗透到方方面面，部分利己的人借助概念提高了工程成本，不符合工程设计的本真。如在南部沿海某企业的电视监视系统中仅网络交换机设备一项就超过1000万元，接近企业全部DCS控制系统的投资，创下了专业之最，在设计中以概念引导将电信系统设备推高至几倍乃至十几倍而未有产生实际效果的现象屡见不鲜，工程设计有经济效益要求，有投资回报比要求，应该以技术为核心，以工程的效益为目的。

9)设计中的几种错误意识：

a)电信系统设备种类众多，技术参数与质量参差不齐，在特殊环境下的工程设计存在诸多困难。在设计过程中经常出现追求设备的有无，却忘记或顾到设备的可用性现象，追求项目中是否设置有系统、有设备，不求设置的系统/设备是否起作用有功效。如在企业的火灾自动报警系统设计中，忽略可燃物的燃烧特征参数，设置的探测设备不能或不能及时发现火情，在线缆设计中不顾及使用场合和传输信号的特性，在设备及线缆的设计选型中缺少目的性与针对性。另一种设计弊病是只顾一时的可用性，顾此失彼，忽略了系统的安全性、可靠性与稳定性，造成系统的可用性低或功能不完整，有时设备甚至处于长期休眠停滞状态。

b)防爆设备的设计与认证制度。石油化工企业的防爆设计是企业安全设计的重要内容，防爆设计需正确地按照防爆设计规程进行设计与正确地选择合格的防爆设备。防爆认证制度分产品防爆合格证认证制度和强制性产品认证(CCC认证)管理制度。产品防爆合格证认证是对送检产品是否符合防爆产品制造标准负责，防爆3C认证则是对防爆产品、生产企业的生产过程与产品持续负责。2019年，国家将防爆企业生产许可证制度更改为3C认证制度，被列入3C认证产品目录中的防爆产品都要通过防爆3C认证。产品防爆合格证只针对送检的产品负责，不对销售的产品及产品的制造过程负责，而防爆3C认证的基本认证模式是“型式试验+初始工厂检查+获证后监督”，增加了产品获证后的跟踪检查、生产现场抽取样品检测或者检查管理程序。

防爆3C认证加强了对代加工和“贴牌”产品的生产源头管理和产品的关键元器件及材料的审验，防爆3C认证证书要同时标注送检销售单位名称与单位地址和产品生产企业的单位名称与单位地址。对于产品内的关键元器件及材料实行跟踪管理。防爆设备产品经检测认证后不允许有任何形式的改变，更不允许在防爆箱体内安装未经检测的设备与部件。擅自将非防爆设备或部件安装在隔爆箱内作为防爆设备使用，属于不合法行为。防爆产品的强制性产品认证(CCC认证)管理中与设计相关的内容见附录A。在设计过程中随意将普通设备、元器件安装到隔爆箱体内的做法属于违规设计，对此设计要承担责任。

c)模拟电路与数字电路和硬件与软件的认识。由于对数字技术与软件技术的过度宣传和对技术原理认知缺失，使部分人认为数字与软设备产品一定优于模拟电路或硬件产品，产生了概念性偏差，不能做到具体问题具体分析。模拟电路是处理模拟信号的电子电路，

“模拟”是指电压(或电流)对真实信号成比例的再现。模拟电路的主要特点：函数的取值为无限多个，以信号的波形变化规律直接传播信息，初级模拟电路主要解决信号源提取与放大，模拟信号属于连续变化的量是关于时间的函数，电路对信号的处理为放大和削减，模拟电路为数字电路供给信号源，是不可或缺的部分。数字电路中是数字离散量信号，通过对信号算术过程，以它特有的逻辑运算电路来完成整个操作，数字电路的信号操作是对传输的信号以开关特性来实现的。模拟电路可以在大电流高电压下工作，而数字电路只是在小电压、小电流、低功耗下工作。因此，模拟信号是数字信号的源头和目的，数字信号是过程，如图像信息和声音信息的系统中均以模拟信号起始与结束，数字信号在中间起传输与信号处理作用，在部分电信系统中，模拟电路起关键的作用，直接影响产品质量的好坏与技术指标的优劣，属于设计需要特别关注的重要部分，而数字部分则主要是信号传输与分析，实现的多为功能性扩展。

软件产品是以程序和文档的形式存在，通过逻辑运算来体现其作用。软件产品是将逻辑表现抽象化建立的求解模型，整个开发过程是在无形方式下完成能见度极差的产品，这种开发过程给软件开发与应用过程的管理带来了极大困难。软件产品不能用传统意义上的制造进行生产，目前的电信系统软件开发还是多以“定制”为主，只能针对特定问题进行开发并在实际应用或仿真环境下调试。软件生产要靠脑力劳动，人力资源占相当大的比重，软件产品的生产成本主要存在于开发和研制过程中，需要有经验的软件开发人员在严格的质量管理体系环境下进行设计。软件在使用过程中一旦出现问题，故障的排除比硬件故障的排除复杂困难，软件故障主要因为软件设计或编码的错误，必须重新设计和编码。由于对需求分析不切合实际或设计错误等因素，在开发与应用的初始阶段有很高的失败率，软件产品在升级改动时，也会导致失败率急剧上升。当开发过程中的错误被纠正后，其失败率便下降到一定水平并保持相对稳定，直到该软件被废弃不用。专业软件对于普通人员是一个黑匣子，在使用过程需要具有相应专业能力的人员进行管理，避免在应用过程中出现新的问题。

硬件是看得见摸得着的物理部件或设备，产品的成本构成中有形物质占相当大的比重，存在老化和磨损问题，因此在硬件产品中存在平均无故障时间指标。与追求极致用户体验的软件产品不同，硬件产品研发有匹配度要求，即解决方案与目标用户需求的匹配。硬件研发包括产品需求匹配、方案选择、电子设计、模具开模、整机验证、第一次试产、小批量测试、大批量投产，研发过程更复杂，耗时更长，硬件产品研发过程透明。硬件产品在初始应用阶段存在的故障率比专业软件的故障率低，且产品在使用过程中用户的维护管理比软件相对容易，可以通过产品的制造图纸等技术文件完成。对于控制系统硬件的控制过程时间延时比软件的控制时间延时要短，适用于对延时时间敏感的控制过程。

在工程设计过程中软硬件的使用应依据环境与系统/设备需求确定，软件优势是数据处理，软件侧重于大数据量的可靠性，硬件则以保持持续运行的可靠性为主。软件的可靠性保障来源于系统的版次升级和软件编程团队的成熟度管理，在定制化的软件使用中，使用的软件单位则必须有专人接收与维护管理，需要特别谨慎。硬件设备检验则有国家 CCC 管理政策可以执行，管理政策相对完善。

d)新技术的应用需特别慎重。新技术的应用需要深入了解技术原理，了解与应用需求的匹配度，了解产品的成熟度及生产企业的管理体系，避免片面追求技术的新颖和概念炒作，盲目应用不甚了解的新技术与设备，将工程带入歧途造成项目的失控或失败，在工程中要以负责任的态度对待设计工作。

# 3 《规范》的作用与解决的问题

## 3.1 《规范》的作用

《规范》是适用于石油化工企业电信专业设计唯一的设计规范，具有确保工程项目与设计实施合理的法律效力。《规范》针对石油化工企业电信系统特性、功能、技术要求编制，对企业电信工程设计的全过程内容作了规定，包括电信系统各个设计阶段的设计内容、设计文件深度的规定，电信专业各系统的系统结构、功能要求、技术指标及参数要求的规定，设计过程中电信专业与相关专业范围与界面划分的规定，设计与设备供货方工作界面与责任界面划分的规定，设计与施工安装单位责任界面划分的规定。按照企业特性，《规范》规定了各电信系统的系统构架、系统/设备的功能和技术参数要求，提供了设计应具有的主要技术指标参数要求，对规范设计行为与衡量设计质量起到了判定优劣的作用，为工程验收工作提供了技术参数要求依据。《规范》为设计管理、工程管理与技术审查人员的工作提供了依据，为企业中电信使用与维护人员提供了了解系统的参考，为愿意了解石油化工企业电信系统内容的人员提供了学习参考。

《规范》解决了长久以来没有适合石油化工企业电信专业设计标准的依据状况，做到了对石油化工企业电信系统设计的全覆盖。《规范》确定了设计在工程建设中的技术主导作用，要求设计文件的功能与技术参数应详尽具体，同时也确定了工程设计工作在工程建设中应承担的义务与责任。《规范》对于设计过程中的环节步骤、技术要求确定了规则，对设计文件内容的缺失及不到位现象起到衡量质量优劣的作用。

《规范》在编制过程中解决了 SH/T 3153—2007《石油化工企业电信设计规范》和 SH/T 3028—2007《石油化工装置电信设计规范》中的以下问题：

1)要求企业建立一体化电信系统构架。为顺应企业一体化建设发展的需要，电信系统需按企业一体化需要构建电信系统，以实现现代企业的集中管控、集中维护和系统间的信息共享与互联。

2)确立了设计的技术主导作用。明确电信工程设计在电信工程建设中的技术主导作用，明确了电信工程设计在工程建设中的责任和义务，工程设计对电信系统的构成、技术指标与参数、设备采购、施工安装方式、工程验收工作负技术责任。设计工作要在基本原理与输入数据的基础上有针对地展开并实施，工程设计文件要明确工程建设需要达到的技术指标要求，并将其延伸到采购、施工安装、工程验收工作中，杜绝设计过程的随意性。

3)强调系统自身安全性。要求电信系统在满足自身安全性的基础上进行系统设计，各电信系统不能由于自身隐患给企业带来安全与功能隐患，也不能因系统的频繁误动作影响正常生产。特别是涉及安全操作与管理的系统必须保证系统与配线具有高可靠性，并要求具有系统自诊断和线路检测功能，以保证系统能够长期稳定运行。

4)明确设计步骤与责任界面，明确了基础设计的重要性。设计工作的各个设计阶段是在设想、计算、评价、选择中反复推演循序渐进不断深化的过程中进行，设计应在基础工程设计阶段达成管理部门、业主与建设单位、设计单位的共识，落实系统的结构、功能和技术指标，并确定最终的设计方案。明确详细工程设计阶段只是基础工程设计内容的落地阶段，应以设备安装与布线设计为主，详细工程设计阶段也称为安装设计阶段。在基础工程设计阶段还需要落实工程设备的采购工作，确定设备采购的系统结构、功能和技术指标，采购文件中任何技术功能或指标的缺失都将导致设备采购工作无法开展或造成系统功能与技术指标的偏差。

《规范》梳理了电信专业与相关设计专业、采购部门、施工部门的关系和责任。强调专业间设计界面属于设计文件的交接面，而不是技术的交接面，是在彼此相互掌握工作原理要求基础上提供完整数据与功能要求的汇聚点。采购文件是在基础设计文件提供的技术数据与功能要求基础上转化成的商务合约过程，详细设计文件是指导施工单位安装的法律依据，设计需要明确设备与线路的安装方式、位置、防护要求，将有特殊安装要求的内容以设计文件方式明确，任何未注明的内容均视为没有要求，可由施工单位自行处置。

## 3.2 《规范》勘误更正

在《规范》编制过程中，由于内容过于复杂庞大，本书编制过程中发现《规范》存在部分错误，在此以表3－1《规范》勘误表形式对其更正，防止在《规范》应用过程中引起执行错误。

**表3－1 《规范》勘误表**

| 序号 | 条款编号 | 标准原文内容 | 标准更改后内容 |
|---|---|---|---|
| 标准正文 | | | |
| 1 | 5.5.3 | 总配线架(柜)的容量应根据电话站近期外线电缆总对数(包括电话用户线、中继线及调度电话所占线路)的140%～200%计算确定 | 总配线架(柜)的容量应根据电话站近期内外线电缆总对数(包括电话用户线、中继线及调度电话所占线路)的140%～200%计算确定 |
| 2 | 7.2.1 | 常规无线通信系统应采用半双工通信方式，手持移动终端之间宜采用同频半双工通信方式，当常规无线通信系统通过中转设备进行通信时，可采用异频半双工通信方式 | 常规无线通信系统应采用半双工通信方式，手持移动终端之间宜采用同频半双工通信方式，当常规无线通信系统通过中继设备进行通信时，可采用异频半双工通信方式 |

续表

| 序号 | 条款编号 | 标准原文内容 | 标准更改后内容 |
|---|---|---|---|
| 3 | 8.2.5 | 扬声器声压传递值应按式(8.2.5)进行计算。<br>$SPL_r = SPL_B + 10\lg W - 10\lg r$ (8.2.5) | 扬声器声压传递值应按式(8.2.5)进行计算。<br>$SPL_r = SPL_B + 10\lg W - 20\lg r$ (8.2.5) |
| 4 | 12.2.4 | 当调度电话系统的技术指标满足火灾电话报警系统要求且具备电话脱机侦测功能时，火灾电话报警系统可与调度电话系统合并设置 | 当调度电话系统具备电话脱机侦测功能时，火灾电话报警系统可与调度电话系统合并设置 |
| 5 | 12.3.7.1 b) | 火灾报警控制器和消防联动控制器应设置在方便操作的位置，采用壁挂安装方式时，控制器主显示屏中心高度宜为1.5m，其靠近门边及距侧墙的距离应大于或等于0.5m，控制器的正面操作距离应大于或等于1.2m | 火灾报警控制器和消防联动控制器应设置在方便操作的位置，采用壁挂安装方式时，控制器主显示屏中心高度宜为1.5～1.7m，其靠近门边及距侧墙的距离应大于或等于0.5m，控制器的正面操作距离应大于或等于1.2m |
| 6 | 12.3.7.9 E) | 在甲、乙类装置中，重要设备平台及长度大于或等于18m且宽度大于2m平台，应至少设置一只手动火灾报警按钮；长度大于或等于12m且小于18m宽度大于2m的设备平台，应隔层设置手动火灾报警按钮。设备平台上的手动火灾报警按钮宜设置在斜梯附近，并应保证设备平台任何位置到最近手动火灾报警按钮的距离不大于30m | 在甲、乙类装置中，重要设备平台及长度大于或等于18m且宽度大于2m平台，应至少设置一只手动火灾报警按钮；长度大于或等于12m且宽度小于2m大于1.8m的设备平台，应隔层设置手动火灾报警按钮。设备平台上的手动火灾报警按钮宜设置在斜梯附近，并应保证设备平台任何位置到最近手动火灾报警按钮的距离不大于30m |
| 7 | 16.2.9 | 系统应具备人工报警信息录入功能，人工报警信息应通过人机界面采用菜单点击方式录入，录入的信息应包括下列内容 | 系统应具备报警信息人工录入功能，报警信息人工录入通过人机界面采用点击菜单方式录入，录入的信息应包括下列内容 |
| 8 | 21.8.1 | 非火灾与爆炸等事故发生和事故发生后使用的非重要设备电缆，当数量较少并有建(构)筑物依托时，可采用沿建(构)筑物穿管明敷设线缆方式，穿管明敷设线缆应符合本规范21.9.4的规定 | 非火灾与爆炸等事故发生和事故发生后使用的非重要设备电缆，当数量较少并有建(构)筑物依托时，可采用沿建(构)筑物穿管明敷设线缆方式，穿管明敷设线缆应符合本规范21.9.3的规定 |
| 9 | 附录E | 图像延迟时间数值(重复) | 删除一项图像延迟时间数值 |
| 10 | 附录E | ≤0.1(云台防爆) | ≤0.1(防爆云台) |
| 条文说明 | | | |
| 11 | 8.2.1 | 表7 扩音对讲系统结构化分及功能特点表中 结构化分 | 表7 扩音对讲系统结构划分及功能特点表中 结构划分 |
| 12 | 22.2.1 | 石油化工企业气体爆炸危险环境中，环境中爆炸与可燃性气体存在的概率及气体的燃烧特性组成环境危险程度，在GB 50058—2014《爆炸危险环境店里装置设计规范》中将其按危险区、分级和分组进行了划分，电信设计中的线路设计、设备安装设计和设备选型需符合该标准的规定 | 石油化工企业气体爆炸危险环境中，环境中爆炸与可燃性气体存在的概率及气体的燃烧特性组成环境危险程度，在GB 50058—2014《爆炸危险环境电力装置设计规范》中将其按危险区、分级和分组进行了划分，电信设计中的线路设计、设备安装设计和设备选型需符合该标准的规定 |

# 4 电信系统

石油化工企业的生产工艺复杂，各生产环节有各自的特点与需求，企业的电信设计需要明确服务内容与设计范围，设计人要明确工作的职责与义务。要针对各生产环节的特点与需求制定设计内容与方案，设计文件要明确电信系统的结构与设备的功能和技术指标要求，文件的设计深度要符合各个设计阶段内容要求，完整地阐述各系统与设备和技术参数。

设计过程是主动实施的过程，设计需要在继承和发展以往设计思想与成果的基础上有针对地展开，而不是被动的设计过程重复，模板式设计文件虽可减轻设计工作量，但难以覆盖设计的思想等全部内容，不利于培养设计的主动性与自觉性，长期不求甚解的机械模板格式设计，会丧失独立思考的能力，丧失设计人员应具备的自主性与责任感，将设计工作浮于形式。电信设计具有服务于企业指挥管理的属性，各企业因生产工艺、规模与管理模式的差异，应根据这些不同形成有特色的系统构架与模式，需要在充分了解各企业对电信系统使用要求与功能需求的基础上和全面掌握设备性能的前提下有针对地进行设计。

电信系统已从单纯为企业提供通信服务朝着安全管理服务与安全生产指挥服务业务方向演变，且系统规模越来越大，重要程度越来越高。电信设计要注重系统的可靠性与安全性指标设计，让系统设备能够可靠运行，使电信系统完好地服务于企业的生产。

## 4.1 一般规定

在工程建设中工程设计工作起着技术主导作用，设计、校对、审核人员按梯次配置各司其责，设计负责人在其中负有主要责任。设计文件作为工程采购、施工安装和系统验收的技术依据，文件的质量决定了工程技术性能的优劣，工程建设中的任何技术缺陷均可追溯到设计文件中技术的要求不完整或在执行过程未按设计文件技术要求执行。设计文件必须完整地阐述系统与设备的功能和技术参数指标要求，完整地反映施工安装方式。作为工程设计负责人员需要熟知工程需求，在熟练掌握专业知识和熟悉使用设施原理的基础上，通过分析对比得出符合工程需要的系统构成与技术参数。设计过程中专业之间的工作界面不应该是技术责任界面，对于关联专业工作界面的相关技术部分也需要了解，让界面两侧的技术衔接合理无缺陷。

现在石油化工企业已实现了全厂集中操作与管理，电信系统同样应按全厂统一管理的模式进行设计，规划各电信系统的结构，并符合企业长远发展的要求。

石油化工企业的生产中存在大量的危险介质和高温高压运行环境，生产过程需在安全的环境下运行，电信专业的设备作为生产辅助系统应在满足系统自身安全性的前提下发挥系统功能，确保不因电信系统的自身缺陷出现新的不安全点，不因系统自身问题影响系统的正常使用，更不允许使用不起作用的设备去满足不恰当的需求。

石油化工企业电信系统包括以下设计内容：

a)行政电话系统；

b)调度电话系统；

c)无线通信系统；

d)扩音对讲系统及/或广播系统；

e)电视监视系统；

f)火灾报警系统；

g)时钟同步系统；

h)门禁控制系统；

i)入侵和紧急报警系统；

j)电信系统集成；

k)安全管理控制指挥系统；

l)视频会议系统；

m)有线电视系统；

n)长输站场通信设施。

## 4.2 系统设计

《规范》要求石油化工企业电信专业设计文件有系统与设备的功能要求和技术指标要求。电信系统设计如缺少技术指标或技术指标不完善，将使工程项目缺少实施与监测标准，缺少对工程项目的技术完整性约束和工程的检验依据。系统与设备的功能和技术指标的制定须与工程建设的目标相吻合，是工程建设指标化约束的体现，反映的内容包括系统的功能、技术指标与结构要求，设备的功能与技术指标要求，不同系统/设备间的界面与设备互联的信号标准要求，设备使用环境、供配电、线缆接口与连接线缆的要求。

设计文件中需要理顺设备间的逻辑与数据联系，设计文件要确保系统与设备的功能和技术指标完整性，并避免功能和技术指标的唯一性。

电信系统属于全厂性系统，系统的构架要满足企业管辖区域范围内的需求，兼顾企业发展规划，为企业规划预留发展空间。电信系统选用的系统构架与设备应成熟、可靠、通用和方便维护，要避免非定型设备在工程中试用。当必须使用非定型设备时，须通过相关部门与机构的技术评定和建设主管部门与使用单位的认可。

石油化工企业的工程建设体系建立在完善的规划与实施管理过程中，工程设计按工程管理阶段分为可行性研究设计、总体设计、基础工程设计、详细工程设计阶段，同时由建设主管部门与使用单位进行可行性研究设计、总体设计、基础工程设计阶段的审查工作。各设计阶段审查工作包含以下内容：贯彻执行国家政策及法规情况，贯彻前阶段设计文件及设计审查意见的情况、设计规范与标准的适用性、设计范围与分工界面、电信系统的构成及功能与技术指标要求、遗留问题的实施解决方案及现存问题的建议、本阶段设计文件深度及设备的功能与技术指标要求、电信系统的系统/设备等概算指标。其中，设计深度及范围作为确定工程项目投资的依据需要落实到系统/设备的结构、功能与技术指标中，以反映系统/设备的真实价值水平。各设计阶段审查的作用与目的是保障项目有序开展防止项目失控，保证设计文件的内容符合项目需要和投资管理要求。基础设计阶段审查是对设计的最终审查，因此基础设计阶段的文件必须细致完整，任何技术与功能上的偏差极易失去监管，造成工程的失控和其他不应发生的现象。

可行性研究设计阶段是提供工程立项与批复的设计阶段；总体设计阶段是大型建设项目明确各设计单位区域分工界面和技术内容的设计阶段；基础设计阶段是确定项目最终技术方案和技术指标阶段，为设备采购提供技术支持、为详细工程设计提供技术实施依据的设计阶段；详细工程设计阶段是落实基础设计阶段的技术方案和技术指标，为施工与安装调试提供设计服务的设计阶段，在国外详细工程设计阶段也被称为安装图设计阶段。详细工程设计阶段需要依据具体系统/设备设计出详细的安装接线设计文件，因此详细工程设计需要在电信系统设备采购确定，获得电信系统设备技术资料后展开。当电信系统设备需要进行研发或非标准定制时，宜在基础设计展开之前确定实施方案，并将实施方案详细叙述到基础设计文件中以备通过审查管理。

石油化工企业工程设计文件的深度需满足设计文件编制标准要求，电信系统网络结构的一致性强，各个工程建设阶段的设计需要相互兼顾，逐步深化，电信专业的全厂或区域性设计的各个设计阶段的设计文件深度须满足以下要求。

1）可行性研究设计：可行性研究设计须按合同要求对技术方案及工程量给予详细描述，电信专业的可行性研究设计需对工程项目建设的通信网环境或建设单位的现有电信系统给予评估和说明，说明依托条件和建设项目的需求，在综合比选的基础上确定电信系统的建设方案与各系统的设置原则与范围。存在两个以上设计方案时，应对各方案的优缺点进行技术与工程实施比较，说明缘由并推荐设计的首选方案。可行性研究设计应列出设计采用的标准规范和主要电信设备表，以备可行性研究设计审查批复。

2）总体设计：总体设计是在大型工程建设项目中协调多个设计单位共同设计，制定统一项目建设的设计原则与技术要求、设计范围、分工界面的设计阶段。电信专业总体设计应根据批复的项目申请报告或可行性研究报告阶段制定的方案进行编制。总体设计应深化可行性研究设计阶段的设计内容，制定统一的电信系统设计规定，确定工程的电信系统技术方案和设计原则，确定项目设计主项和分工范围，确定各设计主项电信设施的技术实施方案、系统结构及系统与设备的主要技术指标。

总体设计电信专业设计文件有电信专业说明书、项目工程规定、设计图纸。

a）电信专业说明书包括以下内容。

ⅰ）概述：说明电信专业的设计依据、基础设计资料、设计采用的规范标准、设计范围和电信系统内容，说明电信系统的设计原则和设置的系统，与已有电信系统和外部电信网络的依托关系，确定主项名称与设计分工，设计存在的问题及建议。

ⅱ）行政电话系统：全厂性行政电话系统说明建设原则（自建或依托当地电信公司），系统结构及主要技术参数，电话站设置位置，初装容量和终期容量，中继方式。区域性行政电话系统说明全厂行政电话系统的现状和依托条件，行政电话的已装和空余容量。说明行政电话系统网络结构、敷设方式，明确行政电话分机设置原则。

ⅲ）调度电话系统：全厂性调度电话系统说明建设原则、系统结构及主要技术参数、电话交换机及调度台设置位置，明确初装容量和终期容量，中继方式。区域性调度电话系统说明依托条件，调度电话的已装和空余容量，调度电话分机和直通电话设置原则。

ⅳ）无线通信系统：说明系统方案及系统技术指标，系统的功能与业务种类，终端设备的初装容量和终期容量，明确无线信号覆盖区域和信号强度，明确使用频率和信道数量。区域性无线通信系统需说明现有终端设备数量和新增终端设备数量，无线集群通信系统需说明原系统基站信号覆盖范围和新建区域信号覆盖范围的设计方案，明确系统新增终端的信道分配状况。无线集群通信系统需计算并说明信道分配的设计依据。

ⅴ）扩音对讲及广播系统：说明扩音对讲系统、应急广播系统及公共广播系统的设置原则和技术方案、系统技术指标，明确扩音对讲系统的结构、对讲电话的位置设置原则，明确扬声器的设置原则及声压标准，明确与相关系统的联锁关系，明确应急广播系统的结构，区域性应急广播系统还需说明与原系统的依托关系。

ⅵ）电视监视系统：全厂性电视监视系统需说明系统设置原则、系统结构、技术方案及系统技术指标，明确与相关系统的联锁关系，说明摄像机、监视器及控制终端的设置原则。区域性系统需说明全厂电视监视系统的结构，依托连接关系。

ⅶ）火灾报警系统：说明火灾电话报警与火灾自动报警系统的技术方案，明确报警岗位与受警岗位的组织关系，明确全厂消防监控中心与区域消防控制室的设置原则和位置及相互控制关系和通信联络方式。明确火灾自动报警系统的结构及技术指标，控制设备设置原则，说明各类探测设备的选型原则及参数要求，说明消防联动控制逻辑关系，说明主要受控设备类型（名称）与受控方式，说明警报设施（声光警报装置与消防广播）的设置原则，明确火灾自动报警系统与相关系统的联动关系。明确全厂消防监控中心与区域消防控制室的主要设备配置。区域性系统还需说明全厂火灾电话报警与火灾自动报警系统的结构，依托连接关系。

ⅷ)门禁控制系统：说明系统的设置原则，明确系统方案、结构、功能与技术指标，明确系统的值班管理岗位的功能设置，明确门禁设施类型，明确与相关系统的联锁关系。

ⅸ)入侵与紧急报警系统：说明系统设置原则，明确系统方案、结构、功能与技术指标，明确探测设备的选型原则与参数要求，明确系统受警终端的设置原则，明确入侵与紧急报警系统和相关系统的联动关系。

ⅹ)安全管理控制指挥系统与系统集成：说明电信系统集成的配置方式与连接形式，集成的系统内容和功能要求，明确安全管理控制指挥系统的功能要求及与安全管理控制指挥岗位的位置。明确时钟同步系统的时钟源配置，统一授时的系统范围和时钟分配方式。

ⅺ)电信线路：说明所有电信系统配线线路的范围，敷设方式，线缆选型原则，明确电信管道与电缆沟的敷设路由，各主项设计需要明确设计分工界区的线路接入方位与敷设方式。

ⅻ)参照表4－1列表标注主要电信设备名称、规格及数量；参照表4－2按主项(装置或单元)名称标注范围内各电信系统的主要电信设备名称、数量及所在位置。

**表4－1　主要电信设备表**

| 序号 | 设备名称 | 型号或主要规格 | 单位 | 数量 | 备注 |
|---|---|---|---|---|---|
| | | | | | |
| | | | | | |
| | | | | | |

xiii)说明项目中电信系统存在的问题并推荐解决方案。

**表4－2　电信用户表**

| 序号 | 装置或单元名称 | 行政电话/台 | 调度电话/台 | 无线电话/台 | 扩音对讲及广播系统 | | 火灾报警系统/套 | 信息插座/个 | 电视监视系统 | | 门禁控制系统/套 | 入侵与紧急报警系统/套 | 备注 |
|---|---|---|---|---|---|---|---|---|---|---|---|---|---|
| | | | | | 对讲电话机/台 | 扬声器/个 | | | 摄像机/台 | 监视器/台 | | | |
| | | | | | | | | | | | | | |
| | | | | | | | | | | | | | |
| | | | | | | | | | | | | | |

b)总体设计配套电信图纸。

ⅰ)全厂或区域性电话系统：以框图形式表示电话系统的结构；

ⅱ)全厂或区域性扩音对讲系统及广播系统：以框图形式表示系统的构成、各单元主要设备的设置位置及相互连接线路；

ⅲ)全厂或区域性电视监视系统：以框图形式表示系统的构成、各单元主要设备的设置位置及相互连接线路；

ⅳ)全厂或区域性火灾报警系统：以框图形式表示全厂消防监控中心与区域消防控制室组织关系及火灾电话报警系统的联系，以框图形式表示火灾自动报警系统的构成、各单元的联系及单元内主要设备的设置位置和相互连接线路；

ⅴ)全厂或区域性门禁控制系统：以框图形式表示系统的构成、各门禁设施主要设备的设置位置和相互连接线路；

ⅵ)全厂或区域性入侵和紧急报警系统：以框图形式表示系统的构成及主要设备的设置位置和相互连接线路；

ⅶ)全厂或区域性平面图布置：以平面图形式标明各主项的位置及界区范围、主要电信设备的布置、标明电信线路的主要路由规划及各主项线路交界点的位置与各主项内连接设备的名称与容量。

3)基础设计：基础设计是确定电信系统功能、技术要求和设计方案的最终阶段，也是设计审查批复确定最终设计方案的阶段。基础设计文件要完整地阐述电信系统的功能与技术指标，要完整地反映设备布置、线路路由和工程量等内容，基础设计审查批复后电信系统的功能、技术要求和设计方案不得随意更改。基础设计阶段的设计文件需提供符合消防专项设计审查要求的文件。基础设计的编制要按照总体设计或可行性设计及与之对应的审查批复意见要求进行设计，在基础设计编制过程中对于总体设计或可行性设计及与之对应的审查批复意见存在的差异需在设计文件中说明原因。电信设计的基础设计文件编制深度应能够完整地反映系统的结构、功能与技术指标，完整反映出系统设备布置及要求，全面反映各系统与设备的技术规格要求。

基础设计文件的内容包括电信设计说明、电信主要设备及材料规格表、电信设计规定、各电信系统设备技术规格书及配套图纸等。

a)电信设计说明包括以下内容：

ⅰ)概述：说明电信系统设计范围、内容、工程特点和电信系统依托条件，基础设计资料，设计采用的规范标准，设计存在的问题及建议。

ⅱ)电话通信系统：全厂性设计说明行政电话、调度电话系统的组成，电话交换机的类型、容量、中继方式及供电电源，线路传输的网络构成与行政电话、调度电话和直通电话的设置原则。区域性设计说明与企业电话系统的依托关系，各类电话分机的设计容量。说明线路传输的网络构成与行政电话、调度电话和直通电话的设置原则。

ⅲ)无线通信系统：常规无线通信系统需说明系统的构成，使用场所特征环境及使用频率要求，中继设备与车载台等设备的设置位置，说明各无线发射设备的发射信号场强与接收灵敏度指标。集群无线通信系统需说明的形式、组成、与有线通信系统的中继方式，使用场所特征环境要求。说明系统的功能与业务种类，列出关键性业务的优先级排序。说明无线通信基站、基地台或中继台、直放站或微机站的设置位置，设备安装与供备电电源设备、天线设置的技术要求。明确天线信号场强覆盖范围与接收灵敏度指标，明确移动终端的发射信号场强与接收灵敏度指标。区域设计无线通信系统需说明现有终端设备数量和新增终端设备数量，无线集群通信系统需说明原系统基站信号覆盖范围和新建区域信号覆盖范围的设计方案，明确系统新增信道与终端使用的信道分配状况，核实信道分配的设计依据。

ⅳ)扩音对讲及广播系统：说明各系统的系统形式、系统构成、功能与用途，说明系统主设备及供备电电源设备的技术要求与位置，确定对讲电话机的位置与设置原则。确定各类扬声器的技术指标与设置原则，说明与扬声器配套的功率放大器的技术配套指标，各类扬声器的使用环境噪声估算值。列表说明对讲电话机与扬声器的设置位置和环境特征，扬声器的形式、功率、声压值等技术指标。扩音对讲系统及应急广播系统的技术指标设计参照《规范》附录B的要求确定。区域设计需说明应急广播系统与原系统的依托关系。

ⅴ)电视监视系统：说明系统的制式、控制管理平台的基本构成要求和电视监视系统结构，参照表9－4控制管理平台技术指标及参考值和《规范》第9.4节控制管理平台的设置要求，确定控制管理平台的功能与技术指标参数，确定系统的初装容量和终期容量。以系统图形式表明控制管理平台的结构形式及设备设置位置，其中由设备制造商负责的设备部分以框图形式标示，设备制造商与工程设计的交接面应在设计文件中详细标注接口界面参数。摄像机的设计内容包括摄像机的设置原则与防护特征要求、云台形式及旋转速度、主要监视目标，并依据表9－3摄像机技术指标及参考值确定技术指标，并以表格方式说明各摄像机的位置和防护特征形式、云台控制方式及旋转速度、主要监视目标和安装方式。存储设备要明确存储方式与存储时长，存储设备的设置位置与配置要求。系统供备电需说明系统的供电方式及供备电源的技术要求。明确电视监视系统与其他系统的关联逻辑、接口形式与技术参数。

ⅵ)火灾报警系统：说明全厂或区域消防监控管理体系和依托原则，明确报警和受警组织关系，全厂消防监控中心与区域消防控制室的位置，区域消防控制室的设置原则与管理范围。确定全厂消防监控中心与区域消防控制室的位置与通信联系方式。说明火灾自动报警控制器或/及联动控制器的设置原则，确定火灾自动报警系统的报警与消防联动控制的系统结构，系统报警信号和控制信号的传递流程。说明火灾探测区域物料燃烧的特征和选择与之匹配的火灾探测器，说明所选火灾探测器的工作原理和技术参数要求。列表说明各火灾探测器的设置位置和环境特征、探测可燃物的类型或名称、探测器的探测形式和探测技术参数。说明受控消防联动设施的控制逻辑关系与受控消防联动设备的控制与信号反馈形式。说明火灾报警系统与其他系统的输入输出接口要求与逻辑关系。说明企业消防站电信设施配置及通信指挥的设置要求。

ⅶ)门禁控制系统：说明全厂门禁控制系统管理体系、系统功能及技术指标，确定门禁控制值班室位置及功能要求，列表说明各通道选择的实体防范门禁形式、技术参数和使用环境特征。确定不同建筑物控制设备间线缆连接方式。

ⅷ)入侵和紧急报警系统：说明入侵和紧急报警系统管理防范管理体系与各区域或建筑物防范对象的风险等级，确定系统结构，列表说明各设防区域的位置和环境特征，选用的探测器形式和技术参数。确定不同建筑物控制设备间线缆连接方式。

ix)安全管理控制指挥系统与系统集成：说明安全管理控制指挥系统或电信系统集成被集成的各电信系统(设备)名称和网元构成，确定集成系统方式(直连型集成系统方式、直连平台型集成系统方式、智能平台型集成系统方式)及被集成的各电信系统的接口形式与结构，说明关联信息的逻辑关系和响应时间，人机界面的形式，预案管理的业务功能，安全管理控制指挥中心的位置及功能要求。

x)局域网络布线：按企业局域网络布局明确网络传输速率、信息插座的设置原则、地点，与企业系统的联网关系。

xi)电信线路：说明电信各系统的类别与布线原则、线缆设计与确定线缆技术参数、主要线缆敷设方式，标明各设计界区的线路连接关系和位置。

xii)电信用户表(表4－3)：按装置和单元列出各电信设备的安装地点、用户设备名称和数量、环境特征。

**表4－3　电信用户表**

| 序号 | 装置或单元名称与编号 | 行政电话/台 | 调度电话/台 | 无线电话终端/台 | 扩音对讲及广播系统 | | 火灾报警系统 | | | 信息插座/个 | 电视监视系统 | | | 门禁控制系统 | | 入侵和紧急报警系统 | | 备注 |
|---|---|---|---|---|---|---|---|---|---|---|---|---|---|---|---|---|---|---|
| | | | | | 对讲电话机/台 | 扬声器/个 | 电话报警终端/台 | 自动控制器/套 | 探测器与手报按钮/个 | | 控制设备/套 | 摄像机/台 | 监视器/台 | 控制设备/套 | 识读与执行设备/套 | 控制设备/套 | 探测器与手报按钮/个 | |
| | | | | | | | | | | | | | | | | | | |
| | | | | | | | | | | | | | | | | | | |
| | | | | | | | | | | | | | | | | | | |

b)电信主要设备及材料规格表(表4－4)。

**表4－4　电信主要设备及材料规格表**

| 序号 | 设备/材料名称 | 型号及规格 | 单位 | 数量 | 备注 |
|---|---|---|---|---|---|
| | | | | | |
| | | | | | |
| | | | | | |

按设计单元依次列出各单元内电信各系统设备及主要材料与辅助设备的名称、规格、技术参数和数量。

c)电信设计规定包括以下内容：

列出设计采用的标准规范，项目设计与分工范围，电信各系统及设备的设置原则与系统结构要求、系统功能与系统技术指标要求，全厂或区域设备编号原则，系统中各设备的设计原则与技术指标，各设计分区界区范围与线路连接点的设计与施工分工要求。确定本工程项目各类辅助用材的采购划分原则，明确与施工单位自采材料的划分界面。防爆线路安装用的辅助防爆设备和防爆材料及配件，防火防爆堵料、各种钢铜铝制金属型材，用量较多的钢管及配件、混凝土、砂石及红砖等材料应在详细设计的电信设备材料规格表中开列，确定材料的富裕量。

d)电信设备技术规格书。

电信设备技术规格书是表述电信系统中系统或设备的功能与技术参数要求的设计文件，文件是电信系统与设备和主要材料的采购技术依据，电信设备技术规格书需按各系统或分类分别规定技术要求，技术规格书需明确描述的内容有：

ⅰ)系统的功能与技术参数要求；

ⅱ)设备的功能与技术参数要求；

ⅲ)设备接线方式与连接线缆要求；

ⅳ)系统/设备需要有安全可靠性技术要求；

ⅴ)系统/设备需要有控制设备间的通信协议要求，通信协议宜采用标准协议；

ⅵ)设备安装方式要求；

ⅶ)与相关系统连接信号和接口的功能与技术参数要求；

ⅷ)涉及系统或设备的技术许可证书与技术资质要求；

ⅸ)主要材料的技术指标与参数要求；

ⅹ)系统的技术指标与设备的技术参数须完整，符合招标规则，避免出现独家技术参数要求。

附录D中列有人行道闸技术参数，设备的技术参数可参考附录D的内容编制。

e)基础设计电信配套图纸包括以下内容。

ⅰ)电话配线系统图：表示配线系统的直接、复接、交接及补助配线等连接关系，标明线序与电缆型号、标明电缆分线盒容量。

ⅱ)火灾电话报警系统：以框图形式表示火灾电话报警系统结构，确定系统连接方式与线缆型号。

ⅲ)火灾自动报警系统：全厂框图形式表示各单元、建筑物的火灾报警系统结构，标注全厂消防监控中心、区域消防控制室、消防站通信指挥室、消防站通信室的设备名称及系统的结构关系。确定各装置、单元、建筑物的火灾自动报警控制器与探测设备的结构关系。

ⅳ)扩音对讲与广播系统图：有主机系统标出主机组网系统结构、供备电形式、主机与对讲电话机和扬声器的线路连接形式，各扬声器的输出功率，与相关系统的连接形式。无主机系统标出各个系统的组网形式、对讲电话机和扬声器、供备电电源的系统，各扬声器的输出功率，与相关系统的连接形式。应急广播系统确定系统结构、供备电形式、广播主机的布置与安装位置。装置或单元内露天场所扬声器的声压场平面图。

ⅴ)电视监视系统图：确定系统结构、设备名称、电缆型号，与全厂系统的联网关系、与相关系统的连接关系，电源供备电形式，以框图表示由设备制造企业负责的部分在系统结构中的位置。

ⅵ)无线通信系统图及无线覆盖信号场强分布平面图：表示系统结构、设备名称、设备连接关系，各发射设备的信号场强分布。

ⅶ)门禁控制系统图：系统结构、设备名称、连接线缆型号、与相关系统的联网关系。

ⅷ)入侵和紧急报警系统图：系统结构、设备名称、连接线缆型号、与相关系统的联网关系。

ⅸ)系统集成和安全管理控制指挥系统图：用框图形式表示系统构成以及系统架构和逻辑序列。

ⅹ)电信设备布置图：在已确定的在装置、单元、建筑物、电信机柜室、电信专业控制室、图幅等平面图中标注各电信系统的主要设备布置。

ⅹⅰ)电信线路路由规划图：在平面图中规划出电信线路路由和配套设施布置，电信线路路由包括电信管道及电缆沟的规划位置与宽度和电信电缆桥架的规划位置与宽度，标注各装置、单元、建筑物的线缆进线方位。

4)详细工程设计：电信专业的详细工程设计是依据合同、基础设计文件批复进行的工程施工安装设计文件，属于基础设计方案的落实阶段，设计深度是以满足工程建设中施工单位的设备安装、线路敷设、线缆及辅助设备与材料采购和以系统开通运行为目的施工安装。电信专业详细工程设计阶段需按照基础设计审查确定的系统构成、功能与技术指标等内容进行设计，有任何改动均须报至基础设计审查主管部门批复或同意后执行。电信专业的详细工程设计文件需按工程规定的项目单元独立成册，设计文件由文件目录、说明书、电信设备材料表和相关的设计图纸组成，设计图纸包括电信平面图、各电信系统的系统图及设备安装图等内容。

a)目录：列出所有设计文件及复用设计文件的档案号及名称，图纸设计文件需列出图纸尺寸的大小，文字设计文件需列出文件的页数。

b)说明书：说明书内容包括本设计单元电信各系统的内容及施工技术要求、设备安装要求、线缆敷设方式与要求，与相关设计单元施工分界点位置的要求等。当需要说明的内容较为简单时，可将需要说明的内容在图纸的说明栏说明。

c)电信设备材料规格表：按规格型号列出本单元电信系统使用的电信设备、辅助设备、线缆、用量较大的线缆敷设用材料与安装辅材，防爆线路安装用辅助防爆设备和防爆材料及配件、防火防爆堵料、各种钢铜铝制金属型材、用量较多的钢管及配件、混凝土、砂石及红砖等。按基础设计中电信设计规定的各类辅助用材采购划分原则列出其他非施工单位采购辅材的名称及用量。

d)电信系统图：详细工程设计应按电信系统安装结构单独编制与施工布线一致的系统

图，当系统图内容简单且可在建筑或单元平面图中表述清楚时，可不编制系统图。需要编制系统图的系统包括全厂或区域电话配线系统、门禁控制系统、入侵和紧急报警系统，装置或单元的扩音对讲及广播系统、电视监视系统、火灾自动报警系统。系统图应标注系统的组成、设备名称及编号、设备回路编号、线路连接及线缆线序号及线缆型号、线缆的接口类型等内容。各系统图设计应标示与相关系统及与相关联专业设备的相互关系与连接方式，全厂或区域性系统设备应按基础设计的电信设计规定的要求统一标注设备编号。

e)电信平面设计图：电信平面图设计需依据装置与单元、建筑平面、全厂平面进行设计，图中的设备与线路布置需按相关规范要求设计，并便于使用和安装维护。电信平面图中电信设备的布置应以相对尺寸和标高标注安装位置和与系统图一致的设备名称及编号。线路设计应明确线路敷设方式及路由，明确线路保护措施及支撑安装要求，穿钢管保护线路需按线缆与保护管内占空比要求注明钢管管径，并标注相对尺寸和标高及安装位置。

f)电缆桥架或电缆沟图：在图中明确表示电信线缆依托的电缆桥架或电缆沟的路由布置平面图。电缆桥架图中需标明各段电缆桥架定位尺寸及电缆桥架宽度、深度尺寸与敷设标高，复杂区段的电缆桥架需以配件组合安装图形式标注桥架组件的安装关系，电缆桥架图中需有电缆桥架、桥架组件的材料一览表。电缆沟图须有剖面图，并标注沟的埋深、沟宽及沟深的尺寸，注明电缆沟内托架的位置及各线缆的敷设位置。

g)电信管道设计图：以坐标标注电信管道人手孔的位置，以等高线标注地面标高及人手孔井口、上覆板、人手孔底与各方向管孔的标高，以坐标与标高或相对尺寸标识与其他专业管线、电缆及电缆沟等建(构)筑物的交叉及相互尺寸关系，用管道剖面图标识各段管道的断面和各型管材排列位置，并在图中以表格形式标注各管孔的电缆编号或型号。

h)电信设备布置图：设备布置图要标明电信设备的名称与编号、外形尺寸、安装位置和安装方式，必要时需以设备安装图形式标明设备的安装细节要求。

i)电信设备安装图：安装图是指导施工正确安装的图纸文件，安装图涵盖特定环境下设备安装的技术细节，属于保障设备安装技术性能的重要组成部分。设备安装图应详细标示设备与安装支架、线缆进线位置、与线缆保护管及安装(含防爆)附件的组装关系。

j)电信盘面布置图：盘面布置图应标明操作台电信设备与机柜盘面上的显示及操作器件的布局，是设计对设备安装的技术要求。

k)电缆敷设表：在线缆多且复杂的电信平面设计图中难以清楚完整地表达线缆起点、终点、线缆长度和终端接线端口的关系，电缆敷设表可以清晰地反映线缆敷设的细节信息，电缆敷设表应列出每根线缆的规格、起点、终点、线缆长度、敷设方式和线缆终端接线端子编号等信息，标注电缆保护管的规格和电信管道管孔与途径人手孔编号等信息。

## 4.3 设备选择

4.3.1 工程设计的设备选择是体现设计功能与技术要求的重要部分，应在基础设计阶段确定系统/设备的功能与技术指标，并经基础设计阶段审查批复。选择要有功能与技术指标、可靠性与安全性指标、使用环境要求，需满足安装维护的要求，基础工程设计阶段要对设备技术要求的完整性负责。设备选择应符合国家有关标准和有关市场准入制度，防爆设备的选择需符合附录 A 的要求，并宜采用 A 类生产企业生产的设备。

软件产品对于开发和研制以外的人员是一个黑匣子，产品的质量完全依靠于开发和研制人员的能力与团队的管理水平。电信专业进步快，项目建设中的紧迫感强，通常为设备安装结束即进入项目开工阶段，不容安装的软件产品有疏漏。因此，《规范》要求“宜选择基于软件能力成熟度模型管理下开发的要求的软件或国家准入的软件”，对于项目专用的定制化系统软件要采用满足具有软件能力成熟度模型 4 级以上环境下开发系统软件。

4.3.2 独立功能的单台设备选择应符合独立设备的技术指标要求，多设备组合的系统性集合设备选择应符合设备集合后的整体功能技术指标要求。

# 5 行政电话系统

石油化工企业中的电话系统包括厂行政电话、调度电话、直通电话。电话诞生已有100多年，电话系统在百年发展的历程中，技术不断地进步，标准体系日益完善，以至于现在仍旧将电话系统作为人们生活的基础语音通信设施，在生活与工作中发挥着重要作用。现今在人们的生活中，计算机网络可以不通、手机可以中断，有线电话系统若中断则让人无法忍受，还没有任何一种语音通信手段能比有线电话系统更安全更可靠，这种安全与可靠完全得益于有线电话系统完善的体系和健全的规范标准，因此《规范》将其定义为企业的基础语音通信设施，而其他通信设施仅仅作为企业基础语音通信设施的补充与延伸。

电话系统发展经历了人工(手动插接)交换和自动交换阶段，电话交换设备的发展经历了磁石电话、共电电话交换机、步进式电话交换机、纵横式电话交换机、模拟程控电话交换机、数字程控交换机、软交换系统技术阶段。磁石电话、共电电话交换机、步进式电话交换机、纵横式电话交换机、模拟程控电话交换机现在已很少使用，企业的行政电话和调度电话交换系统以数字程控电话交换机和软交换系统为主。数字程控电话交换机是以程序控制完成电路接续的交换方式，软交换系统是基于分组网，利用程控软件提供呼叫控制功能和媒体交换处理的交换方式。数字程控电话交换机是以电路在存储程序控制下的电路交换，设备成熟、结构清晰、应用可靠性高，设备集中部署，便于集中管控。软交换系统采用的是分组网的分布式部署方式，系统利用控制软件提供呼叫控制功能和媒体处理，属于呼叫控制部分与媒体处理部分分离的系统形式，软交换系统在语音通信的基础上还提供有IP通信服务业务，系统的可靠性依赖于系统中的软件成熟度和分布部署的网络设备，系统的集中管控程度弱。软交换的优点在于实现语音通话的同时提供了IP通信，可利用通信网络完成IP网络业务，对于以营利为目的的运营商扩充运营范围十分有利。在企业中，电话交换系统的应用与业务范围有以下特点：

1)在企业范围的电话语音通信仅需要可靠的语音通信业务，不需要IP通信和其他增值业务服务；

2)电话终端的供电需由交换系统集中供给，不允许使用现场电源供电，需通过电话配线保证电话终端的馈电能量；

3)数字程控电话交换系统的结构固化，安全可靠保障指标成熟且明确。而软交换系统的结构多变，虽可满足语音通信使用功能，但可靠安全保障指标不清晰，系统需要成熟的软件提供支持。

电话交换系统的安全可靠保障指标有：系统平均无故障时间、系统恢复时间、忙时话务量，企业中的电话交换系统不应抛开安全可靠指标只保障语音通信业务。平均无故障时间是交换系统稳定性要求，系统通常通过可靠性设计和系统/设备备份保障；系统恢复时间是整个系统在断电硬启动工况下完全恢复到系统正常工作状态的时间，属于迅速恢复系统功能，保障畅通的技术要求，软交换系统的系统恢复时间较长或不具有该指标要求；忙时话务量是系统允许的最大通话量，系统的忙时用户线话务量则表示电话交换系统所有电话用户允许同时使用的数量。

声力电话属于电话系统中应用较少的电话设施，是一种不需要电源即可进行语音传送与接收的装置。声力电话由送话器、受话器、混合线圈、增音电路及选择开关、手摇发电机装置组成，在声音嘈杂的场所还可加装有触点信号输出控制的外置振铃装置。声力电话的工作原理：通过送话器膜片对声音振荡感受转换为频率变化的交流信号，经过线路传送到受话方的受话器线圈使膜片振动，还原为声音。在船舶上经常用作应急通信装置布置在应急发电机间、$CO_2$间、消防控制站、驾驶台、主机机旁操纵站、集控室、舵机房等位置。声力电话具有不需要电源和通话声音清晰的优点，但声力电话存在声音小、传输距离短的缺点，在石油化工企业中偶有使用。

## 5.1　一般规定

厂行政电话是企业岗位间语音通信联络的基础，虽然数字化的发展为其增加了诸多功能，但作为企业语音通话的基本属性始终没有改变，必须在保证系统安全可靠通话的基础上实现其他功能。

厂行政电话交换系统通常采用用户电话交换系统，一般不采用局用电话交换机。用户电话交换系统可设置成单交换模式或中心管理站加交换模块的交换模式。设计应根据电话配线电缆选型的最远传输距离(3.5～7km)、电话用户负荷、管理需求及企业管理范围选择行政电话交换系统的构成。

厂行政电话的供电电源系统与电话交换机设置在同一位置，有利于设备的维护管理和向电话分机供电。企业的行政电话系统管理必须自行独立，语音交换、呼叫控制、网络和业务管理要由企业负责，不应受运营商的远程操控，必须保证中继线中断后行政电话系统仍能独立运行。

新建企业在基础设计需确定的厂行政电话系统技术指标有：行政电话系统的结构、初装容量、终期容量、设备配置、中继方式与中继线数量、配线方式、交换系统的功能、供备电方式、系统的安全可靠性指标、电话站位置和主要设备平面布置。

5.1.1　独立设置企业行政电话系统是要求企业的行政电话的管理权与操控权由企业负责，企业电话用户的分配、用户的权限设定不受运营商的制约，无论是企业自建行政电话交换系统还是运营商设置在企业使用的电话交换系统都应遵循管理权自理的原则。对于在工业园区设置的中小型石油化工企业，当行政电话系统由园区统一建立时，企业用户号码需要采用连续号段以方便管理，园区的行政电话系统要满足企业电话用户的使用功能要求。

5.1.2　企业行政电话系统的规划与构架原则需保证系统稳定畅通，满足近期企业需求并与企业的远期发展规划相适应，满足企业生产经营与管理的功能需求，采用具有国家核发的电信设备进网许可证的设备，与当地电话通信网的技术要求和发展规划相适应。

5.1.3　企业行政电话交换系统采用多个电话站址时，需设立一处站址作为汇接管理站，行政电话交换系统的各站址的对外中继联系统一由汇接管理站呼入呼出，并具有统一管理各站址系统设备和各用户终端的功能，各个站址均要求具备语音交换、呼叫控制功能，以保证当站址间线路失联时各站址区域内的语音通信畅通，必要时可通过设置迂回路由保障线路的可靠性。远端模块是部分功能依托在主系统下的设备，因其独立运作能力低、可靠性差，不许可在企业的电话交换系统中使用，当远端有少量集中用户时，可以采用综合接入设备(IAD)的方式与主系统相连。

5.1.4　电话交换系统的制式与通信协议在配套统一时，交换系统的功能才可得到充分发挥，其中一些特殊功能要求只有在交换设备型号相同时才可以共存使用，因此在设计过程中应给予注意。

5.1.5　计费系统可方便企业内部管理和与运营商进行话费统计量核实，有利于强化企业管理，企业可根据需求合理选用。

5.1.6　在厂行政电话站设置的设施包括电话交换设备、电源配电及备电设备、配线架(柜)设备、与其他交换网络的中继接口和与其他系统的接口设备、维护管理设备。以上设施要集中设置在汇接管理站，以实现厂行政电话系统的集中管理。

5.1.7　集中供电是企业电话交换系统的基本可靠性要求，电话机等终端设备的供电需由电话交换系统的电源集中供给，避免在应急工况下因无法供电引起电话机等终端设备的失联。

5.1.8　行政电话交换系统的技术指标是保障系统平稳运行的基础，平均无故障时间是交换系统稳定性要求，目前系统的平均无故障时间可大于40年；系统恢复时间通常是整个电话交换系统在断电启动工况下完全恢复到系统正常工作状态，目前系统恢复时间可小于1min；忙时用户线话务量是保障系统内用户互通的最大量，现在电话交换系统的忙时用户线话务量可实现1Erl。正是因为电话交换系统有技术指标的保障，才使得电话交换系统具有可靠保障，感觉不会阻塞和中断。

5.1.9　企业自行管理的行政电话交换系统应该是独立的，当系统的中继线中断后系统不得丧失内部用户的交换功能，在设计软交换系统的过程中需要特别注意保证这项功能要求。

5.1.10　行政电话机设置权限管理是企业管理和生产操作管理的重要措施，电话交换系统须具备用户权限设置功能。电话用户根据岗位需要可设置以下使用权限：

a)岗位直通话权限，只限于两个岗位间的通话服务，而无须拨号；

b)岗位通话权限，用户只可对企业内特定岗位或区域用户发起呼叫与通话；

c)企业内通话权限，用户仅可对企业内用户发起呼叫与通话；

d)本地区通话权限，用户可对企业内用户和所在城市或地区用户发起(市内)呼叫与通话；

e)国内通话权限，用户可对企业内用户和所在城市或地区用户、国内各地区用户发起(国内长途)呼叫与通话；

f)国际通话权限，用户可对企业内用户和所在城市或地区用户、国内、国际各地区用户发起(国际长途)呼叫与通话。

## 5.2　站址选择

5.2.1　企业的行政电话站宜设置在通信负荷的中心区附近，并避开有爆炸和火灾危险、电磁干扰、腐蚀性气体和空气粉尘含量高的环境。

5.2.2　根据工程实践，新建企业的电话交换系统在开工准备期和企业开工运行后行政电话的用户数量会快速增加，因此在设计中交换机与配线系统要留有足够的富余容量，以免用户需求在短期内迅速达到或超过初装容量需要扩容。石油化工企业具有不断增加后续装置，延展深加工能力的特性，在厂行政电话规划阶段需要按企业的终期容量预留扩充空间和电源及电话配线电缆的敷设空间，以保证系统能平顺地扩容。

## 5.3　中继方式

中继是两个交换系统之间的一条传输通路，中继线是承载多条逻辑链路的一条物理连接。中继方式指电话交换网或本地市话(公网)电话交换及线路系统的总体结构，企业用户电话交换机的中继方式主要有以下几种方式：

1)BID半自动呼入方式，市话用户呼入用户交换机时，采用人工/电脑话务员接入用户的中继方式；

2)DID直接呼入方式，市话用户采用直接拨号呼入用户交换机数字入口接通用户的中继方式，呼入过程无人工转接，但需占用公网的连续号码资源；

3)$DOD_1$通过进网字冠直接呼出方式，可实现市话网与用户交换机内网分别以大号(市话网号段)与小号(用户内网号段)方式拨号呼出的方式，内网用户呼叫外网用户采用先拨外网入网字冠直接加外网号码的连续拨号呼出方式，内网间用户采用直接拨内部小号的呼出；

4)$DOD_2$交换机用户拨打市话网用户时采用拨市话网入网字冠，在听到拨号音继而拨号呼出，其余功能与$DOD_1$呼出方式相同。

中继方式设计是用户电话交换机设计的基本要求，属于基础设计阶段必须确定的重要设计方案，中继方式和编号计划设计需与本地通信运营商的规划相结合，在本地通信运营商的统一规划下进行设计。中继方式、中继数量的设计中还需根据企业用户的用途、话务量大小确定，同时确定出入中继的组合方式并对出入中继的组合进行说明。全自动直拨中继方式和半自动中继方式如图 5－1 和图 5－2 所示。

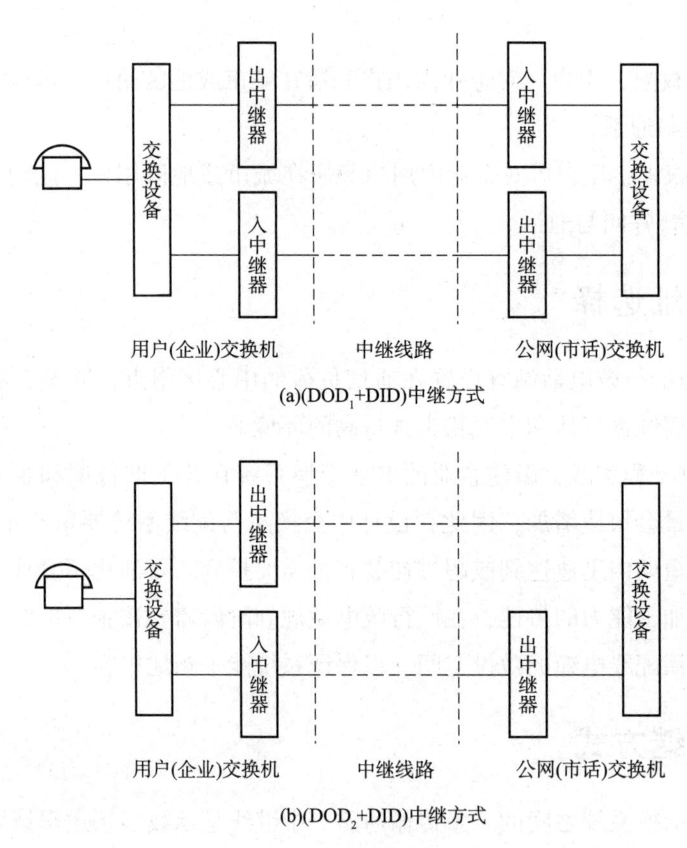


(a)($DOD_1$+DID)中继方式

(b)($DOD_2$+DID)中继方式

**图 5－1　全自动直拨中继方式**

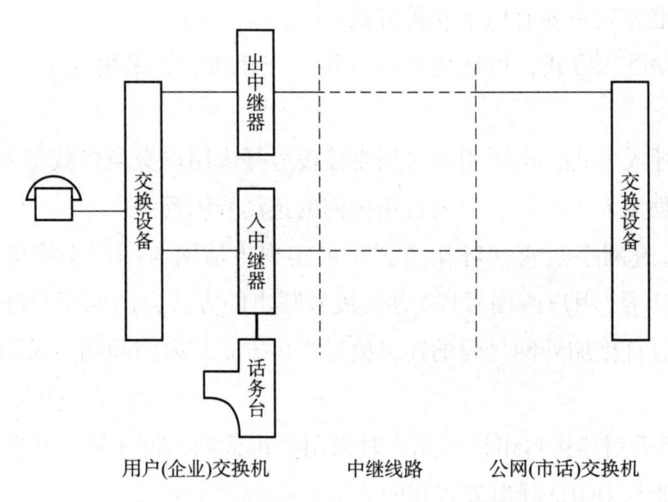


**图 5－2　半自动中继($DOD_2$ + BID)方式**

双中继方式如图 5－3 所示。

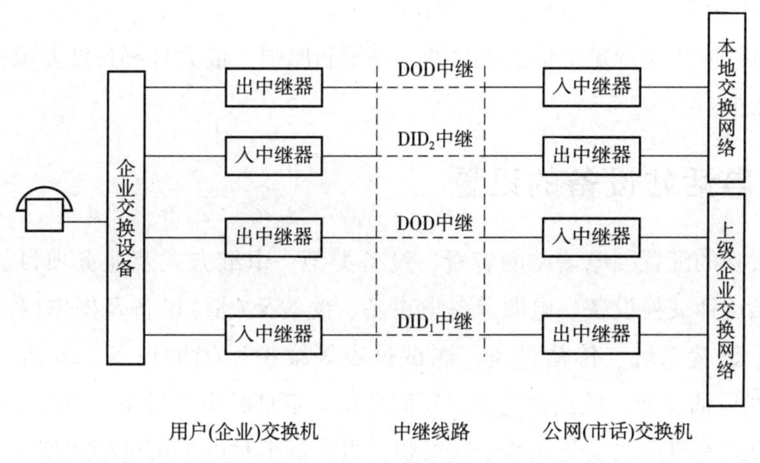


**图 5－3　双中继方式**

用户电话交换机中继可根据需要选择多个中继方向，以方便中继溢出或中断时进行迂回路由联络，提高对外联系的可靠程度，多中继方向还可以同时实现上下级企业间的中继和与本地通信网络的中继，提供双中继直达的便捷对外路由。

## 5.4　编号计划

设计文件中应确定企业用户电话交换机的号码编制方案，定出用户交换机的号码的规律，电话号码的号段应大于电话交换机的容量，其中包括厂行政电话交换机容量和具有拨号功能调度电话交换机容量，当企业内设置有数字集群通信系统时，也需将其纳入企业号码编制中。号码编制需按以下原则设定：

1）出中继引示号；

2）特种业务号码与号段；

3）按部门或管理确定电话号段。

通常电话用户号的首位阿拉伯数字选取为 2～8，将数字 0 和 9 用于出中继引示号，将数字 1 用于特种业务首位号码，特种业务常用号码分配方式见表 5－1。

**表 5－1　特种业务号码常用分配方式**

| 特种业务号码 | 特种业务 |
| --- | --- |
| 112 | 障碍申告 |
| 114 | 查号 |
| 115 | 服务台 |
| 116 | 安全应急 |
| 119 | 火警 |
| 110 | 公安报警 |
| 120 | 急救 |

电话交换机的电话号码长度设定需考虑企业内号码长度、当地电话号码长度、国内长途引示号长度和国际长途引示号长度的组合。

在基础设计阶段应制定电话交换机的号码编制原则，最大号码长度要求，以作为设备采购的技术依据。

## 5.5 电话站设备的设置

电话站设备的配置因电话站的容量、设备类型、中继方式及业务项目的不同存在差异，主要包括电话交换设备、电源及备电设备、配线架(柜)设备及操作(控制)终端、话务(查号)台、计费系统、传输设备、测试仪表等维护用辅助设备。电话站的总配线架(柜)设备是对电话交换系统出局线路进行综合统一管理的重要设备，可以进行互联与交接操作，安装方式有机架式安装和墙壁式安装，当容量小时可采用机柜式安装，以采用配线与交换设备并排摆放。配线架设备的容量应大于内侧局用电缆与外侧电话配线电缆容量的总和，考虑到电话配线电缆的芯线利用率及预留的备用容量，近期配线架容量按内外侧电缆总容量(包括局用电缆线、电话用户线、中继线及调度电话线)的1.4~2倍计算。

## 5.6 电源供电

企业用户交换机及远端交换模块的电源供电是系统正常工作的保障，由于企业中的电话交换部分、传输部分及电话分机需要集中供电和管控，供电设施直接影响交换系统的稳定性。作为基础语音通信系统，交换系统的电源需要考虑正常工况下供电、事故工况下供电和企业检修阶段供电，因此通信系统的备电时间按大于8h考虑。现在通信专用电源设备已很完善，可靠性很高，在设计中可采用通信专用电源组合设备对电话交换系统进行供电，以解决交流配电盘、直流配电盘的设备布置和操作不便问题，方便集中统一管理和操作维护。

传统备电部分的铅酸蓄电池需设置在蓄电池间内，随着技术进步，免维护电池已无须设置在独立的房间内，高性能的蓄电池已没有氢气和酸液的释放与泄漏，可以与主设备布置在一起。当备电容量较小时，可将蓄电池安装在机柜内，并与交换机和整流电源并排布置，以减少布线和方便维护。

# 6 调度电话系统

调度管理模式源于20世纪50年代初现代企业管理模式引入，调度电话系统是调度岗位行使生产指挥，下达调度指令，及时接受岗位信息反馈，保障生产运营的专用语音电话通信系统，属于企业调度指挥的语音基础通信手段。在石油化工企业中调度电话系统设置的首要原则是保证调度指挥系统的可靠稳定运行与迅速及时地语音通信，有时调度电话系统被称为调度电话交换机，但设备的交换功能仅仅属于系统的辅助功能，调度电话机不宜作为与其他岗位间的通话设施，岗位间的普通电话联系应采用行政电话设施进行通信。在企业中重要生产岗位的调度电话分机需取消自动电话的拨号盘功能或采用共电电话分机，以免线路被占影响生产指挥通信。调度电话系统的设计应以保障系统可靠性、稳定性、及时性为主要目的。

在企业中，调度电话系统与行政电话系统共用电话配线网络，当调度电话系统与行政电话系统布置在一处时，两交换机系统可以共用同一机房，共用供备电电源和配线架，以节约投资，方便维护。

## 6.1 一般规定

6.1.1 调度电话系统作为企业指挥生产的基础语音通信手段，要求调度电话设备具有完整的安全可靠性指标，能够长期稳定地工作，调度电话系统在话务量爆发时应能够保持可靠通话，避免特殊工况下的通话受阻现象出现。

6.1.2 企业调度电话交换机的热备冗余配置有助于提高系统的平均无故障指标，是提升可靠性且简单易行的基本方法，调度电话交换系统的交换网络、存储部分、供电电源部分等属于电话交换机的重要部件，因此要求选择热冗余配置。

6.1.3 石油化工企业不使用软交换调度电话系统出于以下因素：

1)软交换属于IP分组交换，系统的可靠性取决于IP分组网络和软件的成熟度，对系统软件的检测采用通用软件检测方式，缺少软交换系统的专业检测与制造标准，缺少极端工况下的可靠性检测；

2)部分软交换调度电话系统缺少统一的系统指标和系统构架设计，系统由多台已定型设备组合而成，设备虽可保障正常通话，但缺少衡量系统可靠性最大话务量等技术指标。

6.1.4 调度电话是调度指挥岗位与有人值守重要岗位间的语音通信设施，调度电话分机需设置在有人值守的岗位，在有人值守的岗位设置调度电话分机的同时还应设置行政电话分机，分流非调度业务通话。

## 6.2 系统结构和功能配置

6.2.1 调度电话系统构架设置应与企业生产管理结构吻合，对于扁平化指挥管理的生产企业调度电话系统按一级调度设置，垂直化指挥管理的生产企业，调度电话系统宜与管理层级同步设置，各调度电话系统层级之间要建立中继联系。

6.2.2 调度电话交换机的安全可靠性要求高于行政电话交换机，安全可靠技术指标要求同样应高于行政电话交换机技术要求。当行政电话交换机满足下列全部条件时，调度电话可与行政电话交换设备硬件合用，采用交换机的虚拟功能使调度电话系统与行政电话系统功能独立。

1)当行政电话交换系统采用数字程控交换系统时；

2)当行政电话交换系统的技术指标满足或高于《规范》中规定的调度电话交换机技术指标要求时；

3)交换系统具有虚拟分割的功能，并可将交换系统分割成独立功能电话交换系统，且确保行政电话交换系统与调度电话交换系统的号段独立与连续时。

6.2.3 调度台是调度指挥的终端设备，调度电话系统需配备调度台，调度台需有直通键、标准键、功能键和两个或两个以上可单独通话的手柄，调度台可通过按键快速直拨各调度电话分机用户，可通过调度台的直通键观察来电分机状态和各分机的通话状态，能够强行插入辖区内正在通话的用户并可强行拆除辖区内用户的通话，调度台可监听系统内各用户分机的通话内容，并将来电转移到其他终端或组织多方同时通话。企业级调度岗位应配备两个或两个以上各自独立的调度台和坐席，以保证调度岗位实时处于值守状态，其他调度岗位可根据需要设置调度台和值守坐席数量。当调度指挥已设置调度台时，可同时设置多媒体调度台与之对应。

6.2.4 企业的调度电话系统应具备以下功能：

1)调度电话系统与厂行政电话系统、扩音对讲系统和无线通信系统的中继联系和组网通话功能；

2)多级调度电话系统的中继组网，各级调度台对所辖区域分机享有最高强插优先权和强拆权；

3)系统内各调度台均具有各分机用户状态显示和呼入等待功能；

4)各级调度对所辖调度用户的全呼与组呼功能和多方会议电话功能；

5)调度台的各手柄具有通话录音功能，对各手柄通话实时记录，记录的内容包括通话起始时间、通话过程语音，当通话的手柄挂机后停止通话记录。

6.2.5 石油化工企业会随着企业生产规模的增加与生产工艺的延伸不断扩充，调度电话系统应满足系统扩充的需求，系统交换的容量和网络的构成要考虑远期发展需要，对于扁平化管理的企业调度电话系统更应留有充裕的备有容量，对于垂直化管理的企业调度电话系统需考虑上下属调度电话系统增加的中继扩充，而系统的实装用户端口等易于安装的设备组件则应按照近期容量与系统构成进行设置。

6.2.7 调度电话系统的可靠性要求高于行政电话交换系统，忙时用户线话务量和中继线话务量要求高于行政电话的要求，以满足爆发话务量工况下的接通要求和紧急工况下的通播通信的要求。

6.2.8 调度电话系统电源的技术标准与行政电话系统电源的技术标准要求一致，当单独设置的调度电话系统与行政电话系统设置在一处时，可以与行政电话系统共用一套电源系统。

6.2.9 直通电话是实现岗位之间无障碍快速语音联系的设施，调度电话系统的技术指标高，因此直通电话应采用调度电话系统的热线功能完成无障碍快速接通，为保证快速接通避免使用错误要求直通电话机不设置拨号盘。

## 6.3 调度电话站

6.3.1 调度电话站根据岗位管理需求与作用有不同的形式，企业调度作为企业生产指挥的管理岗位负责整个企业的管理与指挥，设有企业调度台的企业调度室宜设置在便于与企业管理者联系沟通的位置，必要时企业调度室可附带讨论决策的会议空间。专业管理部门与车间的调度台可设置在部门或车间管理科室旁，以方便与部门主管联系。当企业设置联合调度中心时，各专业管理部门的调度台应设置在企业联合调度中心的专属岗位区域。全厂消防监控中心岗位需设置火灾电话报警系统的双手柄消防调度台，消防调度台应能够接收电话专用号报警信息并具有与重要消防设施值班岗位直通电话按键。在具备条件时，全厂消防监控中心应作为专属岗位与企业生产调度台同在一室，以方便在火灾或应急事件的处置过程中联合指挥。

6.3.4 调度台的电消耗指标大于电话机，不能通过电话配线实施远程供电，调度台是调度电话系统中唯一需要单独供电的电话终端设备，当需要异地设置调度台时，异地设置调度台的供备电技术要求应与调度系统的供备电技术要求保持一致的可靠性，并保持一致的技术指标。

6.3.5 调度岗位属于全厂或区域(车间)承担指挥的岗位，需要全面了解全厂或所辖区域的各种信息，尤其要掌握涉及安全和生产操作的信息，因此宜设置电视监视系统的控制和图像显示终端、火灾报警系统受警终端、生产过程控制只读操作站、工厂信息系统客户端等设施，并按人机工程需要(见图16-4和表16-3及表16-4)合理布置。

6.3.7 调度电话系统应与行政电话系统建立中继联系，并通过行政电话系统的中继线与公网进行联系。调度电话系统与行政电话系统的中继应采用DID+DOD等为拨号方式，以方便号码直拨并通过编号分组区分两个系统的用户号码。

# 7　无线通信系统

无线通信系统作为有线通信系统功能的补充与延伸，为有线通信系统提供了可移动和便利通信的“最后一公里”延伸通信服务。企业通常应用的常规无线通信系统是为解决移动岗位间的通信，宽窄带数字集群系统则是依托有线通信系统，解决有线通信与移动岗位和移动岗位之间的通信服务。无线通信系统由发送设备、接收设备和传输媒体组成，发送设备是将被发送信息转换成电信号，再将其转变成以高频包络信号或载频信号为载体具有足够能量的信号，通过天线以电磁波形式发送辐射到空间自由媒体中传输；接收设备是由天线接收传输媒体的电磁波信号，接收设备通过检波或解调形式提取电信号并还原发送信息；传输媒体通常为自由空间传播的电磁波，传输媒体受传播空间干扰与障碍物影响，属于无线通信中不稳定的部分。在设计过程中发送设备发送的高频振荡信号功率和天线的增益与指向性决定了向空间辐射能量场强度的分布，接收设备的天线增益与接收灵敏度决定了从空间截获的有效能量场强度，而自由空间电磁波能量传输衰耗与传输空间的距离与障碍物阻隔，决定了无线通信系统的传输距离。因此在设计中需确定影响传输效果因素的分布，明确设备的技术参数。设计文件应以室外空间场强传输等值曲线与建筑阻隔衰减后空间场强分布图确定主发送设备的信号覆盖范围，并以此确定企业无线通信系统的发送设备分布和通信范围。

无线通信可以传输语音、数据、图像的信息，无线通信模式见表7－1。

**表7－1　无线通信模式**

| 通信模式 | | 典型应用 | 特点 |
|---|---|---|---|
| 单工通信 | 单向传输 | 无线语音和视频广播 | 利用单一频率进行点对面的广播通信，覆盖面广 |
| 半双工通信 | 交替收或发传输 | 专业无线语音通信 | 点对点的半双向通信，频率利用率较高 |
| 双工通信 | 全双向传输 | 大信息量无线信息交互与传递 | 点对点的双向信息交互，传递信息量大 |

石油化工企业使用的无线通信系统有常规无线通信系统、窄带数字集群通信系统与宽带无线通信系统。无线通信系统以其使用的灵活性受到用户普遍欢迎，由于传输媒体受到使用频率和信号覆盖范围的限制，使无线通信系统在使用过程中有盲区和弱信号区，导致无线通信系统的可靠性与接通率下降而低于有线通信系统。另外，由于无线通信的传输媒

体为开放空间，使得信号在传输过程中保密性差，容易受不明客户的信息窃取与攻击，因此无线通信系统不适用于重要信息的传递。

无线通信系统的无线电波频段属于社会公共资源，频率点的使用受到国家严格管控，在设计中需要先明确系统的话务量，对用户话务量进行合理的设计分配布置，避免通信过程中的堵塞现象。无线通信系统设计可按服务业务的重要性进行优先保障程度分类，以确保"关键性业务"的畅通，设计文件中应明确用户业务的分级和各用户级数量统计分配的设计。

在基础设计文件中需要落实无线通信系统构成、固定发射设备的布置、无线通信信号空间场强分布图、系统话务量和用户话务量配指标，并在设计审查时确定，将系统构成、发射设备技术参数、系统话务量和用户话务量指标作为设备选择的技术条件确定设备供货技术参数，并以此作为工程质量的确认条件。

## 7.1　一般规定

7.1.1　企业无线通信系统为语音和数据通信提供了便捷的指挥与操作通信手段，需要保证系统管理的独立性，不可受到外网及运营商的管控，无线通信系统的中继不能直接由无线信号与网外相连，无线通信终端不宜经由网外基站与企业内通信系统相连。

7.1.2　由于无线通信系统使用的频率资源受限，系统的总话务量有限，无法保障所有用户的实时通信畅通，将无线通信用户按业务重要性划分出关键性业务等级，按等级提供服务，以利于缓解紧急工况和大话务量下的通信阻塞。

7.1.3　集群通信系统是按照动态信道指配方式实现多用户共享多信道的无线电移动通信系统，系统可用于语音业务、数据和图像链路连接。集群通信系统的语音业务需要与行政电话系统、调度电话系统、火灾电话报警系统建立中继联系，以扩展无线集群通信系统的业务范围。

7.1.4　企业使用的专网无线集群通信系统分为应急无线广播系统、常规无线通信系统、窄带集群无线通信系统和宽带集群无线通信系统。各系统无线通信方式与范围见表7－2。

**表7－2　无线通信方式与范围**

| 系统分类 | 通信方式 | 通信范围 |
| --- | --- | --- |
| 应急无线广播系统 | 单工通信 | 区域无线语音广播 |
| 常规无线通信系统 | 半双工通信 | 语音通信 |
| 窄带集群无线通信系统 | 半双工通信 | 语音通信 |
| 宽带集群无线通信系统 | 全双工通信 | 语音与数据(图像)通信 |

各企业需依据本企业需求、企业的发展情况、所在地区无线频点的资源状况合理选择无线通信系统的方式。应急无线广播系统有独立广播频点，采用固定无线频点收音机作为

接收端，系统通过无线广播系统发布语音通知应急事件，系统覆盖范围广，适用于企业周边分散区域的应急通知播出，但由于管理维护烦琐，在企业中较少应用，因此在《规范应用》中不给予讨论。

7.1.5 基于工业和信息化部《关于150MHz、400MHz频段专用对讲机频率规划和使用管理有关事宜的通知》(工信部无〔2009〕666号)，要求2015年12月1日停止使用模拟无线对讲通信设备，改用数字无线对讲通信设备，以提高无线频率的使用效率和抗干扰能力，因此《规范》要求无线通信系统的设计一律采用数字无线通信系统。

7.1.6 由于无线通信系统的传输媒体为开放的公共空间，传输媒体无法设置物理隔离，传输信息可通过空间向外播出，保密性差，而企业外用户可通过传输媒体窃取传输的信息对系统进行干扰和攻击，影响系统的正常使用，因此要求涉及保密的语音信息和控制与数据信息不得通过无线通信系统进行传输，以免受控设备和通信信息受到黑客攻击。

7.1.7 无线通信系统的移动终端在使用过程中不可避免地会途经非本终端应用辖区，进入其他危险环境，因此要求移动终端的防护等级必须满足所有可能使用和途经的环境要求。

电磁波信号属于辐射能量的信号波，当无发射的电磁波能量较强时，可能会由电磁波产生热量，未经防爆认证的无线发射天线及设备不能够布置在爆炸危险环境中。无线发射设备的防爆认证不仅仅是设备电器装置的认证，还应包括电磁波辐射能量的认证，因此未经防爆认证的基站等大功率无线发射设备需布置在远离爆炸危险环境的位置，以防止因强电磁波辐射到爆炸危险环境产生危险热量。

7.1.8 按现行火灾自动报警系统设计要求，手动火灾报警按钮需设置电话插孔以方便与消防监控中心联系，可在企业的露天生产区域和爆炸危险环境中设置具有电话插孔的手动火灾报警按钮较为困难。为此，《规范》要求企业现场操作及巡检人员可通过无线通信移动终端与全厂消防监控中心或安全管理指挥中心联系，以替代手动火灾报警按钮电话插孔与消防控制室通信的功能。

7.1.9 救灾与消防灭火岗位承担着企业与社会的救灾救援职责，当远离企业设置的固定基站或进入没有固定基站信号环境时，依然需要保证无线通信的畅通，因此《规范》要求，救灾与消防灭火岗位使用的无线通信系统(终端)应具备在没有固定基站环境下使用的功能。

7.1.10 国家分配给企业的无线通信系统频率带宽有限，难以全部满足宽带无线通信系统各项业务的需求，因此企业的宽带无线通信系统业务需部分依托公网的宽带通信，弥补企业网的带宽不足，但关键的语音业务和数据业务不允许依托公网宽带通信系统进行传输，公网宽带通信系统只许可传输普通图像业务。企业各类无线集群通信系统的常用功能见表7-3。

表7-3 无线集群通信系统常用功能

| 功能名称 | | 内容 |
|---|---|---|
| 常规无线通信 | | 对讲机直通通信，组呼、全呼功能 |
| | | 对讲机中转通信，单呼、组呼、全呼、可视化指挥调度功能 |
| 窄带集群通信 | | 单呼、组呼和全呼语音通信 |
| | | 可视化调度指挥 |
| | | 网络管理系统，集中控制与管理 |
| | | 全网录音 |
| | | 强插、强拆与监听 |
| | | 呼叫优先级管理 |
| | | 移动终端定位监测 |
| | | 遥晕、遥毙、复活 |
| | | 跨区漫游通信 |
| | | 有线电话、扩音对讲互联 |
| | | 短消息、紧急报警等数据通信 |
| 宽窄带融合通信 | 宽窄带融合通信 | 宽窄带融合通信终端，窄带支持数字集群通信，宽带支持公网 LTE |
| | 窄带常规无线通信 | 对讲机直通通信，支持组呼、全呼功能 |
| | | 对讲机中转通信，支持单呼、组呼、全呼、可视化指挥调度功能 |
| | 窄带集群通信 | 单呼、组呼和全呼语音通信 |
| | | 可视化调度指挥 |
| | | 网络管理系统，集中控制与管理 |
| | | 全网录音 |
| | | 强插、强拆与监听 |
| | | 呼叫优先级管理 |
| | | 移动终端定位监测 |
| | | 遥晕、遥毙、复活 |
| | | 跨区漫游通信 |
| | | 有线电话、扩音对讲互联 |
| | | 短消息、紧急报警等数据通信 |
| | 宽带语音通信 | 运营商 SIM 卡，可以与公网手机进行语音通话 |
| | 宽带数据通信 | 摄像头和大屏幕，可以进行图像视频的采集、传输和查看 |
| | | 公网 4G 和 Wi-Fi，可以传输图像视频 |
| | | 公网 4G 和 Wi-Fi，可安装移动作业 App |

## 7.2 常规无线通信系统

为节省频率资源减小设备体积，常规无线系统通常采用半双工通信方式，手持移动终端采用同频通信方式，当企业设置有中继设备时，可通过中继设备进行频率转换接力，以扩展通信距离。中继台还可以利用同轴电缆、分工器等设备实现地上及地下空间与隧道等信号屏蔽场所的信号中转和信号放大覆盖。当两地距离较远时，可通过线缆接力传递信号将两地的中继设备进行组网，以完成两个中继设备覆盖区的无线通信。

中继设备还可通过设备接口网关建立与有线电话系统简单有限的半双工通信联系，该功能可以实现手持移动终端与全厂消防监控中心等特定岗位的电话通话。当手持移动终端带有拨号盘时，还可通过拨号选择有线电话用户。

## 7.3 窄带数字集群通信系统

数字集群通信系统设计的主要目标是完成系统的容量设计和信号覆盖设计，系统覆盖的范围应以企业的管理范围为主，服务的业务范围以调度管理、应急指挥、生产操作岗位的无线通信为主，系统通过企业的有线通信网用户端口或中继线接入企业有线通信网进行互联，并可经由企业有线通信网接入本地公用电信网。窄带数字集群通信系统的业务范围以语音通话为主，并可在系统内传送简单的字符数据业务。

7.3.1 企业的窄带数字集群通信系统由移动终端设备、基站、直放站、微机站、中心控制设备、天线和电源部分组成，系统的语音通信业务采用半双工通信方式。

7.3.2 企业的窄带数字集群通信系统的要求独立设置，并设置独立的基站设施。当信号覆盖范围较大，需要设置多个基站时，各基站间的信息传递要求采用光纤方式进行通信连接，基站位置要选择在干扰小的非爆炸危险环境，并靠近负荷中心区域，以便信号有效覆盖。基站的发送与接收设备经由射频电缆与天线设备连接，射频电缆作为电磁波定向功率传输线缆应尽量减少衰减值，以便天线能够获取较大的发射能量或将天线获取的电磁波能量传递给接收设备。射频电缆型号与线径的衰减值可参照附录E表E－8与表E－9中数值设计。

7.3.3 信道是无线通信中发送端与接收端之间的衔接通路，常称为频段。信道容量为单位时间内可传输的二进制的位数，即为速率(b/s)，简称bps，信道带宽是限定允许通过该信道的信号下限频率和上限频率，也称为频率通带，通常一个信道的通带为1.5～15kHz，则将13.5kHz称为宽带。基站设计应根据国家无线电管理部门制定的频段、信号速率、调制方式、码型和近期移动终端数量确定设备配置。数字集群通信系统需按远期移动终端数量选择系统频率通带与容量，并按远期容量预留扩容机柜的位置。

通常用户终端话务量随着普及率的提升而降低，每个用户终端语音通话所需的数据量为40kbps，设计过程中可根据用户终端数量和每个终端平均话务量确定频率通带容量与信道的数量。窄带集群通信基站信道的总话务量可参考表7－4的高繁忙度模型话务量确定。

**表7－4 窄带集群通信基站的信道与容量** 个

| 用户数量 | 单用户话务量 | 系统总话务量 | 业务信道数量 | 控制信道数量 | 总信道 |
|---|---|---|---|---|---|
| 62～104 | 0.02～0.012 | 1.253 | 3 | 1 | 4 |

续表

| 用户数量 | 单用户话务量 | 系统总话务量 | 业务信道数量 | 控制信道数量 | 总信道 |
|---|---|---|---|---|---|
| 119～179 | 0.018～0.012 | 2.150 | 5 | 1 | 6 |
| 177～266 | 0.018～0.012 | 3.188 | 7 | 1 | 8 |
| 602～754 | 0.015～0.012 | 9.044 | 15 | 1 | 16 |

注：①高繁忙度模型：正常情况下，随用户终端数量的增加，每台终端的使用频度在减小，话务量(Erl)值也在减小，本表设定的话务量(Erl)值为0.02～0.012(Erl)。

②参考民航行业集群调度用户使用习惯和调度要求(呼叫频繁但呼叫时间较短)，设定集群用户忙时排队概率不大于5%。

7.3.4　高发射功率和高接收灵敏度可以扩大基站的信号覆盖范围，因此在设计中要尽量选用高发射功率和高接收灵敏度的设备。

## 7.4　宽带无线通信系统

国家工业和信息化部批准的专业数字集群通信系统的频率为1447～1467MHz、1785～1805MHz，频率带宽20MHz，而运营商的5G使用频率带宽≥100MHz(中国电信3400～3500MHz，中国移动2515～2675MHz和4800～4900MHz)，这使得企业专业数字集群通信系统的宽带建设无法实现运营商宽带系统的功能与业务种类，致使企业视频与多媒体数据的宽带业务滞后于社会的发展。当下，石油化工企业需要高安全保障的无线宽带业务服务，部分企业采取直接租用运营商的宽带无线通信系统，这种运营方式企业的生产数据与操作过程指令等内容要途经运营商的系统存储或转传截流数据，存在信息泄露的风险，对企业的生产安全存在隐患。另一部分企业自建数字集群通信系统，同时租用运营商的宽带通信系统中边缘无线覆盖设备实施企业无线系统宽带扩展覆盖，以此扩展企业非重要业务通信需求。但需要注意的是，借用运营商的边缘覆盖设备传输通道也需要与运营商系统之间建立有效的“防火墙”设施，且不得进行重要信息的传送。

宽带数字集群通信系统还需要注意信号覆盖的问题，宽带无线通信相对于窄带无线通信系统基站覆盖半径小，信号的穿透率低，对于信号覆盖的设计需要更完善与精准。

7.4.1　企业的宽带无线通信系统可通过企业自建宽带无线通信系统和与运营商无线宽带融合的系统解决企业需要的宽带服务业务，宽带无线通信系统应兼容窄带数字集群通信业务。企业的宽带无线通信系统业务的管控权限应由企业自理，系统的关键业务与语音通话设备应设置在企业内，并由企业管理，与运营商系统之间要建立有效防范信息泄露的“防火墙”设施。

7.4.2　宽带无线通信系统的数据业务提供数据传输服务，是将发送端设备的数据以无线方式传输到接收设备，其中包括基于IP分组数据的传输。

7.4.3　宽带无线通信系统提供的业务服务种类有语音、数据、控制与图像业务，各业务种类占用传输系统的流向与速率不同，系统的容量设计应根据覆盖范围内接入系统的业务种类数量配置系统容量。各业务种类数据占用的传输速率可参考表7－5中给定参数确定。

表7－5 各业务种类及数据传输速率

| 业务类型 | | 业务流向 | 每路传输速率(kbit/s) |
|---|---|---|---|
| 语音业务 | | 上/下行 | 40 |
| 文本业务 | | 上/下行 | 100 |
| 状态检测业务 | | 上行 | 24 |
| 运行控制业务 | | 下行 | 256 |
| 视频业务 | (D1分辨率) | 上行 | 1024 |
| | (720p分辨率) | 上行 | 2048 |
| | (1080p分辨率) | 上行 | 4096 |

## 7.5 移动终端

移动无线通信终端使用环境复杂，需要在各种环境与工况下稳定工作运行。无线通信终端的选择需要与系统相配套，常规无线通信系统终端的工作频率要与系统工作频率相吻合，数字集群通信系统中的通信终端需满足系统的功能要求，宽窄带融合通信系统可根据使用功能要求与宽窄带信号覆盖范围选择窄带通信终端或宽窄带融合通信终端。移动终端的功能及技术指标要求见表7－6。

表7－6 移动终端的功能及技术指标要求

| 名称 | | 移动终端 | |
|---|---|---|---|
| | | 车载 | 手持 |
| 接收灵敏度 | | －116dBm | －116dBm |
| 抗冲击性能 | | 4J/m | ≥2J/m |
| 外接设备 | | 送受话器、耳机 | 送受话器、耳机 |
| 定位 | | 离线与在线 | 离线与在线 |
| 语音 | 窄带 | 半双工通信 | 半双工通信 |
| | 宽带 | 全双工通信 | 全双工通信 |
| 数据通信 | 窄带 | 短文字 | 短文字 |
| | 宽带 | 文字与数据 | 文字与数据 |
| 图像传输 | | 双向传输 | 双向传输 |

无线通信移动终端中最大输出功率和接收灵敏度指标是无线通信覆盖设计中的基础输入条件，无线通信移动终端的最大输出功率是指将设备输出调节到最大时输出给天馈线系统的功率，输出功率与电平值的换算见表7－7。

表7-7　电平值与功率对应表

| 电平值/dBm | 功率/W | 电平值/dBm | 功率/W | 电平值/dBm | 功率/W | 电平值/dBm | 功率/W |
|---|---|---|---|---|---|---|---|
| 0 | 0.001 | 13 | 0.02 | 26 | 0.4 | 39 | 8.0 |
| 1 | 0.0013 | 14 | 0.025 | 27 | 0.5 | 40 | 10 |
| 2 | 0.0016 | 15 | 0.032 | 28 | 0.64 | 41 | 13 |
| 3 | 0.002 | 16 | 0.04 | 29 | 0.8 | 42 | 16 |
| 4 | 0.0025 | 17 | 0.05 | 30 | 1.0 | 43 | 20 |
| 5 | 0.0032 | 18 | 0.064 | 31 | 1.3 | 44 | 25 |
| 6 | 0.004 | 19 | 0.08 | 32 | 1.6 | 45 | 32 |
| 7 | 0.005 | 20 | 0.1 | 33 | 2.0 | 46 | 40 |
| 8 | 0.006 | 21 | 0.128 | 34 | 2.5 | 47 | 50 |
| 9 | 0.008 | 22 | 0.16 | 35 | 3.0 | 48 | 64 |
| 10 | 0.01 | 23 | 0.2 | 36 | 4.0 | 49 | 80 |
| 11 | 0.013 | 24 | 0.25 | 37 | 5.0 | 50 | 100 |
| 12 | 0.016 | 25 | 0.32 | 38 | 6.0 | 60 | 1000 |

## 7.6　信号覆盖

无线通信的信号覆盖是无线通信系统设计的重要内容，信号的覆盖范围需依据工程需要，按照企业管理的范围设定。企业无线通信系统信号覆盖设计是通过宏基站对企业管理区进行电磁波信号的直接覆盖，由直放站、微基站等设施对直接覆盖信号的盲区与弱区进行补充与补强的设置过程。对于无线信号强弱与盲区的判断需根据无线信号的场强值与接收设备的接收灵敏度作为依据，因此在基础设计的设计文件中应以企业管理范围无线信号的场强分布和弱区与盲区的分布进行设计，确定基站设备与信号补充设备的位置，连接系统结构，确定设备选择的类型与数量。

7.6.1　无线通信系统的信号设计要满足信号覆盖范围内信号强度的技术要求，要满足企业管理、生产操作和救灾抢险的使用要求，对于需要覆盖的盲区与信号不稳定的弱区应采用延伸覆盖设备补强信号。

7.6.2　基站等无线电信号发射的电平值可以根据放大设备的功率输出值、连接馈线的衰减值与天线增益值计算确定，接收信号是发射时的物理过程的逆过程，对于收发共用天线的系统，接收部分的接收灵敏度指标则决定了接收信号能力的强弱。由于电磁场对人体及电子设备会造成伤害，在设计中要对发射功率和发射馈线部分的电场、磁场及电磁场给予限制，并将发射天线置于对人体及电子设备损害小的位置。

7.6.3　设计文件中应具有无线通信系统信号的场强分布图设计，场强分布设计依据宏基站设备在自由空间的电磁波场强分布、建(构)筑物对电磁场信号遮挡的衰减值与无线信号延伸覆盖设备的场强值确定无线系统信号场强分布的有效覆盖范围图。常见物体遮挡的衰减值为：玻璃对信号衰减值通常为8dB、普通砖墙因薄厚的差异对信号衰减值通常在10~15dB、不同薄厚的普通混凝土墙体对信号衰减值通常在20~30dB，金属构架因大小、高矮和构架内金属物体多少与密实度通常产生30~60dB的衰减值，接地良好且密实度高的钢结构内通过的无线信号微乎其微可认为基本无法通过。

7.6.4　直放站与微机站能够扩展无线信号的输出功率，将其布置在弱信号区可以增强周围信号的电平值，布置在信号盲区可扩展覆盖范围。直放站是依托基站并将信号引来进行放大的设备，因此直放站与基站的信号频率一致，使直放站可能产生同频干扰的现象，在设计中需引起注意。微机站是具备基站功能的小功率基站，适用于用户量小的小型区域，微机站可以与相邻基站发射的频率不同，能够克服同频干扰的影响。对于基站附近的信号弱区或盲区还可采用无源天馈方式实现无线信号的覆盖，该方式通过耦合器、功分器等无源器件直接引入发射信号并将信号平均分配到每副低发射功率天线上，从而实现宏基站阴影区域信号的均匀分布，该方式比较适用于基站附近对信号遮挡严重的抗爆建筑内。

7.6.5　直放站是一种双向信号放大器，起着延伸基站覆盖范围和补盲补弱的作用，直放站与基站收发信机不同，它没有基带处理电路，不解调无线射频信号，仅仅是双向中继和放大射频信号。它不增加系统容量，只是将容量资源均衡地分散到需要覆盖的区域。

直放站的构成分为无线直放站形式和有线直放站形式。无线直放站将接收到的施主天线信号经放大处理后再重新用直放站发射天线发射出去。有线直放站则是由施主基站的近端机通过线(光)缆将上下行射频信号传递到直放站侧的远端机，直放站收到信号后经放大处理由直放站天线发射。由于无线直放站形式的信号稳定性差，因此在设计阶段应尽量选用有线直放站方式，无线直放站适宜在无法采用有线直放站时，如在生产使用阶段发现有信号盲弱区且不便布放线缆的环境下，通过无线直放站进行信号补充。

7.6.5　系统需考虑施主基站容量和直放站对室外覆盖的干扰，建议直放站的忙时话务量与施主基站忙时话务量之比要小于40%，当不能满足容量需求时，可考虑采用微蜂窝基站作为信号源。

7.6.6　与宏基站相比，微蜂窝覆盖范围在100m~1km，体积小安装方便灵活，传输功率为10~100mW，微蜂窝基站可以采用异频通信方式，可避免直放站信号覆盖的弊端，有益于提高覆盖容量与覆盖率。微蜂窝基站与无线集群通信系统基站之间宜采用光纤通信方式。

7.6.9　漏泄同轴电缆是一种电磁波传送与辐射设施，自身不具有信号能量增强的功能。漏泄同轴电缆的结构与普通同轴电缆基本一致，由内导体、绝缘介质和开有周期性槽孔的外导体三部分组成。电磁波在漏泄同轴电缆纵向传输的同时，通过槽孔辐射电磁波或将感应到的外界电磁场并将其传送到接收设备。漏泄同轴电缆的频段工作范围在450MHz~2GHz，适用于现有的各种无线通信体制。漏泄同轴电缆可用于一般通信天线难以发挥作用的区域，与传统的天线系统相比，漏泄同轴电缆具有信号覆盖均匀，适合于狭小空间、带状空间的信号覆盖，应用场合包括无线传播受限的地铁、隧道和室内覆盖和企业钢结构造成的信号阴影区域的无线信号覆盖。漏泄同轴电缆有皱纹铜管外导体耦合型和纵包铜带外导体辐射型两大系列，本质上漏泄同轴电缆属于宽频带的天线系统，漏泄同轴电缆既可传输射频信号，又可作为发送和接收天线使用。漏泄同轴电缆的型号与名称见附录E表E－9，电缆绝缘外径分12mm、17mm、22mm、23mm、32mm、42mm几种规格，电缆绝缘外径越大电缆传输的衰减常数越小，覆盖的范围越大，设计中需根据需要选择适宜的电缆型号。

皱纹铜管外导体耦合型漏泄同轴电缆的工作频段为150～2400MHz，而纵包铜带外导体辐射型漏泄同轴电缆的工作频段分为M频段(75～960MHz)与H频段(700～2400MHz)两个频段。M频段和H频段分别对应不同的电缆型号，设计过程中需根据使用频段的不同，选择与之对应的纵包铜带外导体辐射型漏泄同轴电缆型号。

## 7.7 天线系统

天线是对来自发信机的信号进行发射建立下行链路和接收移动终端的上行信号建立上行链路的设备。天线类型可分为机械天线、电调天线、全向天线、定向天线、双极化天线、特殊天线与智能天线类型。天线的性能参数有天线增益、天线的方向性、半功率瓣宽、工作频率范围、输入阻抗、驻波比、前后比和天线倾角等要素。在无线通信系统的设计中需了解掌握这些基本概念，合理选择天线设备，设计出最佳的使用效果。

7.7.1 天线无线电波的辐射发送和接收具有方向性，发射天线产生辐射场的强度在与天线等距的各方向点因方向不同而改变，接收天线对于从不同方向传来的等强度无线电磁波的接收能力也各不相同。全向天线基本保持与天线等距的各点在不同方向上辐射无线电磁波能量密度一致，而定向天线设备则会将有限的电磁波强度按照一定的方向进行辐射，造成天线在有些方向辐射或接收能力较强，有些方向辐射或接收能力较弱甚至为零的情况。强方向性天线，其方向图可能包含多个波瓣，分别被称为主瓣、副瓣及后瓣，天线设备方向性图的形状与形式见图7－1。

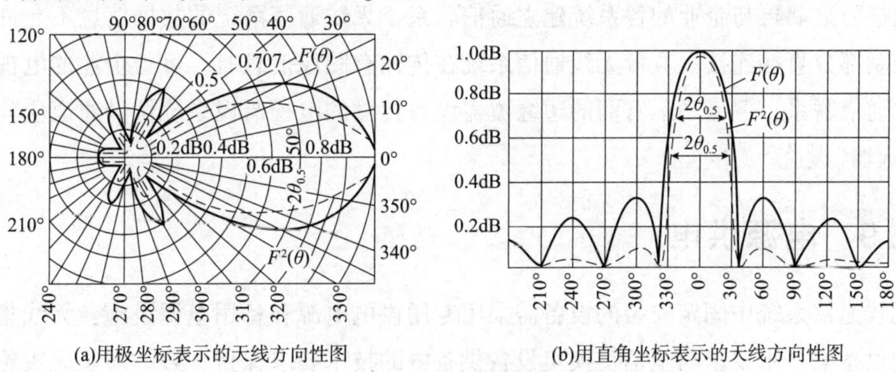

(a)用极坐标表示的天线方向性图　(b)用直角坐标表示的天线方向性图

图7－1 天线方向性图

针对以上特点，设计在天线选择过程中应根据信号覆盖范围需要、话务量、环境干扰和服务质量需要选择适宜的天线设备。在单基站与多基站设计中，可采用多定向天线组合方式进行天线覆盖范围的设计，用调整定向天线方向满足设计范围要求，扩展有效覆盖范围。

7.7.2　天线选择的技术要求：

通常以天线的辐射电阻 $R_{\Sigma}$ 来度量天线辐射功率的能力，天线的辐射电阻越大辐射能力越强，天线辐射出的功率与输入天线的总功率比被称为天线效率。因此提高天线辐射电阻可以提高天线效率。天线增益是在输入功率相等的条件下，天线在最大辐射方向上的功率通量密度和理想的无方向性天线在同一点处的功率通量密度之比，增益是方向性系数与天线效率的乘积，属于综合衡量天线能量转换和方向性的指标，是天线设备选择中的重要参数。

输入阻抗是衡量天线设备的另一项技术指标，天线设备与连接馈线良好的匹配可使天线获取最大功率，天线的输入阻抗取决于天线的结构、工作频率以及天线周边物体的影响因素。天线的匹配程度可用驻波比或反射系数来表示，驻波系数为 1 时匹配度最高。

天线的频带宽度是一个频率范围，在该范围内，天线的各种特征参数满足一定的要求，当工作频率偏离设计频率时，天线的参数会引起变化，如增益下降、输入阻抗和极化特征变化、输入阻抗与馈线失配加剧、方向性系数与辐射效率下降等现象。

## 7.8　接口

企业的无线通信系统与企业中的其他通信系统可以通过接口扩展系统的功能，延伸服务范围。常规无线通信系统可以通过接口网关与厂行政电话或调度电话系统建立半双工通信联系；无线集群通信系统则应以标准中继接口与行政电话系统、调度电话系统、火灾电话报警系统建立中继联系。由于无线通信系统的链路暴露在开放空间，因此，与各系统的接口需要具有对系统外的攻击的防范措施，防止企业的正常生产受到攻击的影响。

有数据传输功能的数字集群通信系统的数据应连接到工厂信息系统的数据库，由该数据库通过防火墙再与企业的各系统建立通信联系，无线通信系统的数据信息不允许与各系统的控制部分直接连接。宽带无线通信系统在传输有图像信息时，可与企业的电视监视系统建立通信联系，但借用运营商的边缘覆盖设备传输的电视监视系统信号通道应建立有效的“防火墙”设施。

## 7.9　电源供电

无线通信系统中固定安装的设备需采用专用供电电源和备用电源设施，无线集群通信基站的供备电技术要求与电话交换机设备供备电的技术要求保持一致。涉及火灾施救和应急救援的无线通信固定安装设备需保持系统/设备正常工作 3h 以上。

# 8 扩音对讲系统及广播系统

扩音对讲及广播系统包括生产扩音对讲系统、应急广播系统、公共广播系统。消防广播作为应急广播系统的一部分，消防广播按企业应急广播系统的要求统一设置，应急广播系统设计的功能与技术指标应包含消防广播系统的功能与技术指标要求。

扩音对讲及广播系统设计的主要目的是将高保真语音信息传播扩散到现场区域，并将广播声压压制住现场噪声，确保广播声音的听懂度指标达到要求。为此，在《规范》中制定有系统语音播出保真指标和声压指标的技术规定与设计要求，设计应在《规范》规定基础上以技术参数进行各广播区域语音与声压覆盖设计。扬声器布置图与声压分布平面图是确定系统规模大小、扬声器布置和广播声音质量效果的依据，在基础设计阶段中文件应明确系统与设备的技术指标和扬声器布置图与声压值分布平面图。

环境噪声是影响广播信息传递的重要因素，对于噪声源与噪声环境的判定直接影响广播声压值的设置标准，需要在准确判定噪声源的性质与数值的基础上进行设计。噪声按噪声源的性质可分为空气动力性噪声、机械性噪声和电磁性噪声，空气动力性噪声由气体中存在的涡流或发生压力突变时引起的气体扰动或振动产生，如通风、鼓风、空压等设备及高压气体放空时产生的噪声；机械性噪声由机械撞击、摩擦及转动产生，如破碎机、球磨机、造粒机等设备发出的噪声；电磁性噪声由磁场或电源频率脉动引起电器部件振动而产生，如变压器、电感器等设备发出的噪声。在企业中无人无设备安静房间中噪声通常为30dB、安静的绿地园林区域噪声通常为40dB、交通干道旁的噪声通常为70dB、重载汽车通过时的噪声可达90dB、工程用切割机旁噪声可达100dB、大型压缩机与主风机组设备旁的噪声可达120～140dB。噪声按产生的性质可分为稳态噪声和脉冲噪声，其中稳态噪声对广播系统的语音清晰度影响最大，稳态噪声可淹没整个广播的声音或让语音无法辨识，在设计中必须给予重点考虑，在稳态噪声环境中必须提高扬声器的播出声压，以提高语音的听懂度。在脉冲噪声环境中，则需根据噪声的规律和其对广播系统的影响程度有针对地进行处置。

扩音电话机是一种形似对讲电话机的设备，是电话语音通信与广播结合的设备形式。扩音电话机不同于扩音对讲系统的对讲电话机，属于具有特殊功能的电话机终端，是带有扬声器的拨号电话机设备，可作为厂行政电话系统或调度电话系统用户终端纳入电话系统单独使用，实现与系统内的用户拨号或直通呼叫通话。扩音电话机的接线方式见图8－1。

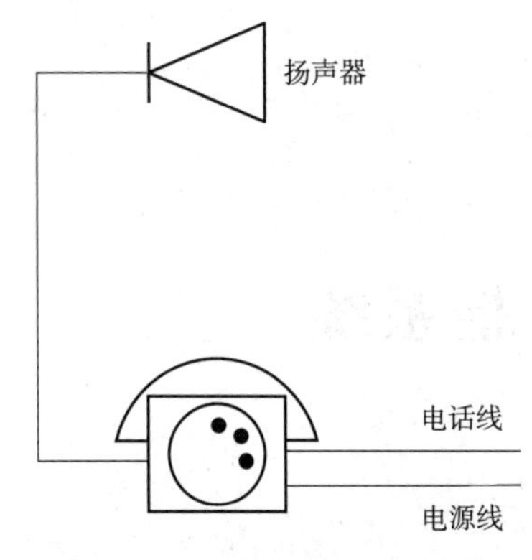


图8－1　扩音电话机的接线方式

扩音电话机常用于有噪声的泵房或泵站，作为被叫用户时，被叫的扩音电话机通过扬声器的广播实现振铃，当现场用户摘下话机听筒时，扬声器的广播振铃终止，用户之间通过送、受话听筒实现通话。扩音电话机还可作为广播使用，当现场用户超时不摘机时，扩音电话机即转为语音广播形式。扩音电话机的构成简单，属于特种电话机范畴，因此没有将其列入《规范》中。当设计需要使用扩音电话机设备时，可参照扩音对讲系统中的对讲电话机和扬声器的声压计算进行设计。

## 8.1　一般规定

8.1.1　扩音对讲系统是在广播系统的基础上增加共线电话通话功能的特殊广播系统，由通话站、扬声器、配套的管控设备与传输部分组成。公共广播系统通常由前置部分、定压式集中功放部分、共线传输与扬声器部分组成，公共广播通常用于非生产性公共语音与娱乐广播，系统构成简单，可靠性要求低。扩音对讲系统主要用于生产区、公用和辅助生产区的生产指挥广播与通信。应急广播系统同样由前置部分、定压式集中功放部分、共线传输与扬声器部分组成，但应急广播系统增加线路与设备自检测告警功能，系统用于火灾和安全事故状态下的预警、疏散和救援过程指挥。扩音对讲系统与公共广播系统、应急广播系统在广播功能方面有所重叠，在功能、用途、系统可靠性方面存在差异，详见表8－1。设计要根据生产操作的实际需要与使用功能不同选择系统不同的功能，避免系统在功能上的重复设置。

表8－1　扩音对讲系统、公共广播系统、应急广播系统的功能特点

| 序号 | 系统名称 | 功能与用途 | 可靠性要求 | 适用环境 |
|---|---|---|---|---|
| 1 | 公共广播系统 | 语音与娱乐广播 | 无 | 企业中非生产场所 |
| 2 | 扩音对讲系统 | 生产指挥广播与通信 | 满足生产及事故状态下的需要 | 企业中生产场所 |
| 3 | 应急广播系统 | 警报与应急（火灾）疏散广播、事故救援指挥 | 满足生产及事故状态下的需要，系统的线路与设备具有自检与告警功能 | 火灾危险与需要应急疏散和救援指挥的场所 |

8.1.2　扩音对讲及广播系统设计应根据噪声分布进行广播声压覆盖平面图设计，按噪声、重要设备生产操作区域及人员集中场所的分布确定扬声设备布置，在此基础上完成系统结构设计和工程量统计。

根据实验测定，通常在噪声环境中高于噪声声压6dB的声源便可以被辨识，高于环境噪声声压10dB的声源便可以显著辨识，在混乱环境下高于环境噪声声压15dB的声源便可以明显辨识，设计中需根据实验结论和环境噪声值设计一般环境区域、重要生产操作区域和人员集中场所广播的声压值。在GB/T 1251.1—2008《人类工效学　公共场所和工作区

域的险情信号 险情听觉信号》中规定，险情听觉信号应该高于环境噪声的最高平均 A 声级 15dB，且不低于 65dB，因此在无噪声的环境中应急广播信号的声压值也需要保持在 65dB 以上。考虑石油化工企业的生产特点，大部分生产区处于无人或人员较少的状态，对于非操作岗位的巡检区，广播的声压可选择大于环境噪声 6dB；在人员频繁出入的重要生产操作区域，广播的声压须大于环境噪声 10dB；对于人员密集生产操作场所，如产品搬运区、人员集中办公操作与休息区，应急广播扬声器声压值要高于最高环境噪声 15dB。凡设置扩音对讲系统和应急广播系统的场所，最低声压值要求高于 65dB 作为满足正常人群能够听清广播声音的环境下限声压值。企业中噪声超越 110dB(A)的场所已不符合相关标准的要求，需对噪声源设备进行降噪治理，在通常情况下，企业内的噪声值不应高于110dB(A)，扩音对讲及广播系统可以此作为参照进行设计。在设计过程中应调查了解大型动设备、气体汲取口与排放口的位置，了解或预估声压值，针对具体预估噪声数值进行设计。

广播系统的声压设置需符合职业卫生标准的要求，需考虑人在突遇强声刺激时的应激反应和可能造成的人体生理不适感，严重的应激刺激可能会威胁人体安全，在设计中需避免在有人员通过与工作的位置点上出现 120dB 非预期的突发声音，在高空操作场所更要避免非预期突发声音出现。当需要设置高声压值扬声器时，可将扬声器设置在距人员通过与工作位置稍远处或提前预播警示音提醒，以保证人员通过与工作位有预期心理准备。非预期的突发声音通常指在 0.5s 内声压级急剧增加 30dB 以上的声音。

在实践中发现扬声器声压的标称值与实际效果差异很大，究其原因发现各种扬声器功率与声压值的转换效率之间存在差异，目前优质的 15W 防爆型号筒式扬声器声压值115～117dB(A)，优质的非防爆型大功率号筒式扬声器最大声压值可达 132dB(A)，而劣质的 15W 防爆型号筒式扬声器声压值可能仅在 92dB(A)上下，差距相当大。在设计中应避免以扬声器的输入功率作为声音覆盖的设计参数，而应以成品(防爆)扬声器检测的声压值作为设计参数进行声音覆盖范围设计。防爆型号筒式扬声器是企业广播系统中设计选型的难点，据了解，国内现在还没有直接生产防爆型号筒式扬声器的生产企业，市场上防爆型号筒式扬声器多由广播生产在成品号筒式扬声器基础上改造制成，缺少防爆型号筒式扬声器的检测过程。防爆型号筒式扬声器的制造因其功率较大需进行隔爆处理，需要在扬声器发音喉处设置阻火器件，而阻火器件会阻碍声音的输出，使防爆型号筒式扬声器的输出音量与音质受到限制与破坏，安装阻火器件会破坏号筒式扬声器声音驱动部分的腔体环境，影响扬声器的声学指标，阻火器件的安装位置需要在设备的设计阶段就给予充分考虑，在设备的组装过程中也需要精准装配才能实现完好的声学性能。当下，隔爆型防爆号筒式扬声器的阻火器件通常有两种形式：一种是使用规定目数的铜网按规定的层数层叠制而成的，另一种是由粉末冶金烧结通过机床设备切削制造而成的。铜网层叠方式对生产过程中铜网的疏密间隙的控制把握较难，过密对声音阻碍严重，太疏起不到防爆效果；粉末冶金为烧结方式，可以通过粉末配比精准控制间隙通道，阻火器件的切削过程易于机床加工，便于对技术指标的把控，稳定产品质量。通过对国外的隔爆型防爆号筒式扬声器解剖发现，其中的阻火器件均采用粉末冶金烧结方式制成。

广播系统声压覆盖平面图设计需在扬声器布置平面中按扬声器的指向性图与声压传递衰减值设计，在声压覆盖平面图中需考虑建(构)物的遮挡等因素的影响。在实验室环境中，通常扬声器最大声压级测定是扬声器指向正前方1m的数值，根据计算每增加一倍距离声压值下降6dB左右。而在实际使用中，气压、温度、湿度、风速风向都会对声音的传播产生影响，其中风速风向影响最大，即顺风声压衰减距离变长，逆风声压衰减距离变短，在设计中要充分考虑这些影响，合理布置扬声器的数量与位置。在设计过程中，通过扩大声压值的覆盖范围等方法，可以解决弱风环境下的声音覆盖偏差。

8.1.3　号筒式扬声器具有输出声压高、指向性强、中高频响应好、穿透力强的特点，如图8－2所示。号筒式扬声器可以制造出全天候环境和爆炸危险环境下适用的设备，适用于石油化工企业高噪声区域的声音场覆盖和室外环境。图8－3所示为防爆号筒式扬声器外形。

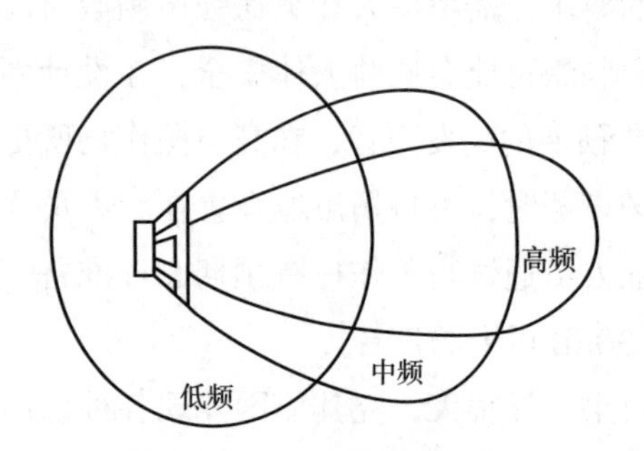


**图8－2　频率指向性图**

**图8－3　防爆号筒式扬声器外形**

8.1.4　扬声器发出的声音具有指向性，号筒式扬声器的指向性更强，扬声器的指向性参见图8－4。安装在噪声源附近的号筒式扬声器的指向宜与噪声的传播方向保持一致，以便使扬声器的声压衰减与噪声源衰减保持的声压差值，提高语音听懂度，噪声环境下扬声器的安装位置如图8－5所示。

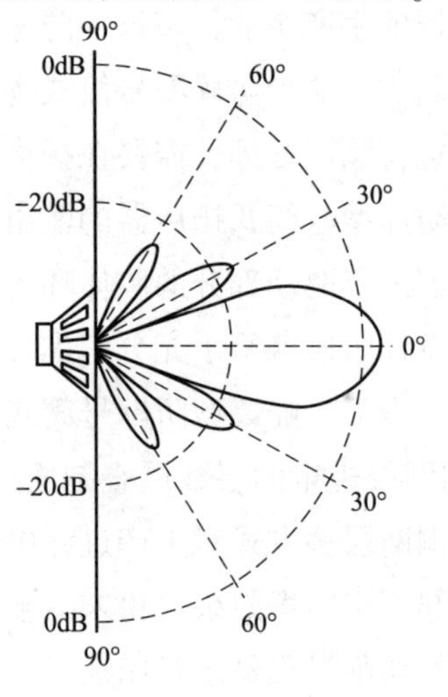


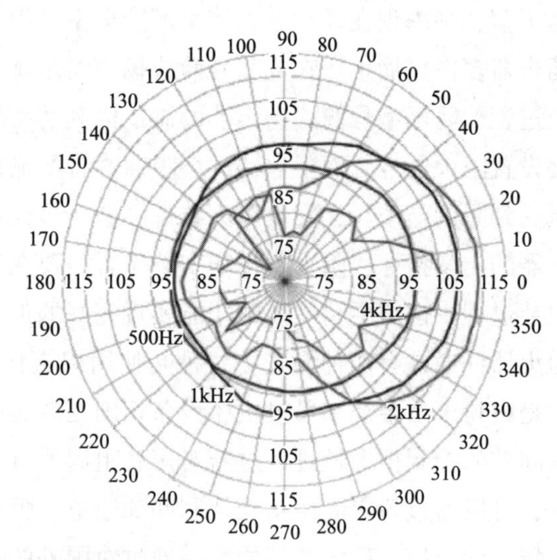


**图8－4　扬声器指向性图**

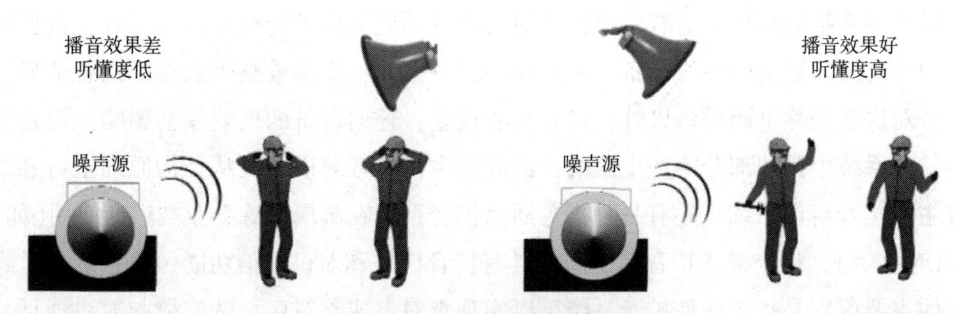


图 8－5　扬声器的安装位置示意

8.1.5　在空旷空间使用的号筒式扬声器指向方向应该保持一致，避免相向布置的扬声器引起声波交叉干扰，造成广播声音清晰度下降。阵列扬声器应进行扬声器指向性轴线角度设计，以符合覆盖区域的声压要求，如图 8－6 所示。

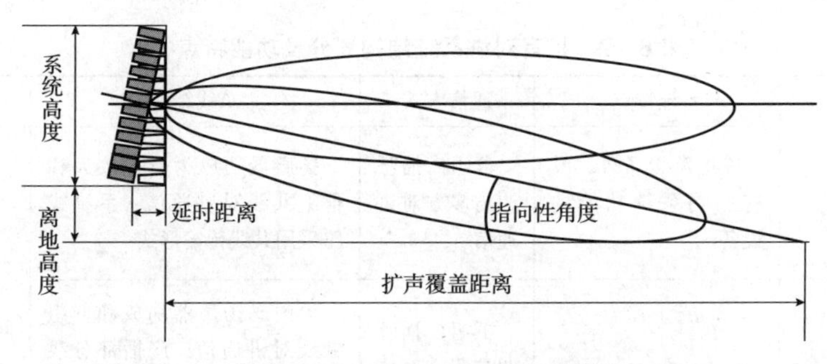


图 8－6　阵列扬声器的指向性角度与系统轴线角度关系

8.1.6　在《应急声系统》中规定，应急声系统中“系统应具有一个对其自身功能的正确性进行连续检测的自动化装置”，应急(消防)广播系统是在特定时段和应急工况下使用的系统，自诊断功能检测与集中监视的自动化装置、传输线路故障侦测功能可以随时检测设备的完好状况，保障应急广播系统随时投入使用。传输线路故障侦测包括分散布置设备间线路故障侦测和设备与扬声器间线路故障侦测。传输线路指系统中所有音频配线线路，包括系统的干线、支线及扬声器的配线。

8.1.7　生产扩音对讲系统是生产指挥联络的传统语音通信设施，当系统“具有一个对其自身功能的正确性进行连续检测的自动化装置”，并具有将检测信息上传到应急广播系统的功能时，可兼作应急(消防)广播设备接入应急广播系统。

## 8.2　扩音对讲系统

扩音对讲系统是石油化工企业用于生产操作指挥和巡检岗位间语音联络的系统，扩音对讲系统主要用于控制室内操人员与有噪声环境的外操巡检人员之间的指挥与通信联络或外操巡检人员之间的相互联络。扩音对讲系统的特点是区域范围内的广播通播与共线通信，适用于石油化工企业巡检移动人员间的相互联络通信。

扩音对讲系统的结构分为有主机扩音对讲系统和无主机扩音对讲系统。有主机扩音对讲系统中具有统管系统的核心设备，一旦核心设备失效，会造成整个或局部系统瘫痪，无主机扩音对讲系统除电源设备以外，没有核心设备，任何设备的失效仅会影响该设备自身的使用，对系统中其他部分不产生影响，因此无主机扩音对讲系统从结构原理上可靠性要高于有主机扩音对讲系统。还有一种指令通信扩音系统在金属冶炼企业被广泛使用(如 INDUSTRONIC 等)，指令通信扩音系统同样具有扩音广播和对讲通信功能，该系统与扩音对讲系统的主要区别是指令通信扩音系统可以实现点对点或点对区域的广播与对讲通话，当指令通信扩音系统满足生产区域内的广播通播和共线通信功能时，也可作为扩音对讲设备用于石油化工企业，通常指令通信扩音系统的结构形式比扩音对讲系统复杂，设备投资也高于扩音对讲系统。无主机扩音对讲系统、有主机扩音对讲系统、指令通信扩音系统的结构划分及功能特点见表 8 -2。

**表 8 -2　扩音对讲系统结构划分及功能特点**

<table>
<tr><th colspan="2">结构划分</th><th>系统特点</th><th>通信方式</th><th>布线结构</th><th>适用行业</th></tr>
<tr><td>1</td><td>无主机扩音对讲系统</td><td>除电源设备外，没有影响系统功能的设备</td><td>群组广播呼叫与多方对讲通信</td><td>扬声器功放为分散放大和群组共线对讲通信，系统线路采用共线传输形式</td><td rowspan="2">石油化工等企业移动巡检岗位间的通信联络</td></tr>
<tr><td>2</td><td>有主机扩音对讲系统</td><td rowspan="2">具有使系统瘫痪与丧失功能的关键设备</td><td>群组广播呼叫与双方对讲通信</td><td>集中式扬声器功放和群组共线对讲通信，广播部分线路采用定压共线传输形式，通话站多为星形结构</td></tr>
<tr><td>3</td><td>指令通信扩音系统</td><td>点对点与群组广播和双方对讲通信</td><td>扬声器功放集中放大，可进行点与群呼的广播与对讲通信，广播部分线路采用定压共线信号传输星形控制结构，通话站采用星形结构</td><td>金属冶炼机械制造等企业的指令发布与固定岗位间的通信联络</td></tr>
</table>

扩音对讲系统的核心功能是语音通信，其他非语音功能属于附加功能，附加功能不应影响正常语音通信的便捷性和系统的可靠性。扩音对讲系统按设备配置不同可以实现表 8 -3中不同的呼叫通信系统形式。

**表 8 -3　扩音对讲系统的广播通信形式**

| 系统形式 | | 通信功能 | 设备结构 |
|---|---|---|---|
| 1 | 单向扩音不对讲 | 对现场区域广播呼叫 | 操作台设置拾音器，现场只设置扬声器设备 |
| 2 | 单向扩音双向对讲 | 对现场区域广播呼叫与双向语音通信 | 现场设置扬声设备，操作台与现场同时设置对讲电话设备 |
| 3 | 双向扩音双向对讲 | 双向广播呼叫与双向语音通信 | 操作台与现场同时设置对讲电话和扬声器设备 |

单向扩音通信系统等同于广播系统，在满足企业生产使用功能的前提下可以节省系统

投资；单向扩音双向对讲通信系统作为一种系统结构形式可以实现操作台对生产岗位的广播与呼叫，由于缺少现场对操作台的呼叫功能，而设备投资节省极为有限，在工程中很少得到应用；双向扩音双向对讲通信系统可以实现操作台与生产岗位之间的双向广播与呼叫，具有完整的使用功能，属于工程中最常使用的系统形式。

8.2.1 扩音对讲系统是有线通信系统在噪声环境和大范围露天场所通信的延伸。在噪声和移动岗位工作人员位置不固定的场所中，人员无法得知普通电话的来电呼叫，而在区域内以扬声器通播呼叫和通话站共线通话形式可完成整个区域的呼叫和任何位置的对讲通话需求，被呼叫人员可就近通过共线通信通话站进行通话联系，是企业中方便快捷的通信形式。

8.2.3 扩音对讲系统设计的技术参数主要有以下内容。

1)号筒式扬声器的最大声压值：扬声器在额定输入功率时，距扬声器声音输出的轴线方向1m处测得的声压值。扬声器的最大声压值是扬声器布置和覆盖范围设计的主要技术指标，在系统设计中扬声器最大声压值是扬声器在额定输入功率下的测量值，当扬声器的输入功率低于额定输入功率时，扬声器的声压值将降低。在无主机扩音对讲系统中，通常将扬声器功率放大器与扬声器配套使用，因此扬声器功率放大器的输出功率要与扬声器的输入功率配套。在以往使用过程中发现，某国外品牌无主机扩音对讲系统的扬声器功率放大器最大功率输出为12VA，而技术手册供给配套使用的扬声器的输入功率则为15VA，标注的扬声器声压值也为15VA输入功率下的最大声压值，采用此数据作为设计输入条件进行设计，将不可避免地产生设计错误。此种配置下的扬声器最大声压值应通过扬声器的特性灵敏度指标与实际中有效输入功率计算获得。

2)号筒式扬声器特性灵敏度：指扬声器在声音还原过程中声音的细腻与清晰程度，同时也是计算扬声器在不同输入功率下发出声压值的基础数据。

3)号筒式扬声器指向性：指声波频率辐射到空间各个方向的能力，见图8-4，声波在空间辐射的指向能力随频率升高而增强，见图8-2，通常300Hz以上的声波信号已具有明显的指向性。扬声器的指向性是号筒式扬声器在设计过程中进行扬声器布置与声压设计不可或缺的重要参数指标，同时也是扬声器检测中必不可少的检测参数。

4)系统的频率特性：指系统传输在声压级与频率测试过程中得到的函数关系。音响系统的频率特性测量范围为20~300000Hz，电话系统的频率带宽下限要求为300~3400Hz，而作为语音传送的扩音对讲系统音频带宽则不应低于电话系统。系统频率特性除频率带宽外，还需看其带宽内频率的平坦程度，测得的函数曲线以平坦者为佳。

5)系统的总谐波失真限制的输出功率：系统在信号传输与放大过程中或多或少地会出现非线性失真，且各谐波分量的非线性失真不一致，总谐波失真限制的输出功率是系统在输出声信号谐波失真成分的有效值与总输出信号有效值之比控制在许可范围内的输出功率，或者在系统输出功率最大时，信号谐波失真成分的有效值与总输出信号有效值之比，系统的总谐波失真限制的输出功率以百分比进行衡量，数值越小说明系统指标越好。

6)通话站送话器抗噪声指标：由于扩音对讲系统的现场设备使用在噪声较大的环境

中，通话站的要求采用抗噪送话器与抗噪电路，抗噪送话器根据工作原理不同可分为气导式和接触式。

7）设备供电电源适应性指标：扩音对讲系统正常工作状态下电源的波动范围值。

扩音对讲系统及号筒式防爆扬声器的以上测量数值应该由专业的电声检测机构在满足声学检测计量标准的环境下和用专业的设备检测，通常检测过程需要在全消声实验室内采用专业的检测仪器进行检测，以得出准确的电声学技术参数，检测的技术要求与试验步骤应符合《规范》附录 B 的测试要求。全消音实验室技术要求为：线型计权本底噪声小于或等于 20dB、截止频率小于或等于 40Hz、自由场距离大于或等于 6m 的测试环境。

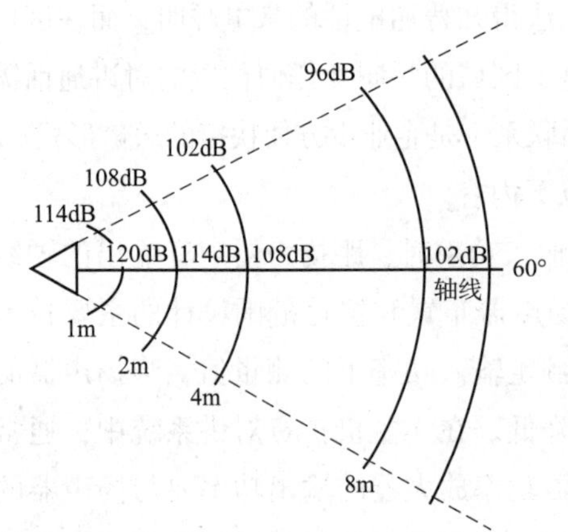


图 8－7　扬声器声压传递值随距离的变化

8.2.4　通话站摘机切断邻近扬声器可避免通话站送话器与周边扬声器之间的音频回声引起系统的正反馈自激啸叫现象。

8.2.5　扬声器声压传递值随着距离的增加而递减，估算见图 8－7，详细计算应按式（8－1）进行计算。

$$SPL_r = SPL_B + 10\lg W - 20\lg r \tag{8-1}$$

式中　$SPL_r$——在距扬声器 $r$ 处，扬声器功率为 $W$ 时的声压级，dB(A)；

$SPL_B$——扬声器的平均特性灵敏度，即输入扬声器的功率为 1W，距扬声器 1m 处的声压级，dB(A)；

$W$——输入扬声器的功率，W；

$r$——距扬声器的距离，m。

8.2.6　双向扩音双向对讲的扩音对讲系统通话站的数量与设置位置要依据生产操作和企业管理的需求确定，同时还应方便操作人员使用，将通话站设置在生产操作过程中需要重点关注的设备附近，当通话站设备间距较大时可适当增加设备数量，距离以满足操作人员能够就近对讲通话为准。

8.2.7　在石油化工企业中使用的扩音对讲系统应具有全呼、组呼和通话功能，见表 8－2。指令通信的有主机型扩音系统用于扩音对讲系统时还可具有单点呼叫和通话功能。具有呼叫功能的通话站需具有呼叫键，具有组呼、单点呼叫功能的通话站需具有组呼、点呼选择键。在噪声环境使用的通话站宜具有噪声抑制功能，扩音对讲系统的抑制宜采用声场主动降噪送话器实现。

8.2.9　无主机扩音对讲系统的基本结构由扬声器放大器、扬声器与对讲通话站设备组成，系统具有广播与对讲通话功能，因不存在主设备使得系统具有结构简单、易扩容、维护便利和经久耐用的特点。无主机扩音对讲系统通过组网可以组成更大的扩音对讲系统，实现区域或全厂的分组的扩音广播和语音对讲通信，系统还可通过添加自诊断检测设备与自动化集中监视设备满足应急广播系统的使用功能要求。无主机扩音对讲系统的扬声器功放采用分散布置，功放输出为定阻方式，在设计中需要选用定阻式扬声器与之配套，并需进行负载阻抗匹配设计。无主机扩音对讲系统成熟稳定，符合石油化工企业生产操作的特点，不存在因单个设备失联而使系统功能丧失的风险，适用于高噪声的巡检生产环境。

图 8-8 是无主机扩音对讲系统防爆通话站与防爆扬声器的详细安装方法，在安装设计过程中需特别注意设备配线引入保护管的隔爆密闭和低点排水设计，以及设备安装过程中对钢结构防火涂层的保护。

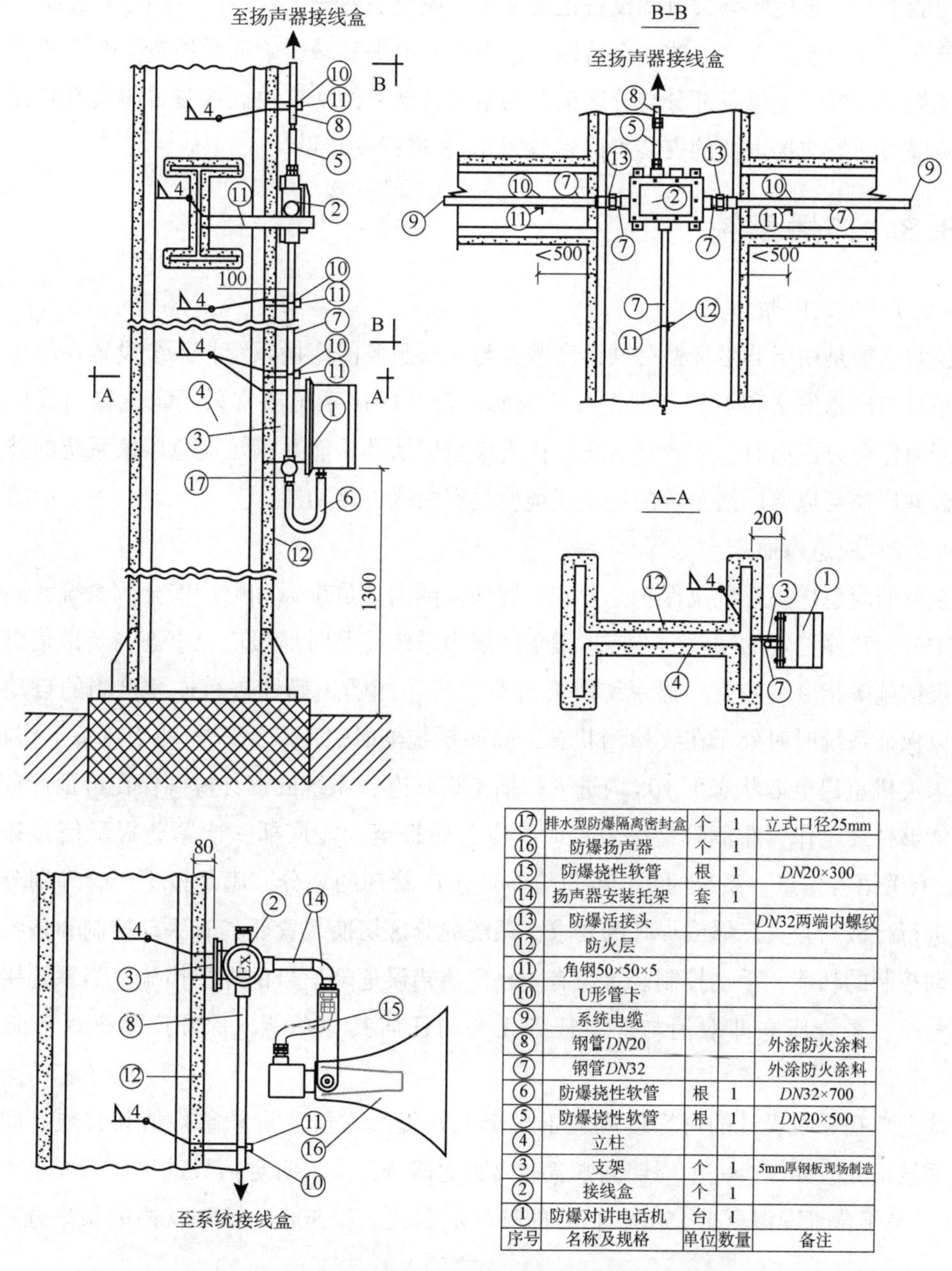


| 序号 | 名称及规格 | 单位 | 数量 | 备注 |
|---|---|---|---|---|
| ⑰ | 排水型防爆隔离密封盒 | 个 | 1 | 立式口径25mm |
| ⑯ | 防爆扬声器 | 个 | 1 | |
| ⑮ | 防爆挠性软管 | 根 | 1 | *DN*20×300 |
| ⑭ | 扬声器安装托架 | 套 | 1 | |
| ⑬ | 防爆活接头 | | | *DN*32两端内螺纹 |
| ⑫ | 防火层 | | | |
| ⑪ | 角钢50×50×5 | | | |
| ⑩ | U形管卡 | | | |
| ⑨ | 系统电缆 | | | |
| ⑧ | 钢管*DN*20 | | | 外涂防火涂料 |
| ⑦ | 钢管*DN*32 | | | 外涂防火涂料 |
| ⑥ | 防爆挠性软管 | 根 | 1 | *DN*32×700 |
| ⑤ | 防爆挠性软管 | 根 | 1 | *DN*20×500 |
| ④ | 立柱 | | | |
| ③ | 支架 | 个 | 1 | 5mm厚钢板现场制造 |
| ② | 接线盒 | 个 | 1 | |
| ① | 防爆对讲电话机 | 台 | 1 | |

图 8-8 扩音对讲系统防爆通话站与防爆扬声器安装详图

8.2.10　有主机扩音对讲系统是有集中音频功率放大部分或系统管理设备的扩音对讲系统，属于传统扩音系统结构。系统通过设备的分配与切换实现系统的分区分组广播呼叫与通话。有主机扩音对讲系统的音频功率放大部分为集中布置的定压方式输出，设计需要根据系统的覆盖范围与扬声器的总输入功率计算选择功率放大部分的输出功率与电压输出等级，设备的输出功率需大于所携带扬声器的功率之和，以防止在全呼状态下因系统过载而瘫痪。有主机扩音对讲系统可根据覆盖范围采用集中设置音频功率放大部分或分区设置音频功率放大部分方式，在采用分区设置音频功率放大部分方式时，系统应具备集中连续检测的自动化装置监测各分区设备和接收各分区设备的故障报警的功能，防止分区设备瘫痪或功能丢失，避免影响大范围设备正常工作。系统与各分区设备的音频信号连接线缆需采用独立光纤的连接方式，防止在传输过程中信号电平衰减影响通话质量。有主机扩音对讲系统集中设置的主设备部分与分区设置的主设备部分的功率放大等装置应具有热冗余备份，防爆通话站与扬声器的安装可以参考图8－8进行安装设计。

## 8.3　广播系统

8.3.1　公共广播

公共广播是用于非生产性公共语音服务与娱乐服务的广播系统，系统设置在与生产没有联系且与应急安全和消防管理无关的场所。公共广播系统通常采用定压输出式广播系统，当兼作应急广播时，需要具有优先接入应急广播的功能并满足应急广播系统的技术要求，公共广播与应急广播系统的连接线缆要具有断线告警功能。

8.3.2　应急广播

企业的应急广播系统是保护企业安全责任范围内人员生命和财产安全的系统，同时兼有维护社会秩序稳定的功效，在广播覆盖区域内系统需及时播报应急事态与疏散信息，发布救援措施等指令。应急广播系统需具有对自身功能的正确性进行连续检测的自动化装置，以保证系统时时处于在线检测状态，确保系统随时启用。系统需处于热备工作状态，并要求关机重启电源状态下10s内进入广播工作状态，系统的设计应确保在可预计危险工况下能够持续工作。在危险情况发生时，应急播报至少能广播一次紧急提示信号和至少30s的有关语言信息。系统的结构要符合企业生产管理的划分，满足按生产管理划分区域独立进行疏散与救灾广播或寻呼的要求，系统的分区切换装置要具有手动控制和按报警信息自动控制的功能，手动控制装置应有防止广播错误危险信号的保护措施。当系统接到报警信号时，系统应立即取消与应急任务无关的任何其他功能，保证广播进入应急功能状态。

应急广播系统设计的可懂度应大于0.65，在提醒人员注意紧急险情和必须立即撤离时，系统应先发布三个完整周期的紧急撤离听觉信号，险情听觉信号的声压级要求不低于65dB且高于背景噪声至少15dB，信号的频率范围宜选择500～2500Hz内的频率分量，当区域内有配戴护耳器工作人员时，选择的频率宜低于1500Hz。通常使用脉冲作为紧急撤离警报信号在听觉感官上比稳态险情听觉信号更为突出，在有变化的背景噪声环境下周期性脉冲警报信号更易区分，通常在脉冲重复周期为4s时可以得到较高的辨识程度。在ISO 8201：2017《声学 可听的与其他紧急疏散信号》中要求以“三脉冲”信号作为紧急撤离听觉信号。遵照ISO 8201：2017标准要求，《规范》要求在应急广播系统中，播出的紧急撤离听觉信号应是以图8－9中所示的听觉信号声级瞬时图为包络线的信号频率，并将信号频率根据需要控制在500～2500Hz或500～1500Hz以内。包络线内的频率可采用稳态频率、扫(变)频和高低频方式。

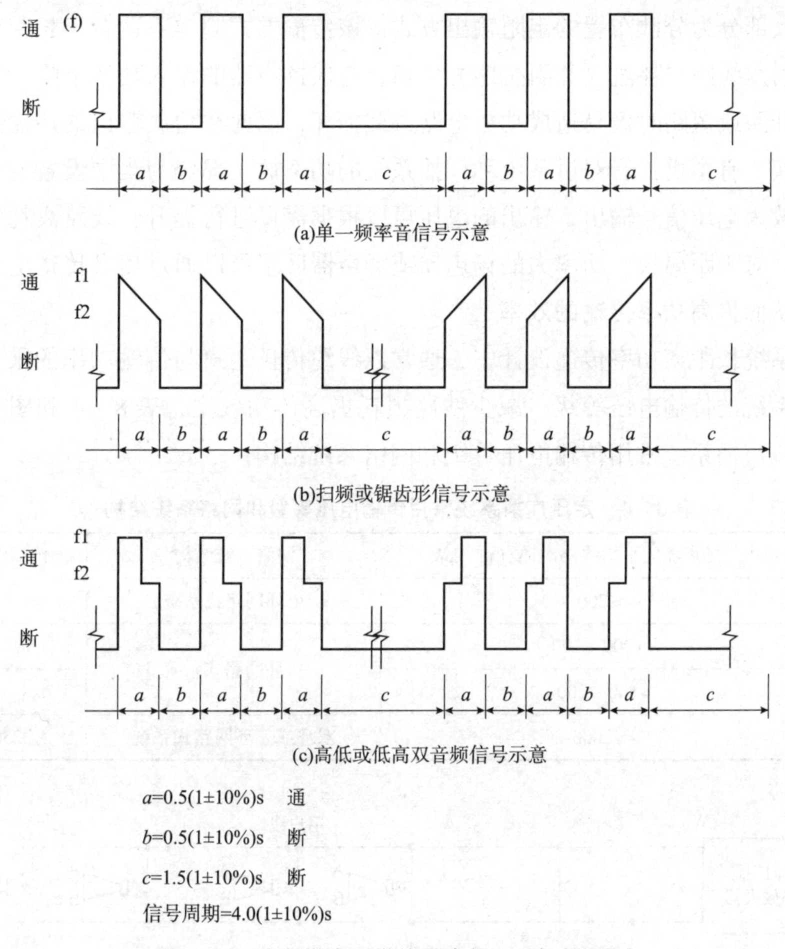


**图8－9　应急撤离听觉信号声级“三脉冲”瞬时**

对于环境噪声A声级大于110dB(A)的强噪声环境中的紧急撤离听觉信号覆盖的接收区内，由于难以听清声音信号，设计需要设置视觉信号补充听觉信号的不足，为强化应急处置的紧迫感，设置的视觉信号瞬时图宜与听觉信号瞬时图保持一致。

应急广播系统应对播出的所有音频信息和起始时间给予记录，记录装置的时钟要与企业的时钟系统保持同步。

应急广播系统的扬声器设备不允许使用有源终端设备，防止因电源故障影响扬声器设备的正常工作。

## 8.4 传输线路

无主机扩音对讲系统的系统传输线路是低信号电压总线传输，线路以阻抗平衡方式实现各设备间信息的平衡传递，低信号电压总线传输耐受信号传输衰减能力较弱，不适合长距离信号传输，在工程中系统线的传输距离一般不宜超过500m，当传输距离超过500m时，可通过增设信号传输中继设备或改用光纤进行信号进行传输。无主机扩音对讲系统扬声器功率放大部分为分散布置的定阻输出方式，该传输方式同样不适合于长距离传输，以免线路电阻引发线路损耗过大和阻抗匹配失当，造成扬声器的输入功率下降。定阻输出方式的线路在开路或短路时极易造成功放电路过载损坏，因此在功放输出的传输线路中无法进行线路切换。有主机扩音对讲系统和广播系统的功率放大部分为集中设置的定压功放形式，定压功放为电压信号输出，输出的电压可以根据需要进行提升，线路衰耗明显小于定阻输出方式，对于距离长、功率大的扬声器或扬声器区组可以通过提升传送电压方式进行功率传输，从而提高功率传输的效率。

在定压系统长距离功率传递设计中，通常以线缆传送距离与传输功率的乘积作为技术参数来选择系统的传输电压等级，减少线路损耗提高传输效率，表8－4和图8－10所示为工程中定压广播系统常用传输电压等级和网络系统结构。

**表8－4　定压广播系统常用传输电压等级和网络系统结构**

| 序号 | 功率与扬声器的平均线路距离/(m·kW) | 网路系统结构 | 传输电压等级/V |
|---|---|---|---|
| 1 | ≤200 | 单环网路式系统 | 100 |
| 2 | >200～800 | 双环网路式系统 | 150 |
| 3 | >800～2000 | | 250 |
| 4 | >2000 | 双环或三环网路式系统 | 250或360 |

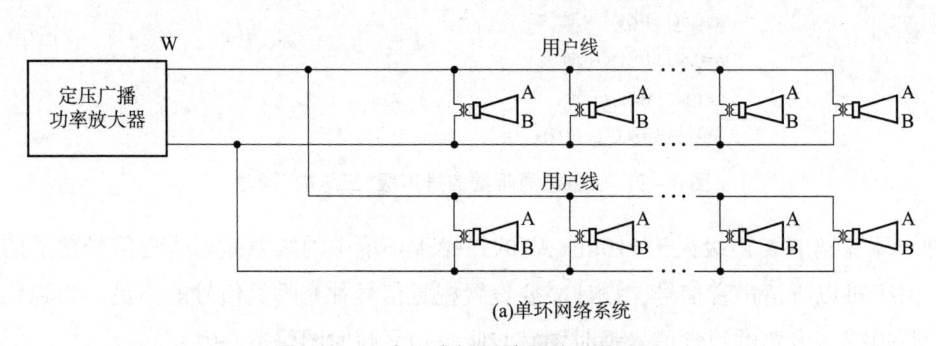


(a)单环网络系统

**图8－10　定压广播系统网路结构原理**

A—定压扬声器输出功率；B—扬声器输入电压；W—功率放大器有效输出功率

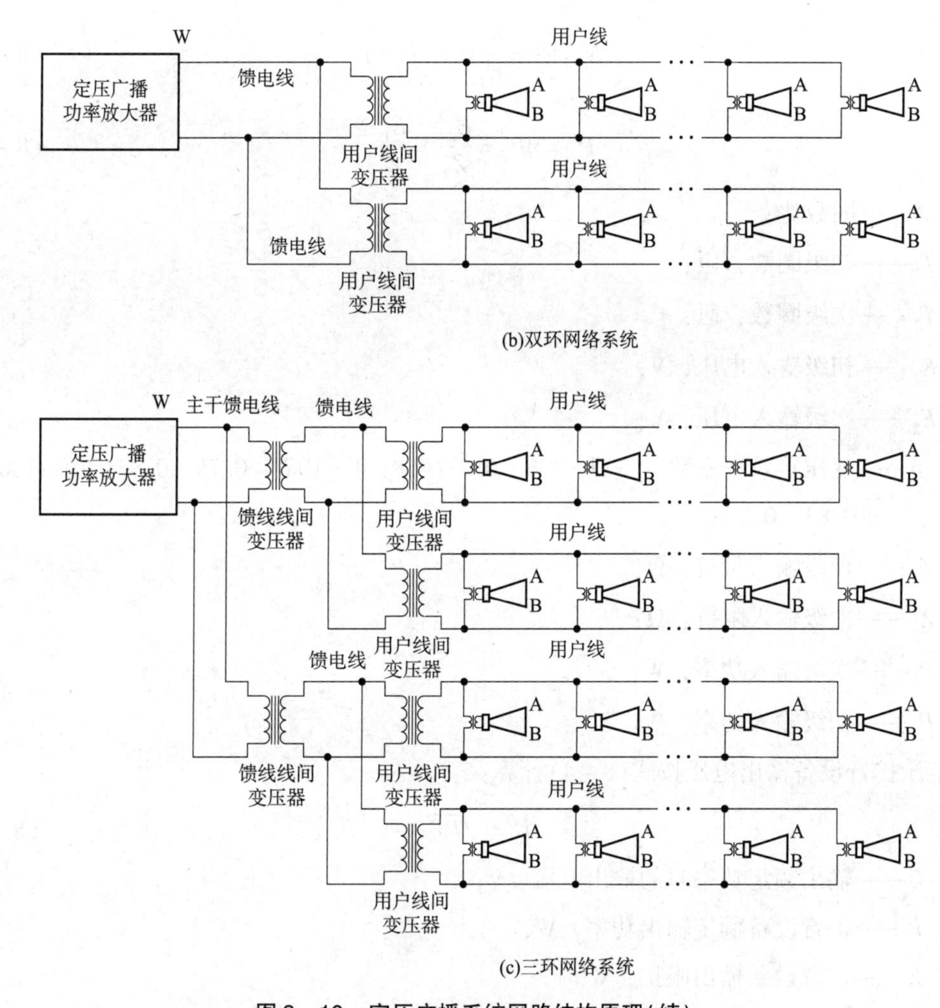


**图 8－10　定压广播系统网路结构原理(续)**

A—定压扬声器输出功率；B—扬声器输入电压；W—功率放大器有效输出功率

在定压广播系统中配套的定压扬声器设备是将定阻式扬声器与配套扬声器变压器内置在一起，扬声器变压器的作用是将定阻式扬声器的阻抗与系统传输线的电压进行阻抗与电压转换和匹配的部件。通常扬声器变压器线路侧的电压等级为 70V、100V 及 120V，定阻式扬声器侧的阻抗与扬声器的阻抗一致，一般为 8Ω。

定压广播系统中的馈线线间变压器、用户线间变压器、扬声器变压器的另一项功能是电压等级转换和能量分配，电压等级转换通过变压器初次级的匝数比实现，而变压器的输送功率则是依靠变压器的线圈匝数实现，在定压式广播配线系统设计的双环网路与三环网路系统中，需合理地配置馈送分配到各分支线路和用户设备的功率，设计需要对系统各线间变压器的馈送电压、馈送功率、设备阻抗等参数进行计算或验算，防止线路馈送中技术指标有差异。定压扬声器上配套的扬声器变压器输出功率应与扬声器功率对应配套，当扬声器变压器的输出功率大于或小于扬声器功率时，可能会产生扬声器的输出功率达不到额定值或扬声器损坏的现象。变压器技术参数的计算公式见式(8－2)和式(8－3)。

$$N = \frac{T_1}{T_2} = \frac{E_1}{E_2}\eta = \sqrt{\frac{Z_1}{Z_2}\eta} \tag{8-2}$$

$$P_2 = \eta P_1 = \frac{E_2^{\ 2}}{Z_2} = \frac{E_1^{\ 2}}{Z_1} \tag{8-3}$$

式中　$N$——圈数比；

$T_1$——初级圈数，匝；

$T_2$——次级圈数，匝；

$E_1$——初级输入电压，V；

$E_2$——次级输入电压，V；

$\eta$——变压器效率系数，一般：1W　0.7～0.8；1～10W　0.75～0.85；10～100W　0.84～0.93；

$Z_1$——初级输入阻抗，Ω；

$Z_2$——次级输入阻抗，Ω；

$P_2$——次级输入功率，W；

$P_1$——初级输入功率，W。

定压扩音设备输出电压按式(8－4)计算：

$$U = \sqrt{PZ} \tag{8-4}$$

式中　$U$——输出额定功率时的输出电压，V；

$P$——扩音设备额定输出功率，W；

$Z$——扩音设备输出阻抗，W。

在定压广播系统中，定压功放输出的线路不受阻抗匹配的限制，设计可以设置切换装置在功放额定功率范围内改变负载数量，方便对覆盖区域进行分区切换广播。

在应急广播系统的线路传输设计中，配线线路均需保证在可预期工况下的线路安全畅通，凡架空安装的配线线路均须采用阻燃或阻燃耐火电缆并设置机械保护措施，防止爆炸火灾等状况对线路的伤害。

## 8.5　设备设置

扩音对讲及广播系统的电话语音接入设备、警报信号发生器单元、核心控制设备、电源供备电设备和集中功率放大设施需设置在室内，并需安装在专用机柜内集中布置。扩音对讲系统的通话站设备根据生产操作需要设置在重要设备附近、主要巡检道路出入口和路口旁、主要操作平台、罐区的泵区、物料传输人行走道、机柜室及控制室、变(配)电所等处。扩音对讲及应急广播系统的扬声器的安装位置需考虑与人员正常通行、操作的距离与声压及噪声值的相对关系，并防止非预期声压的应激刺激造成人员的安全事故。

## 8.6　电源供电

应急广播系统涉及消防与安全，系统供电要有可靠的保障，供电负荷应满足全负荷功率120%条件下的供电，电源的瞬断时间小于设备对电源瞬断时间的要求，电源的后备时间不小于3h。当扩音对讲系统、公共广播系统用于应急广播时，同样要求满足上述要求。而对于未纳入应急广播的生产扩音对讲系统，电源的后备时间需与生产过程控制紧急停车系统的供电后备时间保持一致，对于未纳入应急广播的公共广播系统设计则无须对电源的瞬断时间和电源的后备时间提出要求。

在扩音对讲系统及广播系统电源设计中系统全负荷状态下的峰值用电负荷与系统全负荷状态下的平均用电负荷属于不同的概念，系统全负荷状态下峰值用电负荷是指系统在所有负载全部启动，扬声器工作在最大声音输出时系统的瞬态耗电，峰值用电负荷属于瞬态负荷值，峰值用电负荷是对广播系统供电的最大用电负荷要求，系统供电如小于最大用电负荷要求，系统在全负荷状态下最大音频功率输出的波形将出现削峰现象，造成系统播出音质不佳与可懂度下降，因此广播系统的供电负荷值应以峰值用电负荷为准。系统全负荷状态下的平均用电负荷是在一段时间内，所有负载全部启动的工况下，系统播音有最大声音输出、小声音输出与声音停顿过程的系统总耗电之和的平均值，属于系统在该段时间内的平均用电量，在语言类广播中由于声调的高低与抑扬顿挫、声音的间隔、连珠炮式的讲话方式和松散弛缓的讲话方式，使得广播系统的平均用电功率有差异，在测试中发现通常语言类播音的平均用电功率是连续乐曲类播音平均用电功率的1/3，而由于播音过程中存在连珠炮式和松散弛缓的讲话方式，因此在播音过程中引用语言效率系数$\eta$作为衡量广播系统语音效率的参数。在广播中迪斯科与摇滚乐、古典音乐、轻音乐、语言报道因声音强度与连续性的差异，语言效率系数$\eta$可取不同的数值，以准确衡量广播系统的平均耗电功率，通常语言类播出的语言效率系数$\eta$控制在0.4以下。在应急广播系统的使用过程中，还有广播时间段与热待机时间段，在热待机时间段系统的耗电量会更小，因此系统耗电的平均电流时间段是广播时间段与热待机时间段之和。语言类广播系统供备电电源的电流设计见式(8-5)。

$$L_a = (\eta L_w S_w + L_s S_s)/S \tag{8-5}$$

式中　$L_a$——平均电流值；

$L_w$——系统工作状态下平均用电电流值；

$L_s$——系统待机状态下用电电流值；

$\eta$——语言效率系数；

$S_w$——系统工作状态用时；

$S_s$——系统待机状态用时；

$S$——系统工作与待机状态用时的和。

根据式(8－5)可以得出，语言类广播系统的耗电量小于系统的系统全负荷状态下的平均用电负荷，更远远小于系统全负荷状态下的峰值用电负荷，在扩音对讲系统和应急广播系统的静态电源蓄电池组容量设计中，应按式(8－5)中所得电流值下的供电持续时间计算蓄电池组的容量，采用峰值用电负荷电流计算方式是对系统原理不了解造成的错误计算方法，属于对标准要求的误解。而扩音对讲系统和应急广播系统的静态电源的最大供电负荷则应以广播系统的峰值负荷电流值为准。电信专业在提供专业输出条件(供备电技术指标要求)时应分别提供峰值供电负荷下的电流值、平均电流值及备电持续时间或峰值供电负荷下的电流值与通过平均电流值与备电持续时间计算后的蓄电池组容量。

# 9 电视监视系统

随着石油化工企业一体化操作和远程操控设备需求的提升，远程集中操控已普遍应用到工程建设与设计工作中，为了能更好地了解现场设备状态及环境状况，能够将现场图像实时传送到操控岗位的电视监视系统得到普遍应用。电视监视系统是将图像以像素方式进行采集、传输、处理、还原的系统，而像素点的采集与还原均以模拟方式进行，因此电视监视系统的基础属于模拟系统形式。目前广泛谈及的数字电视监视系统则属于模拟电视监视系统在传输、存储与操控部分的数字化技术应用，设计过程中必须了解系统中模数转换的实施部位与应用参数，根据系统的结构与技术特性进行有针对性的设计，以获得高品质工程。全模拟电视监视系统工作原理简单，线路传输视频图像信号与控制信号独立且一一对应，技术与设备成熟。模拟电视系统存在的问题是模拟电子线路在传输过程中高低频信号衰减不均衡、模拟信号处理过于复杂和模拟电子线路的非线性失真容易产生信号畸变等因素，而这些问题在数字电路中则不易发生。数字电视系统是将模拟信息通过模数转换转变成数字信号进行传输、分配与处理，再将数字信号还原成模拟信息的系统，数字信号传输可以将多路信号共用一条信道进行长距离传输，并通过分组交换完成目标图像的分配，降低了系统的接线数量。数字电视系统信号的传输分为上下行，需要运行在适应上下行流量差达到90%以上且网络质量的环境中，长距离传输的数字电视系统信号通常采用UDP与TDP信号协议进行信号传输，可UDP协议的信号虽传输效率高速度快，但信号传输可靠性与稳定性差，传输过程中极易产生丢包现象。在企业中，数字电视系统的控制管理部分极易产生信号阻塞、延时及丢包现象，需要经过专业的设备配套与产品系统检测，创造优质的网络环境。数字电视系统的模数/数模转换与数据压缩/解压过程同样会造成信息量的丢失与信号延时，模数/数模转换与数据压缩/解压过程的信息丢失与信号延时可通过软硬件的设置将其控制在可接受的合理范围，而分组交换拥塞产生传输延时和信息的丢失则需要在工程设计中以系统与设备的技术参数配套方式给予控制与解决。在数字电视系统的图像显示中，马赛克图像与图像信息传送不连续(动画片现象)主要由分组交换的信息丢失与丢包现象造成。而信息传送的延时则会造成系统设备操控困难，对于需要实时监控的企业电视监视系统，设计应将其控制在可以接收的范围以内。为此，在《规范》中规定“控制管理平台的图像传输延迟响应时间应小于或等于0.4s”。

在模拟电视监视系统的设计中，使用的设备多为电视监视系统的标准定型与配套设备，设备具有完整的技术参数说明，可以依照设备的技术参数进行系统结构设计，组建成具有完善系统技术指标系统构成。而在数字电视监视系统的配套中，控制管理平台需要采用大量的计算机网络传输设备，在数字电视监视系统中大部分设备需要工作在单边连续的大信息流量状态下，设备传输的信息流的不对称远超计算机网络传输设备的要求，使得传输的数据不得不出现有数据排队现象。数字电视监视系统的这一特性与传统意义的互联网技术要求存在着巨大的差异，从而造成对系统结构与设备技术指标配套要求的差异。现在在系统配套设计中，经常以互联网配置的思维进行设计，设备技术指标配套混乱，不满足数字电视监视系统单边大流量传输与数据延时的要求，大量套用常规互联网概念，致使设备配置配套缺少专业性，而随意性强，而系统配套又缺少专业的技术指标检测，缺少统一视频技术指标，使得系统在开通阶段频频出现问题。2007 年，在东南沿海某炼化一体化项目中，数字电视监视系统在开通阶段反复增加更改网络设备，致使工程投资远超工程预算。2015 年，在南方沿海某大炼化项目中，为保障电视监视系统不再出现问题，确保数字电视监视系统网络数据流畅通，系统中仅网络交换机设备就耗资超过 1000 万元，可在调试阶段仍然出现网络不畅的问题，致使频繁调整增补设备配置，究其原因均属于对设备原理与使用条件不配套，对设备工作原理不理解，造成系统结构配置及设备之间技术指标不配套。在技术快速更新的时代，工程设计人员要想透彻理解网络及网络设备的原理与技术指标，了解设备之间的相互关系十分困难，若跟踪了解这些技术问题对于工程设计人员几乎是不可能的，针对数字电视监视系统控制平台设备配置困难的问题，《规范》要求在设计中将系统的技术指标划分为系统设计应用指标(控制管理平台系统外部功能与技术指标)和系统设备的配置参数(控制管理平台系统内部功能与技术指标)，将控制平台系统内设备作为一个整体进行设计，系统平台内的网络交换等设备配置交由第三方检测机构按设计要求进行技术参数验证，或采用已经通过第三方检测机构技术验证检测有完整技术参数的系统平台作为设计依据进行设计，设计人员只需了解系统的内在结构，对比系统/设备检测的性能优劣，厘清设计、制造、检测三方责任界面，免除设计承担的不应有责任与风险。

现在部分设计人员对数字系统认知与基础知识停留于表面或概念阶段，设计文件深度不够，技术要求不具体，分析数字电视系统应用中出现的问题既有设计问题，也存在设备配套问题，两者相互交织使问题如堕烟海难以解决。条分缕析，问题首先体现出在设计的不足，设计不能剥茧抽丝将系统功能与技术指标完整地列在设计文件中，致使工程设计文件的深度不满足要求，其次设备供货方未能做到系统配套指标完整性测试，致使开通阶段各执一词相互推诿责任不清，在个别工程的开通阶段系统反复修改增添设备，更有设计或设备供货方褚小杯大瓦釜雷鸣。为应对设计电视监视系统中控制管理平台难以管控的问题，《规范》中将工程设计与设备制造区别对待瓜区豆分田有封洫，工程设计负责工程项目的要求，设备提供制造完成系统内设备连接配套的要求，双方以设计文件中功能与技术指标作为约定，要求设计对指标的完整性负责，设备提供制造方对设备的性能是否满足文件要求负责，减少扯皮现象，使工程进入责任界面的良性循环状态，为验收追责提供依据。

随着技术进步和新技术不断涌现，电视系统的清晰度(像素)越来越高，信号的带宽越来越宽，常见视频信号参数见表9-1，信号传输难度越来越大，模拟传输方式与数字传输方式已临近技术极限，弊端也已逐渐显现。随着光交换机技术应用日益成熟和量子通信技术研究的进步，系统控制与信号传输会迎来新技术迭代，推动电视监视系统的进步和系统性能的提升，设计人员要系统应用指标。

**表9-1 常见视频信号参数**

| 分辨率 | 总像素 | 刷新率/Hz | 数字频率/MHz | 总带宽/(bit/s) | 有效带宽/(bit/s) |
|---|---|---|---|---|---|
| 720p | 1280×720 | 60 | 74.25 | 1.782G | 1.33G |
| 1080p30 | 1920×1080 | 30 | 74.25 | 1.782G | 1.5G |
| 1080p60 | 1920×1080 | 60 | 148.5 | 3.564G | 3G |
| WUXGA | 1920×1200 | 60 | 154 | 3.696G | 3.3G |
| 4k30 | 3840×2160 | 30 | 297 | 7.128G | 6G |
| 4k60 | 3840×2160 | 60 | 594 | 14.256G | 12G |
| 8k30 | 7680×4320 | 30 | 1188 | 28.512G | 24G |
| 8k60 | 7680×4320 | 60 | 2376 | 57.024G | 48G |

## 9.1 一般规定

9.1.1 随着电视监视系统应用的普及，电视监视系统已成为企业生产中不可或缺的系统，系统的功效包括生产操作监视、消防监督管理、安全防范、人员监视管理等内容，是统一的综合视频监控系统，系统结构设置要统一规划，组成企业多层级多部门共享的监控管理平台，满足企业各岗位实时视频监控需要。

9.1.2 电视监视系统的组成由图像摄取设备、传输线路、控制管理部分、图像显示终端和供电电源部分组成，各部分的功能与技术参数应协调一致，为保证整个系统技术参数的统一与协调，设计文件在基础设计阶段应确定各功能区部分界面的技术参数与功能要求，确定各功能区内设备功能与技术指标要求，避免在系统后续设计与执行过程中出现功能区界面的技术瓶颈。

9.1.3 技术进步扩展了电视监视系统的监视操控功能，监视自动化与智能化的不断提升，使电视监视的监控操作方式得到改变，电视监视的监控操作方式可分为被动监视方式、联动监视方式和智能监视方式。被动监视方式是以人工操作调整选取摄像机、摄像机的摄像方位、选择图像显示器的操作方式，被动监视方式耗费人力大，漏看和错判概率高，随着企业摄像机数量增多，被动监视方式已不能适应企业的要求。联动监视方式是利用相关报警系统的报警信息触发选取电视监视系统的摄像机与图像显示器的操作方式，联动监视方式在接到联动信号后自动选择预定的摄像机，自动调整摄像方位和镜头的焦距与视场角，自动将显示图像弹出在预定监视器。当火灾报警系统、可燃和有毒气体报警系统、安防系统等报警时，通过系统集成和联动监视方式自动调取事故与灾害场所的图像，对于快速获取事故信息及时观察事故实况提供了有益手段。智能监视方式是由摄像部分自动图像判断功能提供触发信号，系统主动弹出异常图像的控制方式。智能监视方式通过对图像参数的分析可以实现图像模式识别、人员跟踪、环境异常和温度异常等报警功能，并可通过异常参数警示和排查事故倾向，属于自主报警监视的系统方式。联动监视方式和智能监视方式可以提示操作人员自动观察，减少人为操作，弥补被动监视方式的不足，以技术手段替代人工手动搜索是现在较为成熟且高效的控制方式。当今 AI 技术的普及使得电视监视系统在自主性与智能化方面得到迅速提高，设计需要补充新知识，学习掌握应用新的技术原理提高设计水平。在应用过程中要特别注意和预防片面的概念性诱导使设计进入误区，确保新技术与概念的实用性。

9.1.4　电视监视系统需满足企业连续生产与管理和应急事件处置与救援的需求，系统要保证在整个服务过程中不间断地连续工作。

9.1.5　电视监视系统作为图像记录和事故分析的重要依据需建立统一与准确的时钟，并在图像记录文件中保留时钟、摄像机编号与位置标记，电视监视系统的时钟须与企业时钟保持同步，与相关系统的时间差需小于1s。

## 9.2　系统要求

9.2.1　石油化工企业应按照企业管理范围设置独立的电视监视系统结构，企业内摄像机的视频资源应做到统一管理并且各操作岗位共享，电视监视系统的控制管理平台设备宜集中统一布置，并集中监管。在管理范围较大的企业中，可以将控制管理平台设备分散布置，分散布置的控制管理平台设备的功能和技术指标应与集中布置的整体功能和技术指标保持一致，并由核心控制管理设备集中对控制平台实施功能监管。集中布置与分散布置的控制管理平台设备应具有设备与线路的自诊断功能检测和告警，并对分散布置控制管理平台设备进行远程监督。分散布置的平台设备宜具有电源远程启停控制，以备在设备死机状态下实施远程电源启停，使设备及时恢复到原工作状态。独立管理企业的电视监视系统结构示意见图 9－1。

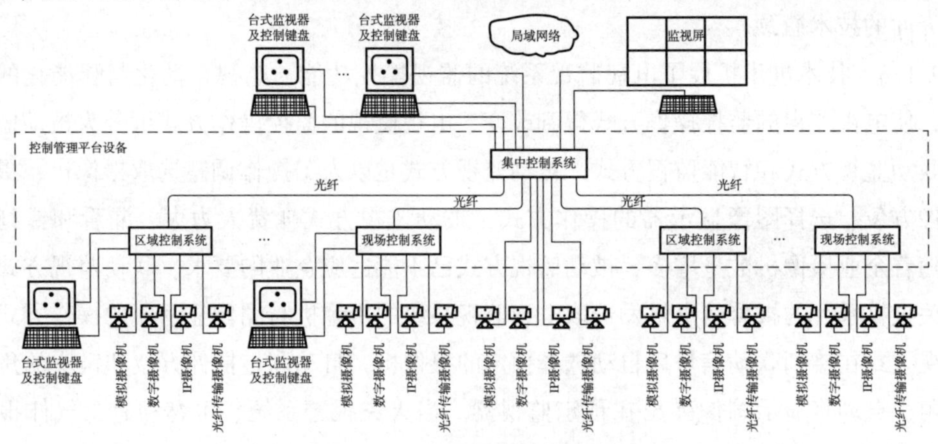


图 9－1　全厂电视监视系统结构示意

9.2.2 大型石油化工企业管理集团分为垂直管理形式和水平管理形式。水平管理企业集团的电视监视系统结构可参照图9－1设置电视监视系统结构。垂直管理企业集团的电视监视系统结构应按照企业管理层级设置，在企业管理层与下属独立操作管理的分厂企业独立设置控制管理平台，并将上下级企业的控制管理平台进行联网，做到上级企业平台可共享调看下属企业平台辖区的视频图像，下级企业平台在享有授权后可共享调看上级企业平台辖区的视频图像或其他下属企业平台辖区的视频图像。垂直管理企业的电视监视系统结构示意见图9－2。

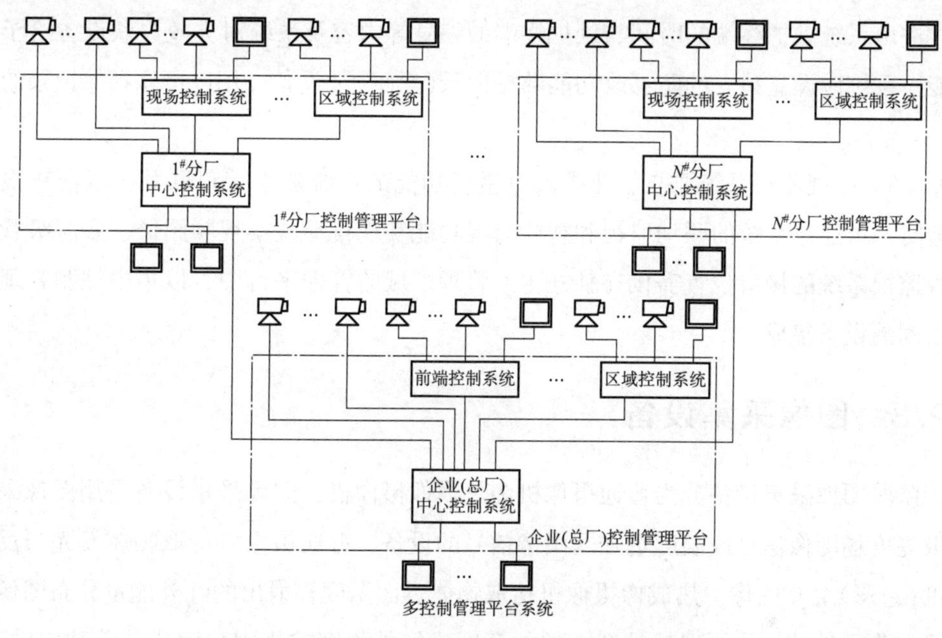


**图9－2 垂直管理企业的电视监视系统结构示意**

9.2.3 企业的电视监视系统的维护终端和操作终端应设置优先权，并对其按优先权等级实施管理，防止操作的混乱。各操作岗位优先权按以下内容设置：

1)生产操作岗位享有对辖区摄像机的优先操作权，当生产操作岗位对辖区摄像机的图像进行操作观看时，其他岗位只能观看图像不得操作该摄像机，避免影响生产操作岗位的监视；

2)各操作岗位对本岗位监视终端享有操作控制权，其他岗位不得调整改变该监视终端观看的图像内容；

3)维护终端登录需持登录密钥进入，各管理等级密钥用户对所辖区内摄像机、监视终端等设备的参数修改权限不同，对于系统参数的修改宜由设置在管控核心的维护终端和持有相应等级密钥权限的用户实施。

9.2.4 电视监视的图像作为事故后期处理的依据，图像记录保存时间需根据摄像机监视的生产目标与作用确定，普通岗位图像的保存时间大于30d，涉及安全及重要操作岗位的图像保存时间大于60d，涉及社会公共安全的图像保存时间按照当地政府规定或反恐等级规定执行，图像及语音保存的容量依设计对记录像素和帧频要求及图像静动画面的频度确定。

作为视频图像监督的依据，系统应保持系统验收的初始配置状态，系统应具有防篡改功能，防止对系统的不当修改。防篡改功能是为保证原始图像数据不被删除、修改，保证系统结构不被改换的措施，防篡改功能主要包括以下内容：记录系统数据设备进入或修改时间与内容，检索记录系统设备失联时间与失联设备名称，记录图像整理删改时间，持密钥用户进出系统维护终端的时间与维护终端的编号等内容及系统对失效失联设备给予告警的功能。系统应设立独立的防篡改功能数据记录(黑匣子)设备，用以可靠存储记录的所有信息。

9.2.5　电视监视系统要与企业中具有报警功能的系统建立接口联系，以便在报警系统报警时，可通过系统的联动监视和智能监视功能实现自动观察视频图像。多层级管理平台电视监视系统的接口位置需设在独立生产管理区域的管理平台中，以集中控制管理与进行设备间的设备集成。

## 9.3　图像采集设备

现阶段图像采集设备分为普通摄像机和热成像摄像机，图像采集设备是用图像采集元件拾取亮度场图像信号或温度场强弱图像信号的设备，普通摄像机拾取物体发光与反射光的亮度(色彩)分布图像，热成像摄像机拾取物体表面温度辐射出的红外能量分布图像。两种图像采集元件的工作原理都是把图像的亮度或红外强度按规则分解成若干独立的像素，再将像素按规则顺序转变成电平信号并输出。其中，每个像素的强弱程度代表单一亮度(颜色)或红外能量值。普通摄像机是指由亮度(颜色)信息拾取元件及其配套器件组成的摄像机，彩色摄像机是将亮度像素再分解成不同强弱幅度的红、绿、蓝三原色像素，由彩色图像采集元件采集图像的摄像机，热成像摄像机的像素只有红外能量强弱像素信息，成像的红外强弱像素信息只能显示成为亮度灰度像素信息。现在我们看到的彩色热成像图像信号是通过后期处理技术渲染成的彩色图像，经过染色图像中的颜色不代表原设备对温度的定义，只是为了方便观看和图像美观进行的技术处理。这种用图像处理技术渲染图像成彩色效果的方法叫作伪彩色图像。

摄像机设备由图像采集元件、镜头、防护罩、云台和相关电路组成。现在亮度图像采集元件通常使用CMOS(互补金属氧化物半导体)图像传感器件和CCD(电荷耦合)图像传感器件，CCD器件的技术指标高，图像拾取效果好，但因制造成本高，很少在工业级电视监视系统中应用。图像采集元件通常需要关注的技术指标有像素、图像采集器件的靶面尺寸、响应速度、灵敏度、动态范围等。摄像机镜头设计指标选择主要有焦距、光圈尺寸和手/电/自动控制、预制位等。摄像机防护罩则根据应用环境场所进行选择，护罩形式有球形、枪式、防爆和高温内窥摄像机等防护形式，护罩内可根据环境温度需要设置电加温和散热装置，以保障护罩内摄像机的使用环境温度等满足要求。摄像机的云台有固定云台(见图9－3)、电动旋转云台、电/气动直线云台等形式，摄像机云台的技术指标主要有云台的运行速度、定位精度、云台荷载重量、云台(正装、侧装、倒装)安装方式、云台预制位数量与定位精度指标。

图9－3 固定云台

9.3.1 石油化工企业设置摄像机的作用是对现场的图像进行拾取与输送，摄像机的设置原则为对生产操作有重大影响的重要设备与部位、易发生火灾和有害气体与液体漏泄的部位、存放重要物品及危化品区域、存在人身伤害危险及无人值守的重要区域、可造成环境影响的排放点、进出厂区与装置区等的通道及巡检通道、人员集中场所和需要安全防范的场所等，各场所的摄像机监视目标和类型选择可参考表9－2进行设置和选择。

表9－2 摄像机主要监视目标与设置场所

| 典型监视目标与设置场所 | | 适用摄像机类型 |
|---|---|---|
| 工艺装置 | 加热炉炉膛、有燃烧器余热锅炉炉膛、转化炉炉膛、裂解炉炉膛等 | 内窥式高温摄像机 |
| | 汽包液位计 | 固定云台摄像机 |
| | 压缩机、主风机、膨胀机、干燥机等 | 带预制位电动云台枪式摄像机 |
| | 热油泵，重要的进料泵、产品泵，重沸炉泵、重要的塔顶泵、重要的塔底泵，焦化高压水泵等 | |
| | 重要的分液罐、进料缓冲罐、闪蒸罐、回流及产品罐等 | |
| | 焦炭塔顶盖机及塔底盖机等 | |
| | 重要反应器、空冷器、冷却器、换热器(热端) | |
| | 聚烯烃装置烷基铝区域、树脂脱气料仓区域 | |
| | 高压聚乙烯高压反应区等抗爆及防火墙内 | |
| | EO、PO的氧气混合站 | |
| | 装置内化学品配料、加料站(间)、氯气间等 | |
| | 装置内钢瓶间(站) | |
| | 装置内危险化学品库 | |
| | 清焦池 | |
| | 丙类散料卸储及转运区 | |

续表

| 典型监视目标与设置场所 | | | 适用摄像机类型 |
| --- | --- | --- | --- |
| 公用和辅助生产设施 | 污水处理 | 厌氧反应池及火炬，含油污水池、隔油池及污泥处理设施 | 带电动云台球型或枪式摄像机 |
| | 消防水加压泵站 | 消防加压泵、稳压泵区 | 带预制位电动云台枪式或球型摄像机 |
| | 汽车、铁路、码头装卸设施 | 汽车装卸区、码头装卸区、铁路装卸栈桥 | 带预制位电动云台枪式或球型摄像机 |
| | 球罐区 | 球罐下部及顶部阀门集中区，罐区 | 带预制位电动云台枪式摄像机 |
| | 立、卧式罐区 | 立、卧式罐下部阀门集中区，呼吸阀，罐区 | |
| | 低温罐 | 罐顶操作平台 | 热成像摄像机，带预制位电动云台枪式摄像机 |
| | | LNG 单防罐、低温罐拦蓄区 | |
| | 火炬设施 | 火炬口，长明灯，分液罐 | 带预制位电动云台透雾摄像机或带电动云台枪式摄像机 |
| | 包装厂房 | 固体物料包装线 | 带电动云台枪式或球型摄像机 |
| | 产品及原料仓库 | 出入口，易燃物品码垛(堆放)区 | 带电动云台球型或枪式摄像机 |
| | 危险及化学品库、危废品库 | 危险物品储存间及库区出入口 | |
| | 中控室 | 机柜间，变配电室，出入口 | |
| | 现场机柜室 | 出入口，机柜间 | 带电动云台球型摄像机 |
| | 化验室 | 剧毒、易制毒药品储藏间，人员主要出入口 | 带电动云台球型或枪式摄像机 |
| | 总变电站及变配电间 | 配电间 | |
| | 维修站 | 机修厂房 | |
| | 围墙及大门 | 人、车出入口及围墙 | 带预制位电动云台球型或枪式摄像机 |

9.3.2 摄像机设计选用的参数按表 9－3 中技术指标内容及参考值选择。

**表 9－3 摄像机技术指标及参考值**

| 指标名称 | 技术指标参考值 | 技术指标定义参考标准 |
| --- | --- | --- |
| 亮度分解力测量数值(TVL) | 水平分辨力≥900 | GA/T 1127—2013，分辨率 |
| 最低可用照度数值(lx/F1.2) | 彩色：<1<br>黑白：<0.1 | GA/T 1127—2013，最低可用照度 |
| 灰度等级测量数值 | ≥11 级 | GA/T 1127—2013，最大亮度鉴别等级 |

续表

| 指标名称 | | 技术指标参考值 | 技术指标定义参考标准 |
| --- | --- | --- | --- |
| 动态范围测量数值/dB | | ≥120 | GA/T 1127—2013，宽动态能力 |
| 色彩还原误差 | | 3 级 | GA/T 1127—2013，色彩还原误差 |
| 几何失真/% | | ≤5 | GA/T 1127—2013，几何失真 |
| 图像延迟时间数值/ms | | ≤200 | GA/T 1127—2013，延时 |
| 亮度信噪比数值/dB | | ≥52 | GA/T 1127—2013，亮度信号信噪比 |
| 电动旋转云台 | 水平旋转功耗/W | 设计自定 | — |
| | 水平旋转功耗/W | 设计自定 | — |
| | 云台旋转回差及预置位定位精度数值/(°) | ≤0.1(防爆) | — |
| 内窥高温摄像机 | 护罩风冷用气量/($m^3$/min) | 设计自定 | — |
| | 护罩水冷用水量/($m^3$/min) | 设计自定 | — |
| | 直线云台用气量/($m^3$/min) | 设计自定 | — |
| | 直线云台定位精度数值/mm | 设计自定 | — |
| | 镜头法线转角/(°) | 设计自定 | — |
| 镜头焦距范围/mm | | 设计自定 | — |
| 摄像机功耗/W | | 设计自定 | — |
| 环境工作温度/℃ | | 设计自定 | — |
| 电加热功耗/W | | 设计自定 | — |
| 散热风扇功耗/W | | 设计自定 | — |

9.3.3 摄像机镜头的选择应根据被监视目标的大小与距离确定，被监视目标以占整幅图像的2/3为宜，镜头焦距应按式(9-1)计算。

$$F=\frac{A\cdot L}{H} \tag{9-1}$$

式中 $F$——焦距，mm；

$A$——像场高，mm；

$L$——物距，mm；

$H$——视场高，mm。

对于摄取固定图像的摄像机应该采用定焦镜头，有场景变化需求的摄像机应该采用遥控变焦镜头，企业大门的人行道及车行道的摄像机应采用固定云台摄像机。

9.3.4 普通摄像机拾取的亮度信息受亮度限值范围的影响，在亮度较暗的环境下拾取的图像模糊不清，在高亮度环境下拾取的图像高光层次会消失，普通彩色摄像机最低照度值通常为1lx，而低照度彩色摄像机通常最低照度值≥0.1lx，低照度黑白摄像机通常最低照度值≥0.01lx，低照度摄像机的低照度值是在牺牲其他参数条件下获得的参数，设计中需要注意对其他参数值的影响。热成像摄像机没有照度值要求，氧化钒与多晶硅等焦平面传感器因技术参数不同，接收红外辐射强度的上下限范围值有差异，当遇有特殊使用需求时应注意。当出现低照度环境时，应首选提高环境照明或摄像机补光灯投送补光的方法提升环境照度，对于无法提高环境照明的场所可以采用热成像摄像机等方式摄取图像，当处于高亮度环境下，可通过选择适宜镜头的光圈值控制光通量。

9.3.5　用于监视加热炉等设备内部景物的摄像机应选用高温内窥式摄像机，高温内窥式摄像机是以风/水冷却方式阻断热量传导、以流动空气（风）方式阻止热对流、用针孔镜头减少热辐射的摄像机系统。在使用中观察1500℃景物的高温内窥式摄像机系统通常可以采用纯风冷却方式，内窥式结构高温摄像机是将摄像机部分设置在炉膛以外，让"潜望式"长镜头探入炉膛内部，探入内部的镜头采用有折射转角的针孔镜头摄取图像。高温内窥式摄像机可通过镜头的窥入与退出实现对摄像系统保护。高温内窥式摄像机的主要设计内容有冷却水的流量与硬度及氯离子的含量值、冷却风的用量和含尘量值、摄像镜头的折射转角与视场角范围值、设备的固定安装方式等内容。高温内窥式摄像机系统在遇到摄像机防护罩腔体内温度异常过热、冷却风/水中断和断电等异常工况时可以自动退出，或在必要时实施手动干预退出，系统的进退机构为直线云台方式。直线云台的进退装置分为电动螺旋驱动进退方式和压缩空气气缸驱动进退方式。电动螺旋驱动进退方式在遇到突发性断电状态下摄像机无法退出，造成设备损坏，在设计过程中通常很少使用。

高温内窥式摄像机的安装方式为炉壁安装，内窥孔需预留套管固定在炉壁上，外保温炉的预留套管需能够承受摄像机的全部荷载，在炉体的供货阶段需同时提供。《规范》要求，高温内窥式摄像机的送风管路与线缆保护管要采用固定安装方式，而不能使用软连接方式，同时还要求，摄像机窥退部分与固定部分的软连接应设置在摄像机的直线云台内部，并由制造企业通过统一质量认证和防爆设备认证，不得使用未经机械保护的外露移动电缆和移动送风管路连接，避免在运行过程中因移动电缆和移动送风管路事故造成设备损坏。高温内窥式摄像机的安装方式可参照图9-4进行设计，内窥安装孔的位置需照顾人行通道通行与安装维护。

石油化工企业中加热炉等高温设备外温度在维护人员可工作范围，高温内窥式摄像机外置于炉外的电路部分不需要进行特殊的水冷却保护。当炉外温度过高必须采用水冷却时，冷却水的硬度值需控制在1.0mol/L以下，氯离子值需控制在50mg/L以下。高温内窥式摄像机系统还具有燃烧器熄火报警功能和炉内温度测定功能。当采用黑白或彩色摄像机时，可通过图像的亮度值识别判断燃烧器的燃烧状态；当采用热成像摄像机时，可通过温度值测定识别燃烧器的燃烧状态，同时还可通过观察炉内温度分布判断炉内燃烧工况，使锅炉燃烧处于最佳工况状态。当图像中有多个燃烧器或测温区时，图像可采用区域划分方式实施分区识别报警。

图9－4 制氢加热炉高温内窥式防爆摄像机安装实例

9.3.6 监视移动目标的摄像机应配置电动旋转云台和变焦镜头，以方便实时跟踪目标并获取清晰的目标图像，必要时可配置目标跟踪或模式识别软件实现目标的自动跟踪和目标的自动识别判断。具有联动监视功能的摄像机需配置带有预置位控制功能的云台和镜头，当接收到报警信息后，摄像机按预置位代码自动指向报警目标并调整摄像镜头的视场角度，将目标图像控制在摄像视角的约2/3范围。

9.3.7 GB 50058—2014《爆炸危险环境电力装置设计规范》在“爆炸性环境电缆配线的技术要求”中规定，要求在1区、20区、21区爆炸危险区域中使用的移动电缆为重型电缆，在2区、22区爆炸危险区域中使用的移动电缆为中型电缆。防爆摄像机与防爆云台之间连接线缆如若外置于设备之外将必须使用重型或中型电缆，而防爆摄像机与防爆云台之间的电缆属于多功能组合的特殊电缆，每台防爆摄像机用量有限，难以满足电缆生产制造的基础生产长度要求。在不规范的市场环境中，由设备制造企业配套供给又难以保障电缆质量，因此在《规范》中要求采用电缆内置的防爆摄像机设备结构，将防爆旋转云台与防爆摄像机护罩做成一体化防爆结构，并整体通过防爆认证，杜绝设计中存在的风险。图9－5所示为倒装与正装旋转防爆云台防爆摄像机，该设备将防爆云台与摄像机防爆腔间的线缆置于连接轴内，图9－4所示为直线控制云台高温内窥式防爆摄像机，该设备将防爆直线云台与摄像机防爆腔间的连接线置于云台的托链中进行整体防爆认证。图9－5所示的防爆摄像机是将摄像机的解码部分、信号转换部分及避雷器等设备/配件内置在隔爆腔体内，同时获取整体防爆认证，设备既满足了整体防爆认证的要求，同时又减除了解码、信号转换及避雷部件的防爆配套问题，简化了安装图设计。现在有些设计将解码与信号转换、避雷等部件擅自装入其他隔爆壳体内。此种设计方式违反了防爆规定，属于不合法的设计方式，不受防爆认证保护，在设计中应给予避免。另外，防爆绕性连接管的主要作用是解决硬连接过程中的应力和振动问题，观察中发现大量防爆绕性连接管在使用后出现断裂现象，质量很不稳定，因此《规范》中不允许用在防爆绕性连接管中穿线缆的方式替代移动电缆使用。

图 9－5　防爆摄像机安装实例

在设计中防爆摄像机的配线方式有独立的视频、数据、电源电缆连接方式[见图 9－6 中摄像机($n$)的配线方式]和综合视频电/光缆连接方式[见图 9－6 中摄像机(1)(2)和图 9－7中摄像机(1)(2)的配线方式]。防爆摄像机的各种不同电缆配线方式参见图 9－6～图 9－8。综合视频电缆是将电源线、数据信号线和视频同轴信号线综合成缆于一根电缆中，属于为摄像机配线设计制造的专用电缆，综合视频电缆可以简化设计，减少线缆及线缆保护穿管和防爆配件的使用数量，方便施工安装。综合视频电缆中的同轴线有多种规格，通常使用的有 75－5、75－6 和 75－7，75－6 规格射频线的综合视频电缆可以满足 400m 左右的视频信号传输，可用于装置设计使用。

图 9－6 所示为防爆摄像机的电缆配线方式，示意了视频同轴线、控制信号线及电源线避雷器等部件的不同设计方法。图 9－6 防爆摄像机(1)为将数据与视频、电源线避雷部件内置于防爆摄像机腔内，并采用综合视频电缆的配线方式，该配线方式明显可以简化设计。图 9－6 防爆摄像机(2)为将数据与视频、电源线避雷部件安装在摄像机旁的现场专用防爆设备箱内的设计方式，该设计方式增加了现场专用防爆设备箱，对于爆炸危险场所，现场专用防爆设备箱需要做防爆认证，现场需要安装的防爆设备增多。图 9－6 摄像机($n$)为采用独立的视频电缆、数据电缆、电源电缆和现场安装避雷部件防爆设备箱的设计方式，设计接线较为烦琐，施工布线工作量大。

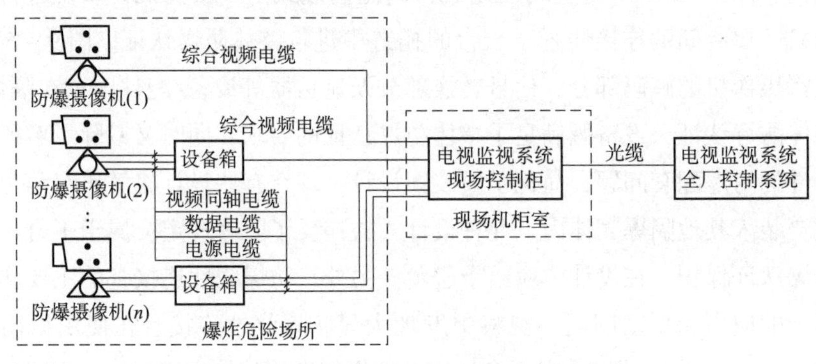


图 9－6　防爆摄像机的电缆配线方式示意

图9－7所示为摄像机通过光缆与电源电缆配线方式，图中的综合视频光缆是将视频光纤和控制信号光纤与电源线合并在一根电缆中。图9－7防爆摄像机(1)为在防爆摄像机腔内内置光电转换和电源线避雷部件，配线采用综合视频光缆直接连接于摄像机与控制系统之间，布线设计简洁、施工简单，线缆的传输距离长。图9－7防爆摄像机(2)为将光电转换和电源线避雷部件外置摄像机旁设备箱内的设计方式，综合视频光缆连接于设备箱与控制系统之间，设计与施工相对简单。图9－7摄像机(*n*)为采用普通光缆和普通电源电缆配线的设计方式。图9－7中采用光纤连接可以延长视频线与信号线的传输距离，与图9－6对比，决定视频线缆传输距离的由射频线缆转变成电源线，可通过调整电源线的截面改变综合视频光缆的传输距离。根据表9－7与附录E中表E－1计算，采用综合视频光缆传输距离可达数公里，彻底解决了企业中摄像机传输距离受限的问题。

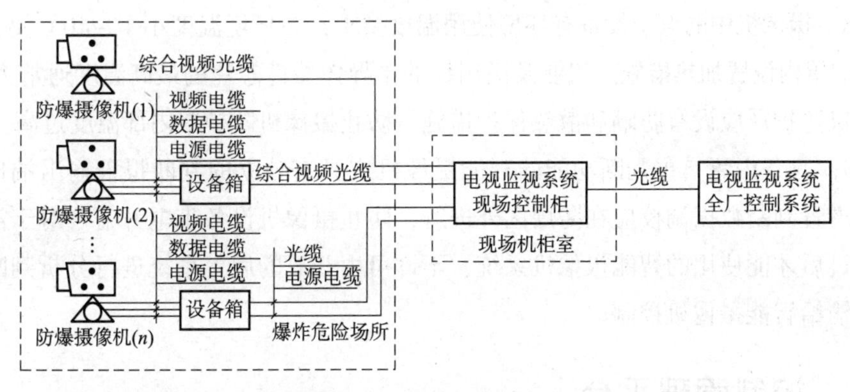


**图9－7　防爆摄像机通过光缆与电源电缆配线方式示意**

图9－8所示为摄像机采用计算机网线进行视频信号与控制配线的设计方式，由于计算机网线传输信号距离近，网线配线方式需在现场设置网络交换等设备(现场控制箱)。现场设置现场控制箱配线方式，是将电视监视系统控制平台的网络交换机等设备前移到前端设备(爆炸危险环境)附近的设计方式，由于网络交换机等对环境要求苛刻，且设备发热量大，将其布置在现场环境不利于系统的安全运行。在石油化工企业中存在众多的爆炸危险环境，将网络交换机设备安装在隔爆腔体内的设计方式存在以下问题：

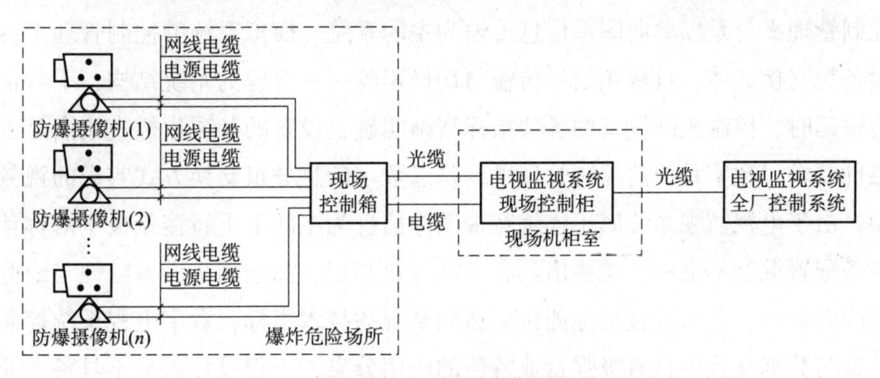


**图9－8　防爆摄像机通过网线配线方式示意**

1)现场控制箱的防爆产品认证管理过程复杂，必须要与内部设备型号一致的防爆检测认证，内部设备型号稍有更改必须在原认证单位进行备案登记换证工作或重新进行防爆检测认证，详见附录A中防爆电气产品强制性认证的相关内容；

2)设备散热困难，将发热量大的有源设备安装在隔爆腔体内，无法进行通风散热，尤其在露天强光照射下的极热环境中，隔爆腔体表面温度可达60℃以上，箱内热量极难传导散出；

3)系统维护调试困难，网络交换机等设备的调试多为带电运行调试，可在企业生产阶段隔爆设备不允许开盖进行带电操作维护调试。

因此，现场防爆控制箱(网络交换机)设计方式不适用于石油化工企业的生产区，电视监视系统控制平台的网络交换机等设备应布置在机房环境中。

9.3.8 摄像机中的电子设备有环境使用温度要求，在环境温度小于-10℃使用的摄像机应在防护罩内设置加热措施。工业及民用级的半导体器件芯片的最高温度通常为+80℃，因此摄像机防护罩应设有防晒和散热保护措施，防止摄像机防护罩内部温度过高。

9.3.9 具备内置自主判断功能的智能摄像机应具有独立的判断报警输出端口，防爆摄像机的内置判断数据调校应在防爆区外进行，防止摄像机设备带电开盖。对于需要第三方检验通过后才能使用的智能摄像机系统，不许可由开放的后台系统进行分析判断后将控制信号返输给智能摄像机控制。

## 9.4 控制管理平台

控制管理平台是电视监视系统的核心部分，在方案设计阶段要明确电视监视系统控制管理平台的系统功能与技术指标要求，在基础设计阶段必须落实电视监视系统的结构与配置，并汇总出工程投资，基础设计阶段出现的疏错将影响详细工程设计和设备供货，造成系统调试开通阶段的困难或难以达标的后果。

控制管理平台的输入输出信息包括摄像机的图像与控制信息、图像监视终端的信息和控制终端的指令信息等。在这些信息中图像信息量占总信息量的95%以上，所以电视监视系统的控制管理平台是以单向图像信息传输为主的系统。模拟系统的控制管理平台是由控制矩阵设备为交换载体，且视频信号传输与切换矩阵一一对应的系统结构，平台信号不存在信号传输延时，控制矩阵设备的各项指标清晰明确，设备的各项指标直接满足工程设计的输入条件要求。数字系统的控制管理平台是以数字信息分组交换方式实现的视频信号传输与交换，由于电视监视系统属于连续宽带图像信息为主的上下行流量极不对称信息，系统中的设备配置混杂不唯一，需要由具有丰富专业知识、深通网络设备特性与经验的人员对设备的配套组合，并需经过指标测试后达到系统的技术指标，数字电视系统控制平台属于网络传输与数据交换中具有极强行业特色的应用分支，工程设计人员不具备专业的设备组合配置能力，只能通过检测指标判断系统的技术配置是否满足应用要求。在以资本驱动产品发展的环境中，为保证功能与技术要求的真实准确，需要以具有公信力的第三方专业检测部门权威数据作为系统配套的依据，并以此作为系统设备功能和技术要求设计输入条件。表9-4所示为控制管理平台涉及工程设计的部分常用技术指标。

**表9-4 控制管理平台技术指标及参考值**

| 指标名称 | 技术指标参考值 | 技术指标定义及参考标准 |
| --- | --- | --- |
| 系统的图像与控制信息时延指标 | 图像信息延迟≤400ms；控制信息延迟≤200ms | GA/T 1211—2013，信息延迟时间 |
| 系统图像的清晰度值 | ≥900TVL | GA/T 1211—2013，系统图像质量 |
| 系统图像的信噪比值 | ≥50dB | |
| 系统图像的灰度等级值 | ≥10级 | |
| 系统图像主观质量评价 | ≥4级 | |
| 系统图像的动态范围值 | ≥100dB | — |
| 系统接收相关系统控制的传输时延值 | ≤2s | GB 50198—2011，前端设备和所属监控中心的设备间端到端信息延迟时间 |
| 音频与图像的延时差值 | ≤500ms | GA/T 1127—2013，视音频同步要求 |
| 各输入端口的最大信息量 | 以工程设计需求为准 | — |
| 输入端满载条件下在保证设计清晰度指标的图像存储时间值 | 一般生产过程监视≥30d | GA/T 669.6—2008，监控图像存储时间 |
| | 涉及安全及重要岗位≥60d | |
| | 涉及反恐安全等重要岗位满足当地政府的规定 | |
| 输入模块和输出模块的图像信息时延指标 | ≤200ms | — |

9.4.1 工程设计应提供明确完整且与电视监视系统各组成部分匹配的控制管理平台功能与技术指标要求，技术指标与功能要求应该满足通用协议要求，并符合多制式信号输入输出的条件，防止设备提供三制造时制造技术壁垒。

9.4.2 电视监视系统的控制管理平台具备的功能包括：

1)输入和输出端口具有独立的格式和格式转换功能，并满足输入与输出的容量需求和连续扩容的要求，系统的任一输入端口视频图像可以转/切换至每一个输出端口上。

2)可通过键盘或人机界面实现指令控制输入，实现对输入视频的分组转/切换、摄像位置与镜头的调整、宏编程控制、巡视等。宏编程控制是指单一指令完成按预定时间序列执行和按照报警事件自动执行的复杂操作。

3)系统采用独立的网络结构，并具备热备冗余能力，系统支持控制管理平台间的联网，可通过建立双向干线实现多控制管理平台间的互联，形成配套完整的分布式电视监视系统。

4)系统具有自诊断故障报警和系统设备与摄像机图像失联告警功能，维护终端具有密钥设置，且维护内容与密钥等级关联。

5)具有图像存储、单独设定每路视频存储记录时长的功能和异地备份存储功能，具有系统设备状态记录和维护终端登录记录功能及独立的防篡改数据记录功能。

6)系统具有图像智能分析与辅助控制设备增强功能，辅助设备包括报警输入/输出单元、干接点输出控制单元、通信口扩展单元、通信转换单元。具备对系统内设备自检和系统数据进行分析的功能，并具有输出和存储设备自检诊断报告与数据分析报告的功能。

7)具有字符叠加功能，叠加项目至少包括年、月、日、时、分、秒、摄像机编号、摄像机注释、摄像机标识、监视器编号等，字符叠加的内容和位置可以通过系统选择设定。

9.4.3 在视频传输领域，延时是不可避免的现象，视频延时是指实时视频从源端传输到目的地端所需要的时间，通常称为“端到端”延时。在当下的技术条件下，模拟电视监视系统的图像信号传输延时时间一般小于0.1s，而大部分数字电视监视系统的图像信号传输延时时间可小于0.4s，有部分控制管理平台在设备技术指标配合度好系统时，图像信号传输延时时间可控制在0.2s以下，《规范》中要求控制管理平台的图像信号传输延迟响应时间小于0.4s是综合考虑确定的技术参数。延时大小在不同行业存在着很大差异，广播电视一般为5~10s，流媒体延时可以有30s或以上，而实时视频制作或交互性强的直播媒体流(如企业视频监控和体育博彩)而言，延时需要低于1~0.5s。视频延时根据需求不同可以有不同的延迟时间，如单向分发视频内容时，为实现更好的视频质量和平滑度，往往会引入较高延时(通常为10s左右)。对于双向视频互动，为了保持对话流畅自然，处于不同地点的两方都需要将视频流保持在非常低的延时状态下，而PTZ远程控制摄像机画面，必须将视频流与控制信息流尽可能实现超低延时，以保证操作精准，企业中的电视监视系统则需按此要求执行。

在数字电视监视系统中，视频延时由端到端传输所花费的总时间决定，造成视频延时的主要因素有在传输协议中传输数据包时需要大量“握手”和错误检查协议产生的延时，不同网络类型及视频传输工作流中选择不同的设备连接方式产生的延时，从摄像机到视频编码器、视频解码器、制作切换台、最终显示器视频传输的每个设备都会产生处理视频的延时。降低延时的方法有选择硬件编码器和解码器组合传输视频及选择合适的视频传输技术或协议。

图像信号传输延时过长会导致操控困难。根据资料显示，人体感觉到视觉受到中等强度刺激的反应时间在0.18s左右，当传输延迟响应时间为0.4s时，人体选择时间已达到0.58s以上，现在高转速云台的水平转速已达到270°/s以上，若出现0.58s的设备图像延迟和人体感觉延迟，摄像机的拾取图像与显示器中观察的图像将出现108°的视角差，加上人体反应时间，操作时视角差已达到156.6°。在这种状况下，手动操控摄像机旋转寻找目标会很困难。在工程设计中，应根据实际需求和时下的技术水平选取系统的图像信号传输延迟响应时间和摄像机云台的水平转速，以求得满意的手动操控舒适度。

9.4.4 现在生产操作对电视监视的依赖程度越来越高，部分大型企业对视频端口的需求已达千个以上，在系统设计中需预留充足系统容量。控制管理系统的容量应按摄像机及视频显示终端的终期容量进行设计，且系统的输入和输出端口应可以平滑扩展。系统的输入和输出端口应按摄像机和显示终端初期容量配置，输入端口需预留大于30%的数量，输出端口需预留大于20%的数量。设计中数字电视监视系统端口应标明端口的视频像素和数据流量，系统的完整功能要求和技术指标要求，设计应标明图像信号传输延迟响应时间。标注系统的图像及数据存储功能和技术参数，明确存储设备的容量，同时预留输入与输出端口与终期存储设备扩容的安装空间。设计中控制管理系统的端口应标注图像与控制信号协议要求。

9.4.5 电视监视系统采用数字系统应采用现行的软件标准协议及编码格式，不允许采用私有协议标准及编码格式，更不允许在标准协议与编码中夹带私有字段。

## 9.5 视频显示终端

视频显示终端包括视频图像监视器和拼接屏等图像显示设备，视频显示终端宜设置在安全管控指挥中心、调度指挥中心、全厂消防监控中心及区域消防控制室、消防站、控制室、安全保卫值班室等重要值守岗位。

视频显示终端设计应按表9－5要求确定技术指标。

**表9－5 视频显示终端技术指标及参考值**

| 序号 | 项目名称 | 术语释义 | 参考值 |
|---|---|---|---|
| 1 | 清晰度测量数值（水平分辨率） | 清晰度是衡量监视器性能质量主要的技术指标，是水平方向显示图像细节的能力，也对视频通道电路的评价，理论上1MHz带宽相当于80TVL分辨率。监视器清晰度与计算机显示器分辨率不同，计算机显示器分辨率以像素指标给出，两者因为工作方式及分辨率（清晰度）的计算方法不同不能混淆 | 黑白400TVL<br>彩色270TVL<br>（标清）<br>≥3840×2160<br>（4K高清） |
| 2 | 亮度测量数值 | 峰值亮度：屏幕短时间内维持的最大亮度，时间长了会烧掉；<br>黑电平亮度：在经过一定校准的显示装置，没有一行光亮输出的视频信号电平 | 白≥500cd/m²<br>黑≤0.01cd/m²<br>（超高清） |
| 3 | 亮度均匀性 | 屏幕范围内亮度的均衡程度，是判定显示器好坏的重要指标 | ≤15%<br>（超高清） |
| 4 | 色度均匀性 | 屏幕范围内亮度的均衡程度，是判定显示器色彩保真的重要指标 | $\Delta u'v'$≤0.02<br>（超高清） |
| 5 | 灰度等级 | 灰度是指监视器能够区分图像最黑到最白之间的亮度级数，是衡量监视器能分辨亮暗层次的技术指标。在超高清监视器测试中，对于HLG信号窗口的亮度电平均分为19个等级 | 11 |
| 6 | 同时对比度 | 监视器显示标准黑白窗口图像的最大与最小亮度之比，又称同屏对比度 | ≥2000：1<br>（超高清） |

续表

| 序号 | 项目名称 | 术语释义 | 参考值 |
|---|---|---|---|
| 7 | 顺序对比度 | 监视器先后显示标准白窗口和黑窗口时所呈现的最大与最小亮度之比，又称全屏对比度 | ≥100000∶1（超高清） |
| 8 | 响应时间 | 屏幕像素在激励信号作用下，亮度由暗（10%）变亮（90%）和由亮（90%）变暗（10%）所需时间，以上升时间与下降时间之和计 | ≤25ms |
| 9 | 视角测量数值 | 设定屏幕法线亮度为 $L$，法线两侧的亮度值下降到 $L/2$ 时，两条观测线间的夹角 | ≥120° |

注：拼接屏在符合上述规定的同时，还需确定下列技术参数：拼缝间距数值、单屏分辨率、单屏设备功耗值。

## 9.6 设备安装

9.6.1 摄像机安装应明确监视目标，在满足目标监视下尽量扩展监视范围，安装位置要避开与被监视目标之间的遮挡物体，将摄像机安装在稳定的支撑物上，以获取清晰稳定的图像。带有电动云台摄像机应避开或远离装置框架立柱，在装置区中宜采用在横梁中部吊挂的安装方式，以扩大水平视角范围，参见图9-5防爆摄像机安装实例。摄像机的安装位置还需避开有震动或位移场所和易受外界损伤、油气、蒸汽及水雾的影响的环境，避开有强光直射镜头的场所。热成像摄像机的图像背景区需避开高温背景干扰的影响。摄像机的安装支架应能承受设备和检维修人员的荷载。

9.6.2 视频显示终端的安装位置不应存在光线干扰或造成屏幕反射光干扰。操作人员观看显示终端仰俯视角可参考图16-5中操作台坐姿功能划分与操作台结构的要求进行设计，将显示终端安装在操作人员水平视线的+45°~-15°。吊挂安装监视器的底（含托架）距地面不宜小于1.9m，以方便人员通过。

9.6.3 电视监视系统控制管理平台的各设备宜安装在非爆炸危险环境的室内，核心控制设备及维护终端需安装在全厂电信机柜间电视监视系统专用机柜内。

## 9.7 照明

在室外普通环境中，光照度的最大值与最小值相差达千万倍以上，见表9-6。任何摄像机都无法适应如此宽泛的光照度变化，当摄像机无法满足光照度时，需要按使用环境的光线照度选择适宜的设备，或增加辅助照明提升低照度值，满足摄像机对光照度需求。

当环境照度高于摄像机的最高照度值时，摄像机摄取图像的层次感会变差；当环境照度接近摄像机的最低照度值时，图像色彩会丢失，同时图像的噪点会逐渐增多。因此在摄像机的设计选型中技术指标要留有一定量的宽容度，设计的环境照度需高于摄像机最低照度值的5~10倍，以获取清晰的图像。

表 9-6 常用场所与环境光照度参考值

| 场所与环境 | 光照度/lx | 场所与环境 | 光照度/lx |
|---|---|---|---|
| 晴天 | 30000~130000 | 黄昏室内 | 10 |
| 晴天室内 | 100~1000 | 黑夜 | 0.001~0.02 |
| 阴天 | 3000~10000 | 月夜 | 0.02~0.3 |
| 阴天室外 | 50~500 | 月圆 | 0.3~0.03 |
| 阴天室内 | 5~50 | 星光 | 0.0002~0.00002 |
| 日出或日落 | 300 | 阴暗夜晚 | 0.003~0.0007 |

## 9.9 电源供电

电视监视系统的供电包括系统控制平台部分用电和前端设备用电两大部分，控制平台部分用电量变化不大相对比较稳定，前端设备用电则存在较大的变化，变化的主要原因由摄像机的电动云台产生。带有电动云台摄像机的用电部件有摄像机及防护罩内的电路、加热器件、散热器件，辅助光源等和驱动摄像机电动云台转动的电动机部分，摄像机及电路的用电负荷基本维持恒定不变，加热器件与散热风扇因季节及使用环境的不同而变化，电动云台则属于时常需要转动部件。在实测中得知，防爆型带电动云台摄像机的最大耗电量为 120W 左右，摄像机及电路的耗电量为 16W，仅约占总耗电的 1/8，详见表 9-7。

表 9-7 防爆摄像机配件用电负荷

| 序号 | 名称 | 功率/W |
|---|---|---|
| 1 | 摄像部分 | 10 |
| 2 | 网络(译码)接口 | 6 |
| 3 | 水平旋转电机 | 8 |
| 4 | 垂直旋转电机 | 8 |
| 5 | 电加热和部分 | 60 |
| 6 | 散热风扇部分 | 8 |
| 7 | 辅助光源部分 | 27 |

注：表中内容为普通防爆摄像机参数。

在使用过程中，所有摄像部分处于全工作状态，加热与散热器件只在温度过低或过高状态下使用，电动云台只在需要摄像机转动时使用，辅助光源也仅仅是在光线暗且需要观察图像时使用，电动云台与辅助光源的同时使用的概率很低，即不存在所有电动云台一直处于旋转工况和辅助光源全部开启的情况。通常系统中云台同时转动的最大数量不会超过控制键盘控制的数量或预制位云台同时控制旋转的数量，由此电视监视系统摄像机部分的最大用电负荷时可按式(9-2)计算。

$$E = nE_v + m_1E_y + m_2E_z \qquad (9-2)$$

式中 $E$——最大用电负荷；

$n$——摄像机总数；

$m_1$——云台同时转动的最大数量；

$m_2$——辅助光源同时开启的最大数量；

$E_v$——单个摄像机在电动云台静止状态下的最大负荷；

$E_y$——单个电动云台在水平与垂直同时转动状态下的最大负荷；

$E_z$——单个辅助光源的最大负荷。

按时间段计算摄像机电动云台的平均旋转频率低而使得时间段内 $m_1$ 值更小，设计可通过调整式(9－2)中的 $m_1$ 数值获取平均用电负荷估算值。

在电视监视系统供电设计中，系统的最大用电负荷为系统控制平台的用电负荷与平台内摄像机最大用电负荷之和，系统的平均用电负荷却为控制平台的用电负荷与平台内摄像机平均用电负荷之和，静态电源的蓄电池容量则应以系统的平均用电负荷与备用电源的持续供电时间计算确定。

在《规范》的电信系统供电中，对电源的供电质量有明确规定，电视监视系统的供电须按照执行。备用电源的后备供电时间需以满足安全生产和安全管理需求为目的，凡涉及服务于安全生产和安全管理的电视监视系统设备，如用于安全生产和安全管理的摄像机、监视终端与系统平台及线路配套传输设备的持续供电时间不小于3h，其余设备的持续供电时间不小于0.5h。

摄像机等前端设备供电应由控制平台集中配送，不得使用现场单独向摄像机供电的供电方式，避免由于分散供电产生供电不可靠和难于监管的问题。

# 10　电话会议系统与视频电话会议系统

电话会议是利用通信手段与不同空间位置人员组织会议的会议方式，电话会议打破了传统集中式会议在空间上的局限性，增强了会议的实效性。电话会议通过录音功能提高了会议内容的准确性和完整性，是一种简单方便的网络会议形式，适用于企业的每日班前晨会等需求。

视频电话会议系统作为电话会议系统的延伸，通过视频提供了面对面的通话效果，增强了会议的互动性，常用于垂直管理企业的电话会议。电话会议系统与视频电话会议系统因设备需求不同对使用环境要求不同，表 10－1 所示为电话会议与视频电话会议的设备配置与环境要求，在设计中可根据工程需要合理设计。

表 10－1　电话会议与视频电话会议对比

| 项目 | 电话会议 | 视频电话会议 |
| --- | --- | --- |
| 硬件设施 | 语音会议终端 | 会议室会议终端、PC 桌面终端、电话接入网关、跨网段通信接入设备等 |
| 环境要求 | 无噪声、<br>室内混响≤1s | 无噪声、室内混响≤1s、照度范围≥500lx（企业会议室）或 300lx（车间会议室）、色温 3200K |
| 传输网络 | 企业电话网 | 专网通信、局域网、ADSL 宽带等，通常需要依托软件支持 |
| 会议功能 | 多方语音通话 | 多方语音、视频、文字、图片通信 |

# 11 有线电视系统

企业的有线电视系统是服务于企业娱乐、丰富职工业余生活的系统，系统设置以不影响生产操作为原则，通常系统设置在职工倒班宿舍、消防站等场所，凡用于直接生产与值班岗位和可能会对生产造成直接或间接影响的场所不允许设置有线电视系统终端。有线电视系统应满足当地广播电视的规划，节目内容应符合国家的法律法规。

企业的有线电视系统应设置为双向传输系统，建筑物间的干线线路采用光纤宜在地下敷设方式。射频同轴电缆传输系统的每个用户端口输出电平值宜控制在(65 ±5) dB 之内，采用网络传输的有线电视系统的户端口需满足局域网的布线要求。

# 12 火灾报警系统

石油化工企业的火灾报警系统由火灾电话报警系统和火灾自动报警系统两部分组成。火灾电话报警系统是依托企业行政电话系统和调度电话系统的特种业务号码与直通电话功能实现的人工火灾报警与消防岗位间语音直接通信联系的系统。火灾电话报警系统利用企业完善和稳定的语音通信系统与网络完成的语音通信，无须单独敷设线路。火灾电话报警系统以人工报告形式详细叙述火灾位置与火灾状况，不存在有误报警与错报警的情况，系统形式易于企业员工接受和掌握，使用方便维护便捷，属于企业传统的火灾报警形式与消防指挥方式，也是企业长久以来以人工操作为主消防形式的组成部分。火灾自动报警系统由火灾探测器、火灾报警控制器和警报装置与传输网络组成，是自成网络的独立系统。火灾自动报警系统自20世纪80年代后期进入石化行业以来得到快速推广应用，火灾自动报警系统具有自动探测与报警、定位准确、可自动联动消防设施的特点，具有火灾扑救反应速度快的优点。可在石油化工企业中火灾自动报警系统适应范围有明显的不足，问题主要表现在企业露天生产区域的报警装置和对灭火设施的控制中，存在误报警、漏报警和系统可靠性差的问题，需要在设计中给予高度重视。

石油化工企业生产的原料与产品多为易燃易爆品，生产场所的火灾危险性高，属于需要重点防范的企业，企业的生产操作、生产环境和管理具有以下特点和消防需求：

1）企业范围大且多为露天生产区域，企业按照管理和生产流程划分成生产区、公用和辅助生产区，并根据生产工艺和操作管理的不同划分成不同的装置或单元区，各装置或单元区间留有符合安全标准要求的安全间距，并用环形消防道路分隔，在装置或单元区内通常设有配电间、仪表机柜间及其他功能的小型建筑物。企业的管理按操作及专业职能划分成若干个管理部门，生产岗位按行政管理划分从属于不同的管理部门，各部门的行政管理相互平行均直属于企业管理层统一管理，生产操作则接受企业生产调度的统一指挥，生产操作由设置在公用区的中心控制室实施集中操作，生产区和辅助生产区内通常不设固定操作岗位，现场操作以巡检操作方式为主。

2）企业的生产物料及产品大部分属于易燃物、可燃物或有毒有害物品，在各工艺生产区域内，生产物料及产品相对单一，燃烧物的燃烧特征参数明确，燃点各不相同，具备对燃烧物实施有针对火灾探测和灭火施救的条件。这些燃烧物储量大火灾蔓延速度快，一旦进入猛烈燃烧阶段（见图12－4）火灾扑救极其困难，需要设置快速精准探测的火灾报警设施和反应迅速的灭火设施，防止灾害扩大到猛烈燃烧阶段或将火灾蔓延到相邻区域。

3)生产区及辅助生产区的工艺过程复杂，有大量的高温、高压设备和易燃易爆、有毒有害气体危险作业区域。灭火救灾的过程与工艺操作密切关联，救灾灭火过程需要与各生产操作协调统一，需要全厂消防监控中心与企业生产调度的协同指挥，需要明确各岗位的管理与执行责任，杜绝因部门间责任不明信息不畅造成的灭火处置迟滞现象。

4)企业中火灾受警岗位/部门多，出现火情时火灾警情信息须向多岗位同时报警，以使各部门同时进入备警和操控状态，接受全厂消防监控中心的指令。

5)企业的消防设施种类繁多，各设备设施的灭火施救流程与操作策略方式各异。火灾自动报警系统的消防联动设备设置需简化人工操作过程，减少在紧急工况下的人为失误。

6)企业的员工常年工作在企业内，且在上岗前受过系统的岗前培训，企业操作员工和消防队伍具备较高的专业化程度，熟知工作范围内的设备特性与操作环境，了解各种应急工况下的应对处置方法，在紧急工况下需要配合完成部分操作。

7)企业的报警、控制及消防设施有大量的连续模拟参量监控需求，需要火灾自动报警系统提供连续模拟参量的检测、传输与控制能力，要求火灾自动报警设备与灭火设施提供高可靠和高稳定的系统服务，要求火灾探测设备对易燃物实施有效和有针对性的个性化定量探测。当下，火灾自动报警系统的结构为总线地址轮寻开关量信息传输的报警方式，这种系统结构阻碍了石油化工企业消防设计的进步与设施效能发挥。企业内控制设备与露天报警设备及消防设施配线距离长，对配线回路敷设条件与环境要求高，为应对在控制系统失效或线路故障时能够启动或控制固定消防设施，需要远程自动/手动控制和现场手动控制固定消防设施的专用直接线路，有时控制线长度可达2km以上，且多为能量控制。企业需要适应露天环境下能够快速响应的火灾探测装置。

8)石油化工企业建设具有分步骤分阶段建设的特点，火灾报警系统的设置需要满足持续扩容的需求，要求系统的结构具有开放式架构，具有统一的设备接口标准和开放的通信协议，以使火灾报警系统在工程建设的各个时期始终保持完整统一的功能与技术要求。企业的火灾自动报警设备的维护更新不可能全厂统一实施，使用的设备型号与品牌应具有互换性。

火灾自动报警系统属于独立设置的安全管控系统，需要具备对系统自身功能与传输线路正确性的连续检测功能。火灾探测器自诞生以来，经过不断进步与系统完善已发展成集报警、消防设备联动控制于一体的消防专用系统，在各行各业中得到广泛的应用。在公共与民用建筑领域受惠于使用环境一致性高和通用设备量大，得到了快速普及与发展，建立了较为健全的技术标准体系和完整的系统结构形式。石油化工企业由于受工业场所特殊性限制与企业管理体系和使用环境的差异，火灾自动报警系统应用发展迟缓，在企业中的应用需要根据管理体系、生产工艺的特点、物料燃烧的特性、强电磁场干扰和长距离传输的特点进行有针对性的设计，保证系统稳定运行在持续有效的工作状态。火灾自动报警系统的稳定与工程设计密切相关，在调研中发现，东南沿海某炼化一体化项目自2007年投入使用以来，火灾自动报警系统的每天误报警高达30~80次，致使企业的火灾自动报警系统陷入无法正常使用但又不得不用的两难处境。而2014年在该企业旁边投入使用的炼化一体化企业的炼油项目中每月误报警在1次左右，2009—2013年，在西南分别投入使用的两个净化厂项目中火灾自动报警系统的误报警次数统计为每年1.4次。工程质量与设计和施工密切相关，设计与施工质量的优劣其结果天差地别。如此大的差距产生的主要原因有以下因素：不符合石油化工企业的特点、系统结构与应用环境不符、线路传输方式抗干扰能力弱、探测器与被探测物品的燃烧特性参数不符或不满足使用环境要求、系统的稳定性与设备冗余度低、安装图设计深度不够或工程施工粗糙、工程设计以满足消防验收为终极目标忽略了系统的持续可靠性、设计责任心不强。石油化工企业中火灾报警系统的设计需要走出自己的特色，在快速发展与应用推广阶段，设计起着原创的主导作用，设计工作需要深入了解各类探测设备、控制设备及通信接口的内在工作原理及结构特点、冗错能力，采用正确的设备和正确的系统结构，用合理的技术参数指导石油化工企业消防灭火设计过程，以认真负责的态度配合设计实施过程中遇到的问题。

消防设备属于受国家质量管控设备，《中华人民共和国消防法》(2021年修订)第24条规定：“消防产品必须符合国家标准；没有国家标准的，必须符合行业标准。禁止生产、销售或者使用不合格的消防产品以及国家明令淘汰的消防产品。”要求火灾自动报警系统设备应采用经认证机构按照标准要求认证合格后设备和相互配套的设备。电信专业涉及的消防产品有强制认证(3CF)消防产品和消防自愿性认证(CQC)产品，强制认证消防产品见附录B强制认证消防产品实施规则火灾报警产品，编号：CNCA－C18－01：2020。自愿性认证(CQC)的消防产品有电气火灾监控产品及可燃气体报警产品，电气火灾监控产品、可燃气体探测报警产品(不含GB 15322.1—2019中5.2.10防爆型式的要求、GB 15322.3—2019中5.2.7防爆型式的要求、GB 15322.4—2019中6.2.10防爆型式的要求)认证。消防通信产品(包括火警受理设备、消防车辆动态管理装置)。

## 12.1 一般规定

12.1.1 企业中的火灾报警系统由火灾电话报警系统和火灾自动报警系统组成。火灾电话报警系统是电话报警与岗位间语音联络的系统，火灾自动报警系统是通过设备完成火灾报警与实施消防控制的系统，两个系统通过功能互补，共同实现企业的火灾报警与控制需求。石油化工企业的火灾报警系统设计要在充分了解燃烧物及预估燃烧场景火灾基本信息的基础上规划系统结构，使火灾报警系统的设计符合企业的特点，并满足企业管理与生产操作及消防的要求。

12.1.2 全厂消防监控中心是企业日常和紧急状态下监控管理消防设施及指挥实施消防应对策略的岗位，是全厂消防管理、控制、监视、指挥的核心岗位。当全厂消防监控中心无法在技术或管理方面满足消防控制需求时，可设置由全厂消防监控中心监管下的区域消防控制室作为全厂消防监控中心的控制管理延伸，配合全厂消防监控中心承担区域的分管工作并延伸管控范围。全厂消防监控中心对区域消防控制室的管控内容包括区域消防控制室管控辖区的火灾与故障信息及设备状态信息，全厂消防监控中心通过区域消防控制室火灾自动报警系统设备对区域内消防设施的联动控制。全厂消防监控中心与区域消防控制室作为独立的消防岗位可以单独设置，也可与其他生产、安全管理控制岗位合并设置在同一个控制室(中心)的独立区域，合并后的消防岗位仍需保持本岗位功能的独立与完整，不得借用其他系统进行监控管理。

12.1.3 全厂消防监控中心承担全厂消防管理、监控和指挥的责任，应具有独立的火警受理、消防设施运行状态监控和联动、消防通信指挥与消防安全管理信息查询的功能，并配备有与之配套的设备。区域消防控制室负责本辖区的消防管理、监控和指挥的责任，需监视全厂火灾报警和监控本辖区的火警、消防设施运行，区域消防控制室岗位应配备与之配套的设备。

12.1.4 企业内与生产过程控制联锁以外的可燃气体和有毒有害气体探测器需要在全厂消防监控中心与管理辖区的区域消防控制室进行监视，可燃气体和有毒有害气体探测器需接入气体报警控制器，并经由气体报警控制器将信号接入区域消防控制室与全厂消防监控中心进行监视。

12.1.5 企业中每一名员工都肩负着火灾状况下对生产设施与消防设备进行操控的职责，应该熟悉掌握火灾报警和消防操作的技能，熟悉自己的工作环境与逃生自救的基础知识，企业需要设置火灾报警系统培训场所。对于外来人员与施工人员同样需要对其进行逃生自救的基础知识培训，以避免或减少紧急状态下的人员伤害。

## 12.2 火灾电话报警系统

自动电话交换机系统进入企业以来，企业内的通信与管理方式便得以提升，形成了以电话专用号“119”向企业消防值班岗位报告火警，岗位间直通电话联络的火灾电话报警的基本管理模式。

火灾电话报警系统是利用电话交换系统电话专用号实现报警与岗位间消防直通电话联络的通信形式，系统构成属于电话交换系统中应用的分支，系统具备完整的国家标准。在企业中火灾电话报警系统是与火灾自动报警系统并行且相互独立功能互补的火灾报警设施，火灾电话报警系统设备不在火灾报警产品强制性产品认证范围内。因此，火灾电话报警系统设备不需要进行强制性产品认证，如交换机生产企业自愿进行检测，可按消防产品自愿性认证(CQC)进行产品检验。

以前在企业中，火灾电话报警系统将火警报至消防站通信值班室，值班人员接警确认火灾后电话通知各职能部门或岗位启动消防泵及相关消防设备，派出消防战斗员共同处置火灾。随着技术进步、消防设施的完善与岗位责任的落实，企业消防站通信值班室岗位通知相关消防岗位职能部门，以及协调生产操作配合消防灭火的操作模式已不能适应企业责任管理与专业化管理的要求，消防站作为火灾处置职能部门受专业知识范围与管理权限的限制，无法有效地协调企业资源与生产操作处置火情。于是便出现了了解企业工艺流程与生产现状，熟悉消防灭火知识的全厂专职消防监控岗位进行消防管理指挥，设立了全厂消防监控中心，并将火灾电话报警系统的接警终端改设在全厂消防监控中心，由全厂消防监控中心承担全厂消防的指挥协调责任。

近些年，随着化工园区建设的兴起，又出现了在自主管理的同时依托化工园区公共消防设施进行火灾处置的企业模式，使得企业对火灾电话报警系统的结构要求有所不同，需要火灾电话报警系统组建成分层级报警指挥的系统结构，同时实现多岗位电话协商和信息共享。图 12－1 和图 12－2 所示为不同企业结构对电话火灾报警系统的基本构成需求。

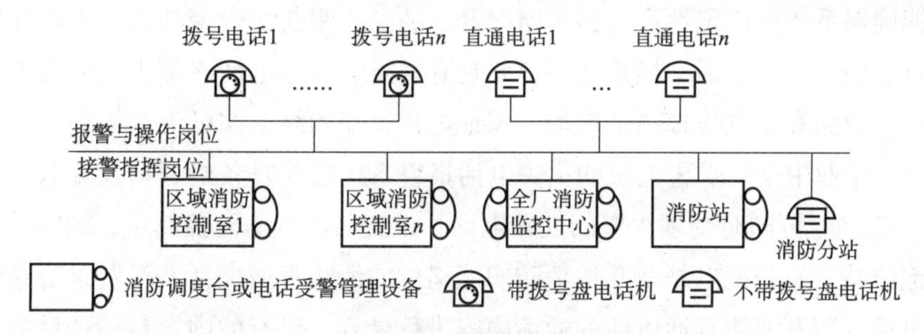


图 12－1　大型石化企业消防通信系统示意

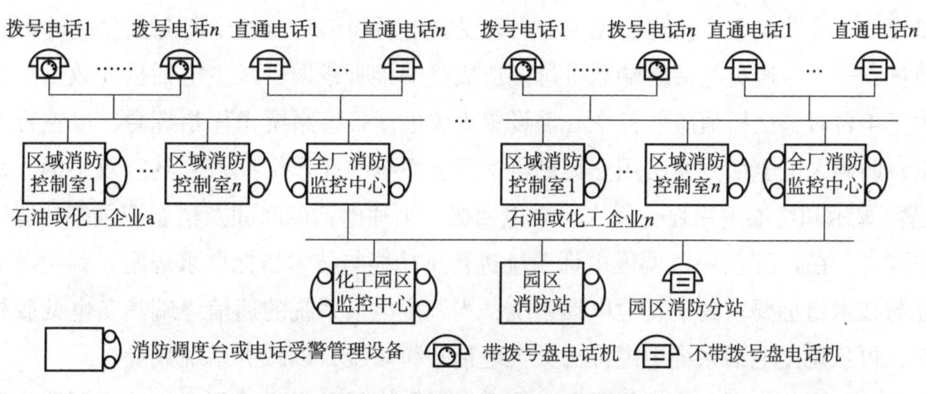


图 12－2　化工园区消防通信系统示意

为延续企业传统管理习惯，保证消防站在第一时间能够了解火灾情况快速出警，火灾电话报警系统在将受警终端设置于全厂消防监控中心的同时，在消防站通信值班室可设置火灾电话报警接警终端进行监听，在全厂消防监控中心接到“119”电话专用号报警时，消防站通信值班室可以同时聆听火警消息进行备警。

在火灾电话报警系统的设计中，系统需要保证下列技术要求：

1）电话专用号报警部分不得出现报警状态下系统呼叫通话阻塞现象，火灾电话报警系统操作指挥台具备报警来电位置指示功能，方便值班员确定接警顺序；

2）消防直通电话部分应具有线路短路、断线与电话分机脱机告警功能，并保证通话无阻塞现象；

3）电话配线线路的传输指标满足企业范围内火灾电话报警系统传输距离的技术要求，火灾电话报警系统的配线系统纳入企业电话配线系统；

4）火灾电话报警系统的其他技术指标满足调度电话系统的技术要求。

12.2.1　火灾电话报警系统是利用企业自有电话配线系统进行全厂覆盖的电话报警系统，需在企业管辖范围内统一规划设置报警终端。火灾电话报警系统的功能与技术指标应满足对调度电话系统的功能与技术指标要求，同时还应具有电话脱机侦测功能，系统不允许采用企业以外的电话系统兼做火灾电话报警系统。消防监控中心与消防岗位间的消防直通电话属于不允许中断且确保时时畅通的语音通信设施，而行政电话系统和调度电话系统的线路只能确保系统的稳定性和线路短路报警，缺少线路断线告警功能。因此凡设置在岗位间消防直通的电话，电话交换系统端口要具有线路断线与电话终端失联的告警功能，防止线路断线、短路和恶意拔掉电话终端，保证电话终端始终处在可工作状态。

12.2.2　企业中全厂受警岗位的火灾电话报警系统需要具备的通信设施与功能有：设置不少于2处（个）可同时受理火警的受警电话，设置与区域消防控制室、消防站、消防加压泵站、泡沫站、总变配电站及其他消防职能岗位的消防直通电话，设置录音录时装置对火警受警电话及所有消防直通电话的通话内容进行录音，录音的内容包括通话的起始时间及通话内容，火警受警电话需具有来电电话号码（位置）辨识和来电回拨功能。

12.2.3　通常在全厂消防监控中心火警受警电话和消防监控中心与岗位间的消防直通电话数量较多，为避免电话终端数量过多造成终端接听错误，减少电话机的数量。当电话终端大于4台时，全厂消防监控中心需设置火灾电话报警系统操作指挥台，以整合电话机的数量，明确来电电话方便实用。火灾电话报警系统的操作指挥台需具有双手柄、来电号码（位置）显示和终端占用强行插入、来电回拨、来往电话的时间及语音记录等功能。

12.2.4　在《规范》中对调度电话系统进行了功能与技术指标要求规定。调度电话系统的功能与技术指标要求高于其他电话系统，当调度电话系统的通信终端具备电话脱机侦测功能时，可从调度电话系统中虚拟出火灾电话报警系统，以减少系统数量。

12.2.5　石油化工企业的范围大，管理组织结构复杂多变，不适宜使用消防专用电话系统，《规范》中火灾电话报警系统的技术参数比消防专用电话的功能更为全面，技术参数更高，因此《规范》要求火灾电话报警系统可替代消防专用电话系统的功能用于工厂的电话报警、消防直通电话联系和消防通信指挥联络。火灾电话报警系统是企业传统且实用的电话通信设施，适用区域范围大与管理复杂的企业环境。虽在GB 55036—2022《消防设施通用规范》中要求“消防控制室内应设置消防专用电话总机和可直接报警的外线电话，消防专用电话网络应为独立的消防通信系统”，但经向标准发布管理部门咨询，《消防设施通用规范》发布管理部门解释答复为“以确保火灾时设置火灾自动报警系统的建筑的消防控制室和建筑内部重点部位及消防救援机构消防通信的可靠性”。详见附录C住房和城乡建设部标准定额司关于《消防设施通用规范》有关条文适用范围的意见回复函，回函明确此条只适用于建筑物内部。因此《规范》中12.2.5条“企业的火灾电话报警设施可替代消防专用电话系统用于工厂的电话专用号报警、消防直通电话联系和消防通信指挥”适用于石油化工企业的火灾报警的设计。

石油化工企业设置的全厂消防监控中心不仅服务于设置全厂消防监控中心所在建筑，重点要服务于露天和其他建筑的易燃易爆生产区域，通常将全厂消防监控中心设置在公共建筑中，且建筑的体量有限，企业的消防救援机构和重要管理部门也多设置在其他区域，在建筑内设置服务于本建筑的消防专用电话总机和独立的消防通信网络系统作用和意义不大，且增加了系统维护量。石油化工企业管理范围大，线路距离长，线路距离远超出了消防专用电话系统的配线距离的技术要求，虽然由消防专用电话系统改用光纤可以延长传输距离，但电话分机的供电及备电与电源管控又带来了新问题，使系统越来越复杂，问题越滚越多。因此，《规范》要求将石油化工企业的大厂区环境火灾电话报警设施的配线与企业电话配线系统合并。

《规范》还要求消防直通电话机不应设有拨号功能，并建议消防直通电话机的颜色宜统一采用红色，以示区别。

12.2.6　在GB 50116—2013《火灾自动报警系统设计规范》中规定“设有手动火灾报警按钮或消防栓按钮等处，宜设置电话插孔，并宜选择带有电话插孔的手动火灾报警按钮”。在石油化工企业中，多数手动火灾报警按钮设置在爆炸危险场所或恶劣生产环境中，无法设置带有电话插孔的手动火灾报警按钮。为适应GB 50116—2013的要求，在《规范》中要求火灾电话报警系统与企业的无线通信系统联网，以无线通信系统手持终端替代手动火灾报警按钮电话插孔的语音联络方式，必要时还可在按钮旁设置企业的其他有线通信设施，如(防爆)电话机、扩音对讲通话站等。

## 12.3　火灾自动报警系统

火灾自动报警系统是主动自动识别火灾，实现早期火灾报警与消防设施联动控制的控制系统。石油化工企业设置火灾自动报警系统的目的不仅要发现是否有火灾发生，而且要尽早地发现火灾快速联动消防设施，与火灾的扩展与蔓延抢速度抢时间，将火灾扑灭在萌芽状态，做到起火不成灾或少成灾，控制住火灾范围，减轻火灾造成的财产损失。目前，石油化工企业的火灾自动报警系统还处于发展完善阶段，火灾自动报警设施的高误报率与漏报率直接阻碍了自动消防的发展，需要设计人员认真研究各类系统结构的优缺点，研究企业中各类燃烧物的燃烧机理、燃烧特性参数和起火发展过程，熟知各种探测设备的探测原理、探测技术指标的含义，研究企业火灾自动报警系统设计对系统的参数需求，提高系统探测与联动设备控制的及时性与可靠性，发挥出火灾自动报警系统应有的作用。

12.3.1　一般规定

12.3.1.1　石油化工企业的生产连续性强、操作管理复杂，属于重大化学品危险源生产企业，也是火灾危险防范重点企业，企业必须要设置火灾自动报警系统。企业的火灾自动报警系统需要统一规划、统一指挥、统一控制、集中管理，企业中不允许存在有火灾报警的孤岛。

12.3.1.2　企业的火灾自动报警系统覆盖范围大，涉及消防管理与操作的部门多，部门之间管理范围相互交织，操作与管理结构复杂，火灾报警系统的报警与受警岗位关系重叠，受警与报警管理的结构见图12－3。各受警岗位接受报警的范围各不同，且消防处置后的输出信息还会共享给其他受警岗位用于输入信息源使用，火灾报警系统的受警与报警主从关系在岗位之间交叉存在于系统的传递过程中，简单的集中控制器与区域报警控制器组成的主从型结构网络难以满足使用要求，因此要求使用对等网络实现系统的信息交织。当下，对等网络系统有全对等网络系统和部分对等网络系统两种系统型式。全对等网络系统中的所有控制设备的火灾报警信息均对等共享，控制器间的信息传递不存在主从关系，控制器间的受警与报警信息传递可通过系统网络任意设置确定，灵活定义系统网络内各火灾报警控制设备的隶属关系和报警接受与控制范围，适用于石油化工企业火灾管理相互交叉、信息相互交织的复杂系统结构。部分对等网络系统结构与全对等网络系统结构的区别是，系统网络中只有部分火灾报警控制设备享有获取其他火灾报警控制设备信息和对其实施控制的权力，其余火灾报警控制设备在系统网络中属于从属位置，只能上传本控制器的信息和接收系统发送给本控制设备的控制指令，在设计中需根据用途需求明确从属控制设备位置与功能，对系统中各控制器进行隶属关系设计。在全对等网络系统和部分对等网络系统中，全对等网络系统火灾报警控制设备的容量少于部分对等网络系统，但在使用过程中发现全对等网络系统的系统稳定性明显高于部分对等网络系统至少一个数量级，全对等网络系统数据的传输量质量及抗干扰程度也明显高于部分对等系统的数据传输。当在需要火灾报警控制设备多时，设计全对等网络系统可以通过多个对等网络系统组网实现更大的网络系统，从而满足设计需要。

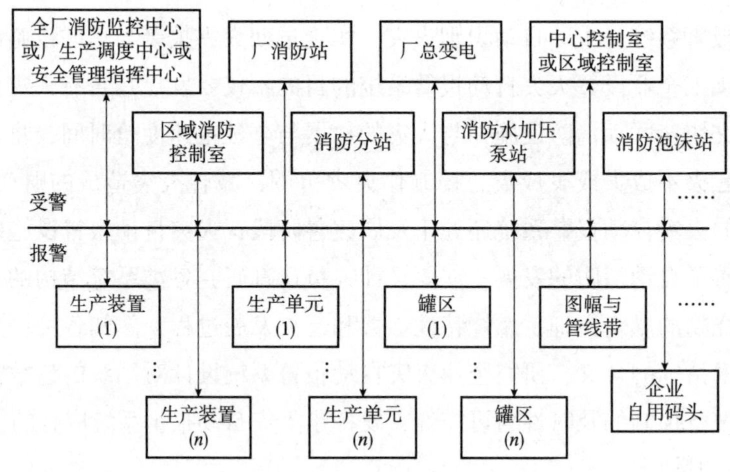


图12－3　火灾自动报警系统报警与受警结构关系示意

全对等网络系统和部分对等网络系统的控制设备通常具有两个独立的系统网络接口，两个独立的系统网络接口可以组成“手拉手”连接方式构成环状网络，环状网络的信号传输可通过各段连接线路的接力形成传输距离更远、系统范围更大的网络系统。在环状网络中，当某段线路传输失效时，系统可通过反向传输完成数据通信，提高了线路的冗余度。对比星形网络结构，环状网络可以简化系统的连接方式，提升线路冗余备份，尤其在企业扩建系统扩容时，可将新增控制器直接插入到某段线路中，减少原始设计与扩容设计及施工的工程量。

现阶段使用的火灾自动报警系统应用在工业企业中抗干扰能力明显不足，因此《规范》中要求不同建筑物的控制设备之间采用光纤连接方式，通过光纤连接可以阻断室外环境信号传输的电磁干扰，克服电位瞬间与常态不平衡给系统带来的影响。

12.3.1.3　警报装置是通知现场人员在火灾或紧急状态下撤离和指挥提醒现场处置人员进行紧急处置的指令设施，凡设置了火灾自动报警控制设备的场所均须设置警报装置。

12.3.1.4　气体火灾探测器是探测可燃与有害气体漏泄的探测设备。从安全考虑，可燃气体漏泄遇到明火会发生火灾，有害气体涉及人身安全，当可燃气体漏泄量大时遇到明火还有可能产生爆燃现象。因此《规范》将可燃与有害气体漏泄纳入火灾报警系统，并通过警报装置通知现场人员处置或撤离现场。在石油化工企业中，可燃气体与有害漏泄探测器最初作为生产过程控制中气体漏泄联锁关闭阀门等设施的探测部件用于过程控制系统中，随着企业火灾自动报警系统的应用及国家对火灾及应急危险源管理法规逐步完善，现在要求将企业可燃与有害气体报警系统纳入火灾自动报警系统，完善安全管理体系。

12.3.1.5　在石油化工企业中，由于使用环境与产品物料的特殊特性，火灾自动报警控制系统经常要配套使用未与系统配套认证的设备与组件，因而在设计中可能造成与系统配套使用的设备和组件传送火灾与故障报警信息、控制及反馈信息、系统巡检信息等的疏漏，设计需要对与控制系统配套使用的设备与组件的适配性进行检测，查验在配套设备与组件的检验证书是否与配套控制器进行过配套检测，当需要配套的设备与组件未进行过配套检测时，设计要对配套设备与组件连接的功能负责，要求连接接口按 GB 22134—2008《火灾自动报警系统组件兼容性要求》和 GB 16806—2016《消防联动控制系统》规定的接口功能和通信协议要求进行接口功能与技术参数的结构图设计，以保证火灾自动报警系统功能正常和正确施工安装。

12.3.1.6　火灾自动报警系统中连接设备的线路必须采用专用的实体线缆连接的线路，线路中不许有其他系统传输信号，企业内的火灾自动报警系统不许可由无线通信方式进行信号传输，以保证信号传输的可靠性。

在设计中需考虑火灾自动报警线路在整个工作时段完好可靠，不受应急工况影响中断。其中，工作时段是指设备在完成服务以前的阶段，工作完成时段指设备已经完成任务后无须服务的阶段。应急工况影响指爆炸、火灾、施工抢险等造成的影响。在系统中，每条线路均拥有各自的使用功能要求，火灾探测设备线路需保障探测报警信息安全送出，探测报警后即完成了使用功能要求，配套的配线也随即进入“工作完成时段”。消防控制线路要保证受控设备收到控制信号且没有继续控制需求，此时配线即进入“工作完成时段”。消防应急广播线路需保障在火灾与事故状态下实施有效广播疏散和现场指挥，如救灾抢险过程中广播指挥需要持续，“工作时段”则需要保留。火灾电话报警系统需确保整个消防救援过程中能够进行有效通话，线路将在“工作时段”持续保留。因此设计要根据探测报警、警报、控制、通信设备各自使用功能需求按“工作时段”的要求进行设计，选择符合应用工况的线缆与敷设方式。

设计保障“工作时段”完好可靠的另一项技术要求是线路在使用阶段不出现线路故障，要求设计的设备线路之间连线具有“线路故障侦测”功能。通常在非系统配套设备或组件的设计中采用回路电流检测方式侦测线路是否出现故障，回路电流检测方法是在线路连接设备或组件的末端配置终端器，控制侧通过检测回路中电流值辨别线路的工作状态是否正常，线路辨别的电流呈三态值状态，当电流值过大时说明线路有短路现象，当电流值为零时说明线路中断。在长距离线路中需注意三态电流值的设计。

12.3.1.7　石油化工企业的火灾成因与燃烧物料燃烧特征复杂，将火灾自动报警系统与电视监视系统集成，以火灾自动报警信号联动电视监视系统，用摄像机的预制位功能及时观察报警区域的图像有利于快速确认火灾事故状况，准确采取应对措施快速处置火灾事故。

近些年，智能型电视监视系统的分析技术发展较快，智能型摄像机已经具备了探测辨识的功能，智能型摄像机的自动探测功能可弥补现阶段传统火灾探测器在特殊环境下探测功能的不足，因此具有自动火灾探测及消防监督功能的智能型摄像机探测报警信号也可传输给火灾自动报警系统。

12.3.1.8　火灾自动报警系统中的控制设备主要有火灾报警控制器、消防联动控制器、联动型火灾报警控制器、消防控制中心图形显示装置、火灾显示盘。各控制设备的功能与作用各不相同，在对等网络系统中各控制设备需要占用一个系统网络节点。火灾自动报警中的火灾报警控制器、联动型火灾报警控制器、火灾显示盘、消防控制中心图形显示装置均具有报警显示功能，火灾报警控制器是采集报警与相关信息进行显示的控制设备；火灾显示盘与消防控制中心图形显示装置是显示相关信息的控制设备；消防联动控制器是对固定消防设施实施联动控制的设备；而联动型火灾报警控制器是既能完成火灾报警控制器的信息采集功能又能实现消防联动控制器对固定消防设施实施联动控制功能的组合控制设备。各类控制设备的功能内容如下。

1）火灾报警控制器：可输入火灾报警探测设备的报警信号、故障信号与采集信息，可控制不少于6点的消防设备，并对其状态进行监视，每一控制输出回路设置有手动启动按钮，显示本火灾控制器与其他火灾报警控制器的采集信息，并对本火灾控制器的报警与故障信号进行管理；

2）消防联动控制器：接收火灾报警控制器的报警信号后，对固定灭火系统实施联动与手动控制，对其他消防设备实施手动控制与联动控制，监视消防设备的状态与故障信息并反馈给火灾报警系统；

3)联动型火灾报警控制器：输入火灾报警探测设备的报警、故障信号与采集信息，显示本火灾控制器与其他火灾报警控制器的采集信息，并对本火灾控制器的报警与故障信号进行管理，接收相关火灾报警控制器的报警信号，对固定灭火系统实施直接连线的联动与手动控制，对其他消防设备实施手动与联动控制，监视消防设备的状态与故障信息；

4)消防控制中心图形显示装置：接收全部或部分火灾报警控制器、消防联动控制器、联动型火灾报警控制器的报警与故障信号，接收消防设备的联动控制与状态信息，显示以上设备的报警与故障信号和联动控制与状态信息；

5)火灾显示盘：显示相关火灾报警控制器与/或联动型火灾报警控制器的报警与故障信息；

6)火灾自动报警系统的控制设备在满足上述要求的同时因品牌不同在功能上略有增加，在设计过程中需参照检测时的具体结论进行设计。

消防控制中心图形显示装置可以将报警信息点显示在平面图或系统结构图中，消防控制中心图形显示装置被普遍使用在控制操作岗位的操作台上与其他系统的显示终端并排布置，消防控制中心图形显示装置属于完整且独立通过检测的设备必须单独布置，不得与其他系统共同使用同一套图形显示装置，消防控制中心图形显示装置需采用符合准入制度的软硬件设备。

12.3.1.9　消防(安全)信息图形显示设施是以图形方式直观地显示火灾报警位置与消防设施及用于应急疏散的通道、避难建筑物与场地等内容的设施。消防(安全)信息图形显示设施包括火灾报警与消防设施信息显示屏和消防控制中心图形显示装置。火灾报警与消防设施信息显示屏可以是以2D或3D方式显示报警、故障信息及消防设施、消防通道位置等相关信息的壁挂式显示屏，通常设置在全厂消防监控中心和重要区域消防控制室、消防站通信指挥室等重要消防指挥位置。消防控制中心图形显示装置占用空间位置小，可以细致地显示出图形中的内容，并可根据需要切换图形画面及位置，通常设置在消防受警岗位。当火灾报警与消防设施信息显示屏不能完整显示信息需求时，可增设消防控制中心图形显示装置补充完善显示信息的内容。

12.3.1.10　在企业中消防应急处置是企业众多应急事件处置的重要内容之一，因此在设计中火灾报警与消防设施信息显示屏尽可能与其他系统信息图形显示屏共享信息合并设置，以便于联合指挥，在合并共享信息的图形显示屏中，火灾系统的信息应由火灾报警系统直接提供，不许可通过其他系统转送传递给图形显示屏。

12.3.2　系统形式选择与设计

火灾自动报警的系统形式有区域报警系统、集中报警系统和控制中心报警系统，石油化工企业的火灾自动报警与消防联动操作控制过程复杂，系统形式应该首选控制中心报警系统，企业不得使用区域报警系统，避免形成消防系统管控的孤岛。集中报警系统中仅设置一台具有集中控制功能的火灾报警联动控制设备，不适合需要多部门综合管理的石油化工企业，在消防管理模式简单的小型石油化工企业可采用集中报警系统。全厂消防监控中心及区域消防控制室的功能及设备配置见表12－1，企业其他火灾自动报警系统受警岗位可根据岗位的职责和功能需求采用台(壁挂、柜)式报警联动控制设施和/或消防控制室图形显示装置。

**表12－1　全厂消防监控中心和区域消防控制室功能与设备配置**

<table>
<tr><th colspan="2">功能与设备配置</th><th>全厂消防监控中心</th><th>区域消防控制室</th></tr>
<tr><td colspan="2">功能与用途</td><td>对全厂消防岗位进行指挥、监督、管理；接收全厂火灾报警与故障信号；监控全厂消防设施；启动固定灭火系统并监视其状态</td><td>接受全厂消防监控中心指挥；接收全厂火灾自动报警系统报警信号及本辖区的故障信号；控制管理本辖区消防设备，并接收状态信号</td></tr>
<tr><td colspan="2">基本设施</td><td>双座席操作台；电视监视系统视频显示终端和图像控制装置；工厂信息系统客户端；打印设备</td><td>双座席操作台；电视监视系统视频显示终端和图像控制装置；工厂信息系统客户端；打印设备</td></tr>
<tr><td rowspan="3">设备配置</td><td>火灾报警与消防联动控制设备</td><td>火灾电话报警系统受警终端或火灾电话调度台；火灾报警控制器；消防联动控制器；火灾报警与消防设施信息显示屏；消防控制中心图形显示装置；可燃气体探测报警系统报警信息的功能</td><td>火灾报警控制器；消防联动控制器；火灾报警与消防设施信息显示屏；消防控制中心图形显示装置</td></tr>
<tr><td>消防联动控制</td><td>手动启动固定灭火系统和/或通过区域消防控制室控制该辖区固定灭火系统并监视其状态</td><td>手动启动本辖区固定灭火系统并监视其状态</td></tr>
<tr><td>消防应急广播与通信指挥设施</td><td>消防应急广播系统拾音器；消防应急广播系统手动分区控制装置；消防应急广播系统语音监听终端；厂行政电话机；厂调度电话机；地方行政(消防)部门的电话机；全厂及消防无线通信系统终端；数字录音录时装置</td><td>消防应急广播系统拾音器；消防应急广播系统语音监听终端；与全厂消防监控中心的直拨电话；厂行政电话机与厂调度电话机；全厂及消防无线通信系统终端；数字录音录时装置</td></tr>
<tr><td colspan="2">消防设施监视</td><td>手/自动控制转换装置状态显示；消防水管网压力及消防水池(罐)液位显示及异常告警；消防设施供备电电源监视及告警装置</td><td>本辖区手/自动控制转换装置状态显示；本辖区消防水管网压力及消防水池(罐)液位显示及异常告警；本辖区消防设施供备电电源监视及告警装置</td></tr>
<tr><td colspan="2">位置要求</td><td>设置在非爆炸危险环境建筑物的一层或二层靠近安全出口处；独立房间或与安全管控中心及厂调度中心合用房间的独立区域</td><td>设置在非爆炸危险环境建筑物的一层靠近安全出口处；独立房间或与生产操作岗位合用房间的独立区域</td></tr>
</table>

火灾报警与控制信息的时钟信息是火灾事故后分析火灾成因与处置的依据，火灾自动报警系统和其他与消防相关的系统应该存储记录与时间同步的报警、故障、控制信息，系统时钟需要与企业时钟同步。

12.3.3　报警区域和探测区域划分

石油化工企业火灾报警系统设计中的报警区域划分和探测区域划分具有明显的露天生产企业特点，火灾报警区域划分与企业生产工艺及设备平面布置密切相关，在企业露天生产区域内防火隔离通常以隔离间距形式体现，在GB 50160—2008《石油化工企业设计防火标准》(2018版)中有生产装置、单元间的间距要求和重要设备的间距要求。因此在《规范》中要求露天生产区的火灾报警区域划分以装置或单元的边界线及装置与单元内的贯通道路进行划分，将固定灭火设施保护服务区域报警区域划分按灭火保护分区独立划分。在建筑物内仍按GB 50116—2013报警区域划分和探测区域划分要求进行设计。

企业露天生产装置或单元内探测区域的划分应以工艺流程中的各个火灾与爆炸危险点、安全和危害等级不同的火灾或爆炸危险区域、需要实施火灾报警探测的重要设备、各实施消防联动控制的探测区域、互不关联的不同类型探测器的探测区域进行划分。

报警区域划分是指导火灾报警系统设计的基础依据，设计需按划分的区域采取消防措施和设置隔离防范设施，以利于快速扑灭火灾并防范火灾事故扩大。探测区域划分以精准确定火灾位置为目的，在设计过程中需要按照灾害危险程度、设备重要性、消防联动区等原则合理地划分探测区域，以及时精准地判断火灾发生和实施有效的火灾扑救。

12.3.4　火灾探测器选择

火灾探测器是能够对火灾参量做出响应，自动产生并输出火灾报警信号的器件。火灾的发生具有随机性、非结构性、趋势特征和频谱特征，火灾信号的基本判别方法有直观阈值检测(固定门限检测法、变化率检测法)、趋势算法检测、斜率算法检测、持续时间算法检测；统计识别判别法有随机信号及其处理方法检测、功率谱检测；火灾信号的智能识别判别法有模糊逻辑识别、神经网络识别和模糊神经网络识别。由火灾信号检测判别的方式可以看出基本判别方法较为直接，智能识别法则需通过火灾的参量与算法模型识别，判断过程复杂且较长。火灾发生的参量有烟气、火焰、温度、燃烧产物、电磁波、声音、气味等。在企业中常用的探测参量有气体与烟雾扩散浓度测定、温度传导及红外线能量测定、火焰形态分析、燃烧火焰辐射能量频谱、热分解粒子浓度测定等。探测装置通过对以上火灾参量的测量、分析判定被检测区域内有无火灾存在，探测装置对这些参量的检测与扩散传递过程判断会直接影响探测装置的可靠性，因此设计要对燃烧物的燃烧过程、所处环境等进行综合分析后选用适用的探测方式。

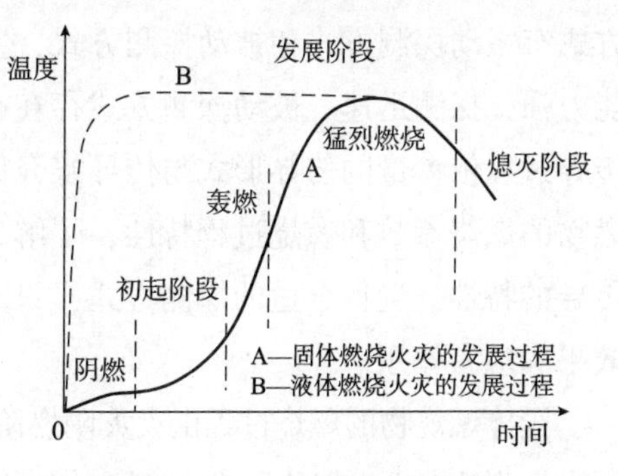

图12-4　火灾温度时间曲线

火灾的发展过程详见图12-4中A、B曲线。企业中的燃烧物为可燃固体火灾、可燃液体火灾和可燃气体火灾，不同燃烧物形态形式产生火灾的过程和特点各不同。气体火灾由气体可燃物产生，可燃气体预先与空气混合到可燃浓度范围时，点火源仅仅提供可燃气体氧化或分解以及加热到着火点所需要的能量就能够燃烧，气体燃烧被称为预混燃烧，需要的点燃能量较少，燃烧速度快，温度上升快，并伴有火焰产生。气体燃烧对于高于可燃浓度上限的可燃气体处于不稳定浓度，当从储罐或管道内喷泄出来被点燃时，燃烧在可燃气体与空气的交界面进行，这种可燃气体与空气边混合边燃烧的过程称为扩散燃烧。随着温度升高，扩散燃烧容易导致储罐或管道破裂爆炸形成灾害。

液体火灾由液体或可溶化的固体物质产生。液体可燃物受热时，可燃液体被蒸发或分解产生可燃气体，可燃气体与空气形成可燃混合气体，遇到明火或高温时，可点燃液体表面产生气相可燃物发生燃烧现象，随着温度升高，蒸发加快，使火灾维持并发展。由此可以观察到，可燃液体燃烧有蒸发分解和气相燃烧两个阶段，由液体蒸发引起的燃烧称为蒸发燃烧，由液体分解产生的燃烧称为分解燃烧。通常在液体表面能够产生足够的可燃气体，可燃气体在遇火产生一闪即灭的燃烧现象称为闪燃，液体表面产生闪燃的最低温度称为闪点。不同闪点的可燃液体火灾危险性也不同，一般把闪点 $<45℃$ 的液体称为易燃液体，将闪点 $\geq45℃$ 的液体称为可燃液体，易燃液体的闪点与着火点相差 1.5℃左右，而可燃液体着火点比闪点高得多。在闪点温度里，火源移开闪燃既灭，在着火点温度，火源移开液体燃烧物燃烧则继续维持。

固体可燃物产生燃烧引起的火灾称为固体火灾。多数固体可燃物呈气相燃烧，而部分可燃物可同时产生气相燃烧和固相燃烧，如硫黄、磷、石蜡等受热时先融化成液体，然后蒸发燃烧。而沥青、木材等受热后则先分解成气态和液态可燃物，由气态可燃物和液态可燃物再着火形成气相燃烧。在蒸发与分解过程中留下一些不分解、不挥发的固态碳，固态碳遇到高温在气固相界面上进行燃烧构成固态燃烧，固态燃烧没有火焰产生，燃烧过程只有光和热。液体燃烧和固体燃烧都是在液体或固体表面燃烧，被称为表面燃烧或非均匀燃烧，而气体燃烧则属于均气相燃烧。

无论哪一种燃烧都会产生大量的热量，这些热量反过来又去加热没有燃烧的可燃物，使燃烧扩大、蔓延进入难以控制或不可控状态，而火灾报警探测器的目标就是要找出着火或燃烧过程中的直接参量或伴生的火焰、发光、发烟等间接参量。火灾探测器的参量采集方式有主动探测方式和被动探测方式，主动探测方式通常没有参量传导过程，抗空间干扰能力强、探测迅速。被动探测方式存在有参量传导过程，参量在传导过程中易受干扰，且传导过程依参量的传导形式与传导媒介使得传导时间存在差异。在设计过程中需要知晓可燃物的燃烧参数和燃烧过程特性，了解各种火灾探测器的工作原理与参数，以及探测参量传导的特性，选择合适的探测方式，只有这样才能做到对症设计，使火灾探测起到良好的效果和应有作用。

固体燃烧物的燃烧过程由火灾阴燃阶段开始，在初始阶段热量蓄积较慢，火势发展也较缓慢，到达全面发展阶段进入全面的气相燃烧，火势迅速扩大，扑救难度加大，见图 12－4 中 A 曲线；可燃液体点燃能量比固体燃烧小，热量蓄积比固体燃烧物快，火势发展迅速，见图 12－4 中 B 曲线；可燃气体则直接进入猛烈燃烧的爆燃阶段。在石油化工企业中，容器或管道可燃液体与可燃气体可能因破裂的管道与法兰渗漏造成燃烧，这种燃烧多以喷射火或环状火为主，若不及时处置将火灾控制在初期，极有可能造成扩散燃烧导致储罐或管道破裂爆炸，导致更大的漏泄形成灾害。企业设置火灾自动报警系统的目的就是精准和及早地发现火情启动消防设施，用人工干预方式避免使火灾转入发展阶段，使火灾快速进入衰减或熄灭，因此火灾报警系统能否快速响应，抢在火灾蔓延扩展前实施灭火扑救，成为企业能否有效灭火的重要环节。表 12 – 2 所示为几种可燃物的火焰蔓延速度参数。可以看出，各种可燃物的火焰蔓延速度相差很大，设计中需确认被探测区域的物料蔓延速度，以有效控制火灾。

**表 12 – 2　可燃物的火焰蔓延速度**

| 可燃物分类及名称 | | 线性火灾蔓延速度/(m/min) |
|---|---|---|
| 气体可燃物 | 氢气 | 160.0 |
| | 甲烷 | 22.2 |
| | 乙炔 | 81.0 |
| | 乙烯 | 37.8 |
| 液体可燃物 | 丙酮 | 19.0(10℃) |
| | 普通乙醇 | 7.8(10℃)<br>22.8(20℃) |
| | 丁基醇 | 2.5(10℃)<br>4.8(20℃) |
| | 二乙基醇 | 22.5(10℃) |
| | 甲苯 | 10.2(10℃)<br>50.4(20℃) |
| 固体可燃物 | 木结构建筑物、家具等 | 1.0～1.2 |
| | 橡胶制品露天堆积 | 1.1 |
| | 木板堆积 | 2.0 |
| | 圆木堆积 | 0.23～0.70 |
| | 封闭仓库里的生橡胶 | 0.4 |
| | 茅草屋顶(干燥) | 2.5 |
| | 卷纸 | 0.27 |
| | 封闭仓库里的纺织品 | 0.33 |
| | 泥炭堆积 | 1.0 |
| | 大型厂房的屋顶 | 1.7～3.2 |
| | 普通硫黄颗粒 | 0.0474<br>当为固体且粒径较小时，呈现易燃或转化为爆炸特性 |

在石油化工火灾自动报警系统设计中可以将系统的响应时间按火焰蔓延程度进行分级，形成易燃易爆场所下消防设计的行业特色，满足企业的需求。表 12 – 3 所示为德国威迪艾斯灾损预防有限公司和德国标准化学会对可燃物火焰蔓延速度等级划分(供参考)。

**表 12-3　可燃物火焰蔓延速度等级划分**

| 火焰蔓延分级 | 火焰蔓延速度/(mm/s) | |
|---|---|---|
| | 文献[a] | 文献[b] |
| 火灾发展阶段 | 1~2 | — |
| 缓慢 | 5 | 2.5 |
| 中等 | 8 | 4.0 |
| 快速 | 12~20 | 7.5 |
| 极快速 | 30~50 | — |
| 轰燃 | 80~120 | — |

注：[a]　U. Schneider. 材料和产品的燃烧行为评估．消防工程方法文献(5)．德国威迪艾斯灾损预防有限公司，科隆，1998.（U. Schneider. Bewertung des Abbrandverhaltens von Stoffen und Waren. Beitrag in Ingenieurmaessige Verfahren im Brandschutz(5). VdS Schadenverhuetung. Koeln，1998）

[b]　德国标准化学会(DIN)工业建筑防火结构．DIN 18230 评论．标准出版社有限公司，柏林，1999.（DIN Deusches Institut fuer Normung e. V. Baulicher Brandschutz im Industriebau. Kommentar zu DIN 18230. Beuth Verlag GmbH. Berlin，1999）

主动探测方式可以跨越传导过程中的中间媒介主动直接获取燃烧参量，如火焰探测器、图像型感温探测器；被动探测方式则需通过中间媒介的传导或扩散被动静候燃烧参量，如传统的感烟探测器、感温探测器。通常主动探测方式基本不受中间媒介的影响，可直接获得火灾参量报警响应时间短；被动探测方式则易受到中间媒介的影响，传导或扩散过程需要稳定传输的中间媒介环境，又因受传递媒介延迟的影响，被动探测方式报警响应时间相对较长且易受环境干扰。影响报警响应时间还包括火灾器探测参量蓄积稳定时间的延时和火灾参量分析判断时间的过程延时，设计需要对设备的探测原理、使用环境及安装方式深入了解分析后确定探测方式。

火灾探测器根据不同的火灾响应参量和响应原理与构造，使用方法的差别，形成了各种各样的火灾探测设备，如表 12-4 所示。

**表 12-4　火灾探测器分类**

| 感知参量 | 形式 | 探测原理 | | 备注 |
|---|---|---|---|---|
| 感烟火灾探测器 | 点型 | 离子感烟探测器 | 单源单室感烟探测器、双源双室感烟探测器、双源单室感烟探测器 | 电离室内烟雾在放射性同位素作用下产生电流变化 |
| | | 光电感烟探测器 | 减光型感烟探测器、散射型感烟探测器 | 在探测器检测室内利用光穿过烟颗粒的散射与吸收特性判断颗粒浓度 |
| | 线型 | 吸气式感烟火灾探测器 | | 通过管道抽取被测环境气样，缩短扩散距离，精准取样 |
| | | 线型光束感烟火灾探测器、光截面感烟火灾探测器 | | 利用光穿过烟颗粒的散射与吸收特性，检测空间中对射光路中烟颗粒浓度 |
| | 图像型感烟火灾探测器 | | | 对图像中烟颗粒扩散图参量通过数学建模进行分析对比的探测设备 |

续表

| 感知参量 | 形式 | | 探测原理 | 备注 |
|---|---|---|---|---|
| 感温火灾探测器 | 点型 | 定温 | 玻璃球膨胀定温探测器、易熔合金定温探测器、金属薄片定温探测器、双金属水银接点定温探测器、热电偶定温探测器、半导体定温探测器 | 用温度变化感知灵敏物体制成的感知温度限值的探测设备 |
| | | 差温 | 金属模盒式差温探测器、热敏电阻差温探测器、半导体差温探测器，双金属差温探测器 | 用温度变化感知灵敏物体制成的感知温度变化速率的探测设备 |
| | | 差定温 | 金属模盒式差定温探测器、热敏电阻差定温探测器、双金属差定温探测器、半导体差定温探测器、模盒式差定温探测器、热电偶线型差定温探测器 | 用温度变化感知灵敏物体制成的感知温度变化速率与限值的探测设备 |
| | 线型 | 定温 | 半导体线性定温火灾探测器、缆式线型定温火灾探测器、光纤光栅定温火灾探测器、分布式光纤线性定温火灾探测器、热电偶线型定温火灾探测器、线式多点型感温火灾探测器 | 用温度敏感材料做导体的绝缘层或在导体间离散设置温度敏感器件的探测设备。<br>利用光线通过光纤受温度影响改变散射折射特性的探测设备。 |
| | | 差温 | 空气管式线型差温火灾探测器、热电偶线型差温火灾探测器 | 测量密闭空间气体受温度影响膨胀速率的探测设备 |
| | | 差定温 | 缆式线型差定温火灾探测器、热电偶线型差定温火灾探测器 | |
| | 图像型感温火灾探测器 | | | 感知物体辐射红外能量的探测设备 |
| 感光火灾探测器 | 点型紫外火焰探测器、红紫外复合火焰探测器 | | | 响应火焰产生的紫外辐射或红紫外辐射相与的探测设备 |
| | 点型单频红外火焰探测器、点型双波段红外火焰探测器、点型三红波段外火焰探测器 | | | 响应火焰产生的红外辐射的探测设备，通过增加波段增强抗频率漂移能力 |
| | 图像型火焰探测器 | | | 对图像中火焰参量通过数学建模进行分析对比的探测设备 |
| 气体火灾探测器（可燃气体探测器） | 点型热解粒子火灾探测器 | | | 选择物质热解过程有机物发生化学分解的可燃微粒探测的探测设备 |
| | 半导体气体探测器、接触燃烧式气体探测器、光电式气体探测器、红外气体探测器、光电式气体探测器、线型气体探测器、光纤可燃气体探测器 | | | 响应燃烧或热解产生的气体的火灾探测器 |
| 复合火灾探测器 | 光电烟温复合探测器、光电烟温气(CO)复合探测器、双光电烟温复合探测器、焰烟温复合探测器、双光电烟双感温复合探测器、离子烟光电烟感温复合探测器 | | | 同时探测两个或两个以上火灾参量的多参量火灾探测器 |

设计中需根据使用环境需求选择适宜的探测设备。

12.3.4.1　火灾探测器的选型原则

自从火灾自动报警系统问世以来，人们一直在为克服解决误报与漏报问题而努力。企业火灾自动报警系统的设计要根据火灾形成与发展的规律，被保护场所的空间特征、探测器的使用环境条件和火灾探测器的特点选用合适的探测装置并安装在合适的部位。在企业基础设计文件中选择的探测器需要进行效能分析与设计，需要满足的特征要求包括：

1）根据燃烧物的燃烧特性选择探测原理相符，与燃烧物燃烧参量相吻合的探测装置，且最佳探测灵敏区域应与燃烧参量的峰值吻合。

2）探测响应速度和灵敏度决定了系统启动的消防设施响应速度，有助于在火灾发生的初起阶段实施精准探测，部分燃烧物火灾燃烧持续时间很短，高灵敏度与快速响应的探测可以快速启动灭火设施，记录下事故的起因，并有助于调查分析事故隐患。

3）应用环境的差异对火灾参量检测影响很大，设计中应尽量选择对火灾参量影响小，主动获取火灾参量能力强的探测设备。

4）火灾探测器是设置现场的设备，在企业中火灾事故往往伴随有爆炸等现象，探测器应尽可能地在设备被摧毁前做出有效报警，并将报警信号传递出去。在易发生爆炸或爆燃火灾的场所使用的探测装置适合选用探测响应速度较快的探测设备。

5）探测装置做出火灾报警和故障报警后探测装置要有报警或故障状态保持显示功能，探测装置保持的信息应具有由全厂消防监控中心或区域消防控制室远程删除的功能。

点型感烟火灾探测器　据统计在火灾探测中，感烟火灾探测器能探测到70%以上的火灾，故感烟火灾探测器是世界上应用最为普遍、数量最多的火灾探测器，目前在国内每年新安装火灾探测器达到500万只以上，其中80%为点型感烟火灾探测器。

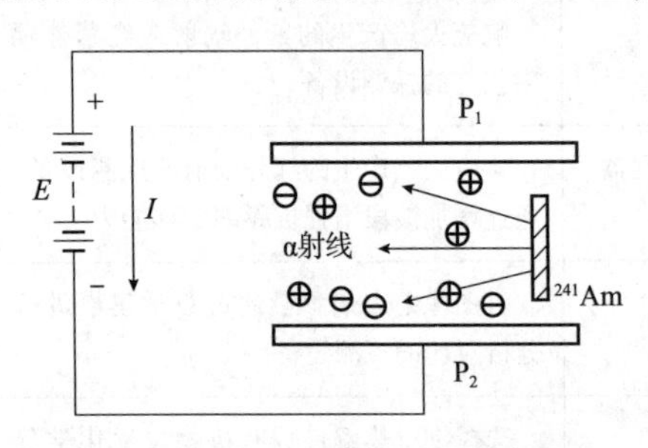


**图12－5　离子感烟探测器基本原理**

点型感烟火灾探测器分为离子感烟探测器和光电感烟探测器。离子感烟探测器的基本原理如图12－5所示，当加有电压$E$的两个极板$P_1$、$P_2$之间放入放射性同位素$^{241}Am$时便可产生微弱的电流，在洁净空气条件下电流值相对稳定，在探测到烟雾条件下电流值随即下降。

光电感烟探测器根据探测原理的不同，分为减光型光电感烟探测器和散射型光电感烟探测器两大类，如图12－6所示为光电感烟探测器原理。减光型光电感烟探测器是在探测器的检测室内装有发光元件和受光元件，如图12－6(a)所示，当烟雾进入探测器检测室时，发光元件的发射光受到烟雾遮挡，使受光元件接收的光量减少，光电流降低，从而实现报警。散射型光电感烟探测器是检测室内的受光元件在正常状态接收不到发光元件发出的光，如图12－6(b)所示，因此不产生电流，当有烟雾进入探测器检测室时，由于烟雾粒子的作用，使发光元件发射的光线产生散射，受光元件接收到散射光，产生光电流，从而完成将烟雾信号转变成电信号的过程。

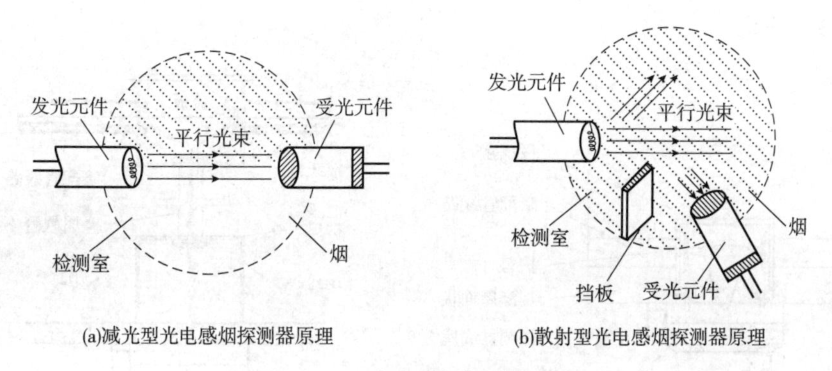


图 12－6 光电感烟探测器原理

离子感烟探测器、减光型光电感烟探测器和散射型光电感烟探测器对烟雾粒径、色泽的感知程度存在有差异。离子感烟探测器的主要优点是感知烟雾粒径范围较宽，一致性好，适用范围较广。离子感烟探测器的主要缺点是探测器报废时放射性同位素需进行无害化处理，因而受到限制。减光型光电感烟探测器对烟雾遮挡效率较为敏感，因此对粒径大的深色烟雾敏感程度高；散射型光电感烟探测器则对烟雾散射能力较为敏感，对于浅色折射率高的烟雾探测灵敏度高，在设计过程中应根据燃烧物生成烟雾的特性选择适宜的感烟探测器种类。

点型感温探测器　点型感温探测器根据用途分为定温感温探测器与差温感温探测器。图 12－7(a)所示为膜盒式差温感温探测器工作原理示意，当温度变化速率不高时，感热室受热气体膨胀可通过泄漏孔排出(排除环境温度干扰)；当温度变化速率超过阈值时，膜盒内压力增大，发出报警。图 12－7(b)所示为半导体式定温感温探测器工作原理示意，半导体式定温感温探测器是半导体热敏电阻随温度升高而下降特性进行报警的探测器。图 12－7(c)所示为双金属式定温感温探测器工作原理示意，双金属式定温感温探测器是由两种金属受热膨胀系数不同产生弯曲时的触点闭合进行报警的探测器形式。

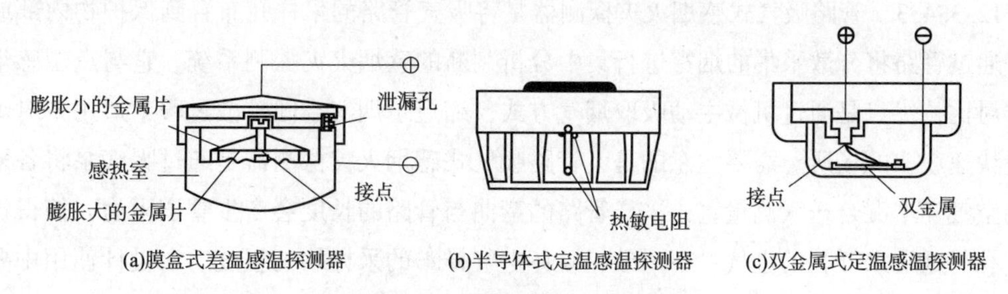


图 12－7 感温探测器原理示意

点型感烟探测器与感温探测器是应用较为广泛的探测器设备，在民用及相关行业的建筑物内使用量较大。在石油化工行业的非直接生产公用建筑物内，普通点型感烟探测器和感温火灾探测器的选择与民用及相关行业建筑物内火灾探测器的使用原则类似，设计中可以参考 GB 50116—2013 标准执行，探测器的配线安装方式宜采用暗配线安装方式可参考

图12－8。点型感烟探测器与感温探测器可以制成本质安全型设备用于石油化工行业的爆炸危险区域厂房内。

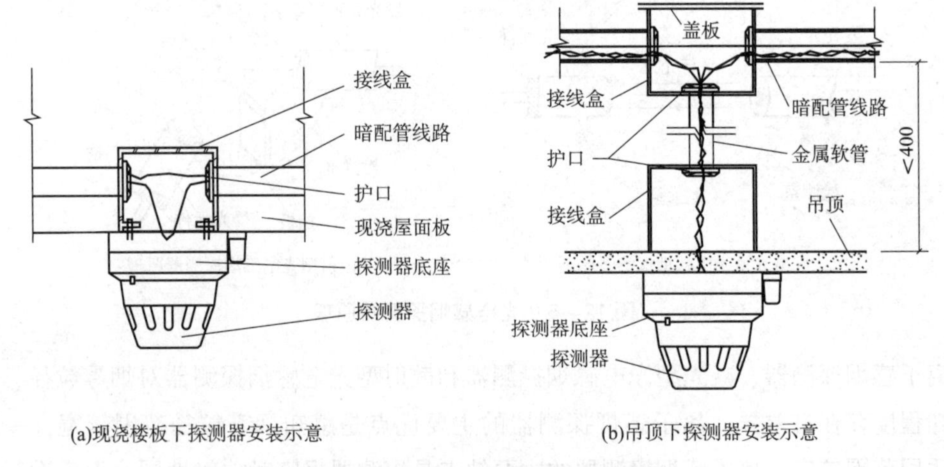


(a)现浇楼板下探测器安装示意　　(b)吊顶下探测器安装示意

**图12－8　点型火灾探测器安装示意**

在夏季，建筑物顶棚长时间处在太阳的直接照射下，由于热传导和热辐射的作用，顶棚下靠近顶棚区域的空气会达到40～50℃，产生高温区的热屏障效应，对小尺度火灾的感烟探测与感温探测会因热屏障效应影响探测效果。企业中轻质结构厂房屋顶的热屏障效应会较明显，在设计过程中需要给予重视及考虑。

12.3.4.2　线型光束感烟火灾探测器是将发射与接收元件分别设置的探测装置。在分别设置的收发器件之间形成一条或多条光束通道，当烟气通过光束通道时，由于烟粒子的散射与吸收作用使接收器件收到的入射光产生衰减，当电信号降低到阈值以下时便发出报警信号。线型光束感烟火灾探测器属于减光型光电感烟探测器，由于收发两端间距较大，设计中需要重点考虑灵敏度指标，在布置时要避免安装在水汽油雾的环境中，以防收发器的窗口被污染，同时还需注意不得有粉尘、蒸汽等干扰出现在光束通道中。

12.3.4.3　管路吸气式感烟火灾探测器是将吸气管路的采样孔布置到保护物内部或附近，通过管路将分散采集的烟雾进行集中分析判断的感烟火灾探测系统。它与点型感烟探测器对比，优点是通过机械主动吸取烟气方式，缩短了烟气空间扩散过程，适用于对烟气参量快速获取的场所。需要注意的是，管路吸气式感烟火灾探测器是通过吸气泵将各采样孔的空气样本混合送入测量室，采样管路的弯曲与管路的长度会产生管道阻力，使得近端采样孔与远端采样孔的进气量不一致，破坏空气样本的采样均匀程度。在设计使用中要对采样管路和采样孔进行合理布置，以获得均匀的空气样本。管路设计中需要有针对性地将采样孔布置在被保护物内或旁获取初始物料燃烧空气样本，缩短报警响应时间，提高对烟雾采集的灵敏程度。而将采样孔布置在远离被保护物的位置，靠烟雾自然扩散检测烟雾与点型感烟探测器的检测没有区别，甚至会降低探测灵敏度，由管道阻力造成采样不均还可能造成探测灵敏度失衡问题。管路吸气式感烟火灾探测器存在过滤器的堵塞问题和潮湿等恶劣环境下采样孔的堵塞故障，在使用过程中管路吸气式感烟火灾探测器的维护量高于其他探测器，对此需引起设计的注意。管路吸气式感烟火灾探测系统属于自带控制部分的系统形式，由自带控制部分与系统连接，连接接口需保证符合GB 16806—2006《消防联动控制系统》及GB 22134—2008《火灾自动报警系统组件兼容性要求》的要求，且应具有远程恢复探测器火灾与故障报警指示的功能。

12.3.4.4 线型感温火灾探测器的设备形式繁多，探测器的敏感部件型式如表12-4所示。线型感温火灾探测器的产品分类方式有：按敏感部件形式分类为缆式、空气管式、光纤光栅式、分布式光纤、线式多点型；按动作性能分类为定温、差温、差定温；按可恢复性能分类为可恢复式、不可恢复式；按定位方式分为分布定位、分区定位；按探测报警分类为探测型、探测报警型。

标准报警长度是衡量线型感温火灾探测器品质的重要指标，标准报警长度是探测器在标准测试环境下发出火灾报警信号敏感部件所需的最短同时受热段的长度，线型感温火灾探测器的最小报警长度由探测器的敏感部分决定，因探测器探测原理与构造不同使得敏感部分的感知能力不同，而相同的探测原理与构造也会因制作工艺水平的高低存在差异。因此在《线型感温火灾探测器》中确定了线型感温火灾探测器的标准报警长度检测值以衡量线型感温火灾探测器的探测效能。在连续温度敏感探测部件的线型感温火灾探测器中，相同温升速率环境下，标准报警长度越短说明探测敏感部分对温度的感知越灵敏。连续温度敏感探测部件的缺点是探测敏感部件的探测长度达不到最小标准报警长度时，探测灵敏度明显下降，甚至无法报警。多点型线型感温火灾探测器是由多个点型温度敏感部件串联的探测形式，温度敏感部件决定了探测器的灵敏度，温度敏感部件的间距决定了探测器的最短标准报警长度。多点型线型感温火灾探测器的缺点是在温度敏感部件之间的间隙部分存在探测盲区。当多点型线型感温火灾探测器温度敏感部件的间距小于连续型感温火灾探测器的最小报警长度时，多点型线型感温火灾探测器对温度的探测灵敏度会高于连续型感温火灾探测器。反之则低于连续型感温火灾探测器。当多点型温度敏感部件的间距远小于检测标准规定的标准报警长度时，可以将多点型感温火灾探测器视为连续线型感温火灾探测器使用。线型感温火灾探测器敏感部件的报警响应时间是线型感温火灾探测器的另一项重要指标，影响探测响应时间的因素有探测的工作原理、温度蓄积时间、敏感部件保护方式等。

1)不可恢复缆式线型感温火灾探测器是在刚性金属导体外包裹涂敷温度敏感易熔绝缘材料进行对绞的探测器形式。该型探测器的报警温度值为易熔材料的熔化温度值，报警过程为易熔材料熔化后由刚性金属导体应力使导体接触回路导通产生报警信号输出，报警形式如图12-9所示。不可恢复缆式线型感温火灾探测器属于分区定位探测器，最小报警长度短，探测器的制造成本低，价格便宜，但探测器的易熔材料太过娇嫩，极易遭受机械损伤而损坏，误报率高，而被损坏的探测敏感部分极难修(恢)复，现在极少使用。不可恢复缆式线型感温火灾探测器的安装方式要求采用与被保护物接触的安装方式。

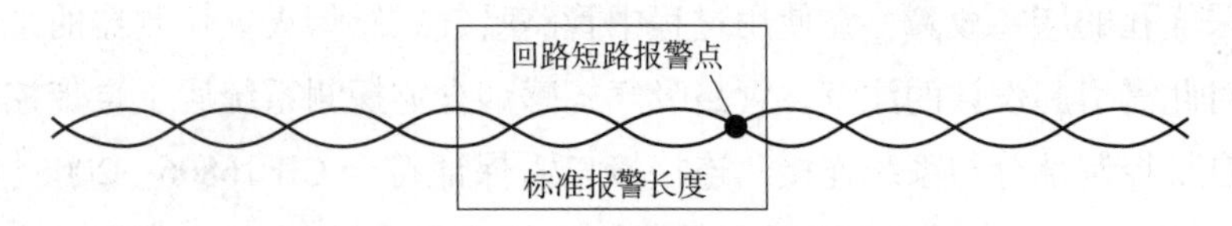


图 12－9　不可恢复缆式线型感温火灾探测器报警示意

2)可恢复接触缆式线型感温火灾探测器是在金属导体外用负温度系数阻值的有机温度敏感材料进行导线绝缘的线型感温探测器，温度敏感材料的电阻值随着温度上升而下降，属于热电阻型感温探测器。当敏感部件随温度升高阻值下降到设定阈值时即产生报警，该探测器采集的火灾参量为阻值变化下的电流变化，等效电路如图 12－10 所示。可恢复接触缆式线型感温火灾探测器属于分区定位探测器，安装方式为与被保护物接触的安装方式，属于现在应用比较广泛的探测形式。从图中可以发现，需要一段阻值同时变化才能达到阈值的，因此这段长度被称为标准报警长度。从图中还可以发现，探测的阈值越高需要的标准报警长度越短，反之则越长。

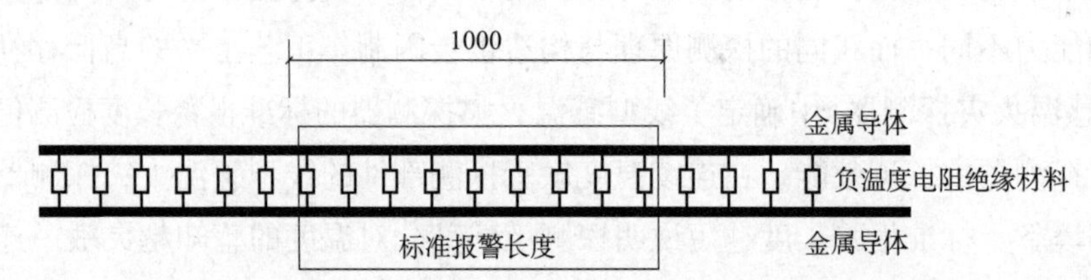


图 12－10　可恢复接触缆式线型感温火灾探测器等效电路示意

3)可恢复非接触缆式线型感温火灾探测器是在可恢复接触缆式线型感温火灾探测器的基础上增加热电堆红外敏感部件，该部件可感知一定距离范围内的温度热辐射变化，因此可以进行非接触式探测，等效电路如图 12－11 所示。可恢复非接触缆式线型感温火灾探测器属于分区定位探测器，是可恢复接触缆式线型感温火灾探测器的升级换代产品，安装方式为在被保护物旁或上进行非接触方式安装，安装过程中需注意将探测器的热电堆红外敏感部件的探测朝向指向被保护物体。由于采用非接触方式安装，在电缆桥架的应用中不与电缆接触，不会影响桥架中电缆施工敷设与更换，受到用户的普遍欢迎。

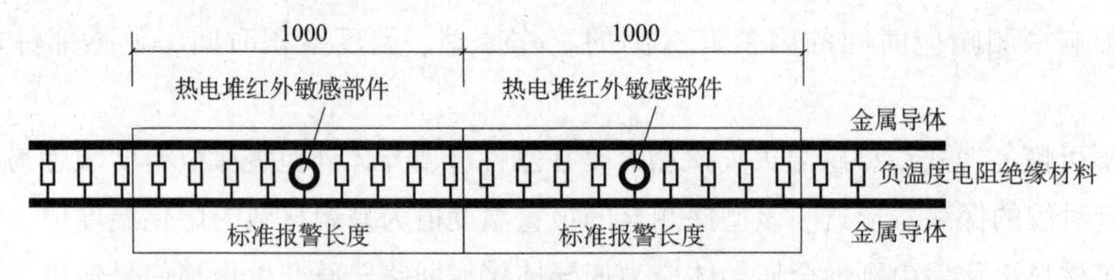


图 12－11　可恢复非接触缆式线型感温火灾探测器等效电路示意

4)电偶型可恢复接触缆式线型感温火灾探测器。热电偶属于测量温度的传感器，报警响应时间短，是由两种不同的导体/金属组成并构成回路，当所测温度发生变化时，在回路中的两种金属会产生热电动势，即热电效应，通常热电动势产生的信号为 mV 级电压。

由于热电偶线型感温火灾探测器两个金属极之间没有有机化学物，不会因高温引起电性能与结构的改变，使其检测的温度范围内更宽，但与其他线型感温火灾探测器有所不同，热电偶线型感温火灾探测器接线存在正负极，设计与安装中需要特别注意。由于热电偶线型感温火灾探测器产生的信号电压幅度低、信号弱，使得回路信号的传送距离近，抗电磁干扰能力较弱。另因两种不同导体/金属的制造工艺复杂，使得制造成本上升，相对于其他可恢复接触缆式线型感温火灾探测器价格高出 8 ~ 10 倍，因此热电偶线作为火灾探测器在使用中没有明显的技术优势与经济优势，在工程中极少应用。热电偶型可恢复接触缆式线型感温火灾探测器属于分区定位探测器，探测部分的安装方式为与被保护物接触的安装方式。

5)空气管线型差温火灾探测器是感受温升速率变化的探测器。探测器敏感部分是在 $\phi 3 \times 0.5$ 紫铜管内封闭气体，当温度经由紫铜管传导给管内的封闭气体，探测器通过感知气体受热膨胀后产生的压力变化实施报警。空气管线型差温火灾探测器属于分区定位报警差温火灾探测器，由于空气管差温探测器敏感元件本身不带有电荷及其他能量，探测灵敏度较高，探测响应迅速，亦可安装在爆炸危险场所等恶劣环境中。空气管差温火灾探测器的灵敏度与使用场所见表 12 – 5。

**表 12 – 5　空气管差温火灾探测器灵敏度与使用场所**

| 规格 | 动作温升速率 | 不动作温升速率 | 最大空气管长度 | 适用场所 |
|---|---|---|---|---|
| 第一种 | 7.5℃/min | 1℃/min 持续上升 10min | | 书库、仓库、电缆隧道、地沟等温度变化率较小的场所 |
| 第二种 | 15℃/min | 2℃/min 持续上升 10min | <80m | 暖房设备等温度变化较大的场所 |
| 第三种 | 30℃/min | 3℃/min 持续上升 10min | | 消防设备中要与消防设施等自动灭火装置联动的场所 |

6)光纤感温火灾探测器分为分布式光纤感温火灾探测器和光纤光栅式感温火灾探测器。分布式光纤感温火灾探测器是利用光纤传输过程中对温度较为敏感的拉曼散射效应中反斯托克斯光获取光纤的火灾参量，反斯托克斯光是由光纤输入强光的照射下反回产生。图 12 – 12 所示为光纤内部的散射光分布。

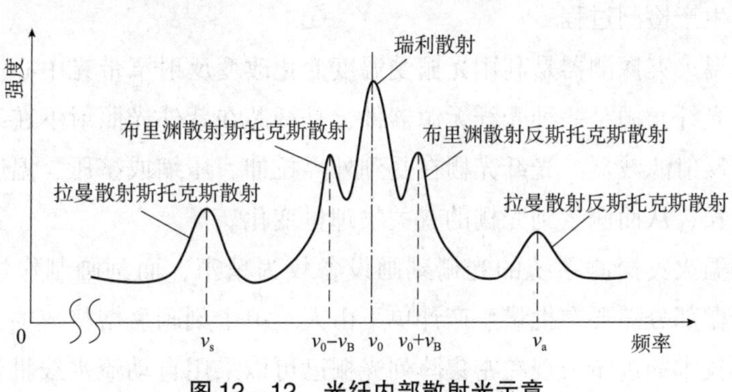


**图 12 – 12　光纤内部散射光示意**

光纤中的反斯托克斯光信号属于微弱信号，极易受到其他杂波信号的干扰，探测中需

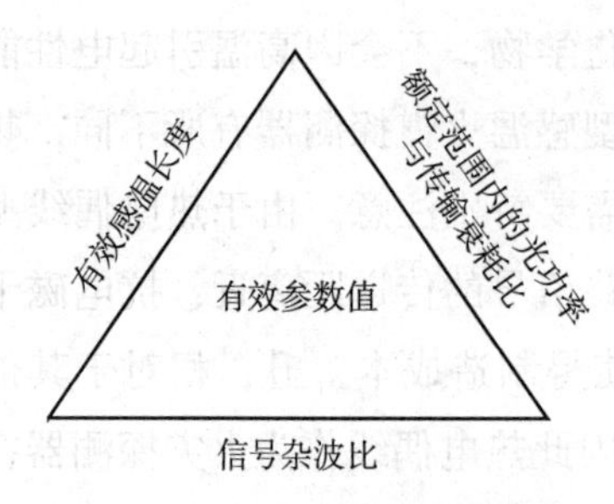


图 12－13　三项指标值的相互关系

要提高反斯托克斯光能量获取，减少有效成分在杂波分量中被淹没。在分布式光纤感温火灾探测系统中，对有效参数值造成影响的因素有：探测光纤的有效感温长度、额定范围内的光功率与传输衰耗比、信号杂波比，这三项指标值中任何一项指标值减小都会影响反斯托克斯光能量的获取，直接影响有效参数值。三项指标值的相互关系如图 12－13所示。

由图 12－13 可以发现，光纤的质量对分布式光纤感温火灾探测器有影响，认为光纤质量对探测不产生影响的说法有问题。

分布式光纤感温火灾探测系统在获得微弱的反斯托克斯光有效参数量值后，还需要进行高精度无损放大设备对弱信号进行无损放大，以获取足以分析处理的信号值。高精度无损放大则需要对模拟电路进行复杂的设计，并选用高性能指标与低噪声参数的元器件，这些过程无形中推高了设备成本和设备制造工艺的复杂程度，使得系统的指标参差不齐。各主要制造企业生产的分布式光纤感温火灾探测器的主要技术指标见表 12－6。

表 12－6　分布式光纤感温火灾探测器的主要技术指标

| 国别 | 测温范围 | 测量精度/℃ | 最大光纤长度 | 最高定位精度/m | 工作波长/nm |
|---|---|---|---|---|---|
| 英国 Sensa | 取决于探测光缆 | ±1 | 10km | 1 | 1064 |
| 英国 Sensornet | 取决于探测光缆 | 0.5 | 30km | 1 | 1064 |
| 瑞士 Lios | 取决于探测光缆 | ±1 | 4000m | 2 | 980 |
| 瑞士 Cerberus | －50～400℃ | — | 4000m | 2 | 980 |
| 中国南京 | －50～400℃ | ±2 | 4000m | 8 | — |
| 日本藤森 | 取决于探测光缆 | ±3 | 1000m | 1～5 | 1300 |

当设备电路设计完成后，元器件的性能优劣对系统的稳定性起着关键作用，元器件的等级分类为商业级、工业级、汽车级、军工级和航天级，其制造成本差距达几十倍乃至百倍。对于需要高可靠、高稳定的电子设备需特别注意，在关键性设备的选择中需关注可靠性与稳定指标和生产检测过程。

光纤光栅感温火灾探测器是利用光栅受温度变化改变反射窄带光中心波长特性进行探测的探测系统。光纤光栅是一种光纤无源器件，是纤芯在紫外光照射下在纤芯内形成的空间相位窄带光透反射滤波器。光纤光栅在受到外界拉伸、压缩或挤压、温度影响会改变反射窄带光中心波长，从而测量到光栅的有关物理量变化。

光纤光栅感温火灾探测系统的光栅刻画设备较为精密，而刻画制作过程相对简单容易，以前光纤光栅部分需要在批量生产计单下由人工单个刻画后熔接成缆，制作费时费工较为烦琐。随着技术的进步，现在密集阵列光栅已可以采用自动流水线批量生产，批量生产时可在一根纤芯上直接刻画光栅，取消了熔接成缆过程。密集阵列光栅的间距密度≤0.1m，提高了光栅的密集程度，降低了探测部分的制造成本。同时也提高了光纤光栅感温探测的灵敏度，杜绝了多点式线型探测器探测盲区的缺点，使得光纤光栅感温火灾探测系统的标准报警长度明显小于分布式光纤感温火灾探测系统的标准报警长度。两种光纤感温火灾探测器技术性能比较见表12－7。

**表12－7 两种光纤感温火灾探测器技术性能比较**

| 技术项目 | 分布式光纤感温火灾探测器 | 光纤光栅感温火灾探测器 |
| --- | --- | --- |
| 探测原理 | 拉曼散射原理 | 布拉格反射器 |
| 探测方式 | 分布式 | 准分布式 |
| 探测最大长度 | 4～10km | 1km |
| 定位精度 | 1～8m | 0.1m(单独立光栅) |
| 最小报警长度 | ≤3m(国家标准要求) | ≤0.1m(COP法制作) |
| 报警响应时间 | 30s(油浴槽测试法) | 30s(油浴槽测试法) |
| 报警分区 | 全线任意设置 | 依光栅数量与制造而定 |
| 报警逻辑 | 定温、差温 | 定温 |
| 探测部分工作温度范围 | －50～400℃ | －20～120℃ |
| 分析控制设备制造要求 | 设备制造精度要求高 | 常规技术制造 |
| 探测部分 | 使用高性能指标的常规光纤电缆 | 由流水线定制生产 |

线型感温火灾探测器属于特种探测设备，探测系统/设备的选择应用中需要遵循以下内容和原则：

ⅰ)探测器敏感部件的标准报警长度是线型感温火灾探测器的重要技术参数，在《线型感温火灾探测器》中标准报警长度的使用有明确规定。线型感温火灾探测器的各段敏感部件之间必须保持连续，即任意位置的标准报警长度都能实现有效报警。

ⅱ)探测器敏感部件的探测响应时间要满足使用要求，探测器敏感部件标准报警长度的报警响应时间是实现有效报警的重要技术参数，报警响应时间短可以在火灾初始阶段探测出很小的火灾，符合易燃物品的使用需求。

ⅲ)线型感温火灾探测器形式繁多，且各具特点，要根据实际使用需求与线型感温火灾探测器所具有的探测原理及特性选用。

ⅳ)目前通常在电缆桥架上使用的缆式线型感温火灾探测器为S形接触敷设，这种敷设由于探测敏感部件与每根线缆的接触面过短，难以满足标准报警长度要求，无法检测单根线缆的异常升温，在桥架中如若线缆有粗有细也无法与细线缆有效接触，只能在桥架内全部或绝大部分线缆同时异常升温时才能产生报警。非接触式线缆型感温火灾探测器是在原缆式线型感温火灾探测器的基础上加装有热电堆红外敏感探测部件，热电堆红外敏感探测部件可实现视角内任意点的温升探测报警，从而弥补了传统缆式线型感温火灾探测器的不足。

ⅴ)浮顶罐是使用光纤探测方式进行火灾探测的场所，浮顶罐浮盘二次密封板位于室外环境，热量聚集困难，使得感温探测器的探测灵敏度降低，因此要求探测敏感部分安装在二次密封板的上方以便直接感受到火焰的温度，提高火灾探测的响应速度，现在光纤探测器的制造水平已达到1m的标准探测长度要求，因此要求浮顶罐使用的线型光纤感温火灾探测器敏感部分标准报警长度不大于1m，以减少探测盲区，避免初期火灾不易被发现的现象。

12.3.4.5　火焰探测器通过索取探测视角内火焰辐射频谱能量完成火灾探测，属于非接触主动探测方式，无火灾参量在媒介中的传输时间，火灾参量传递抗环境干扰能力强。因火焰探测器属于火焰辐射频谱能量探测，设计过程中需保证可燃物燃烧过程中产生的辐射频谱在探测器的感知频谱范围内，并使物料燃烧过程中最强能量辐射频谱与探测最敏感知频谱范围重合，以缩短探测响应时间，快速获取信息实现报警。图12－14所示为几种不同物料燃烧过程中频谱辐射能量分布。

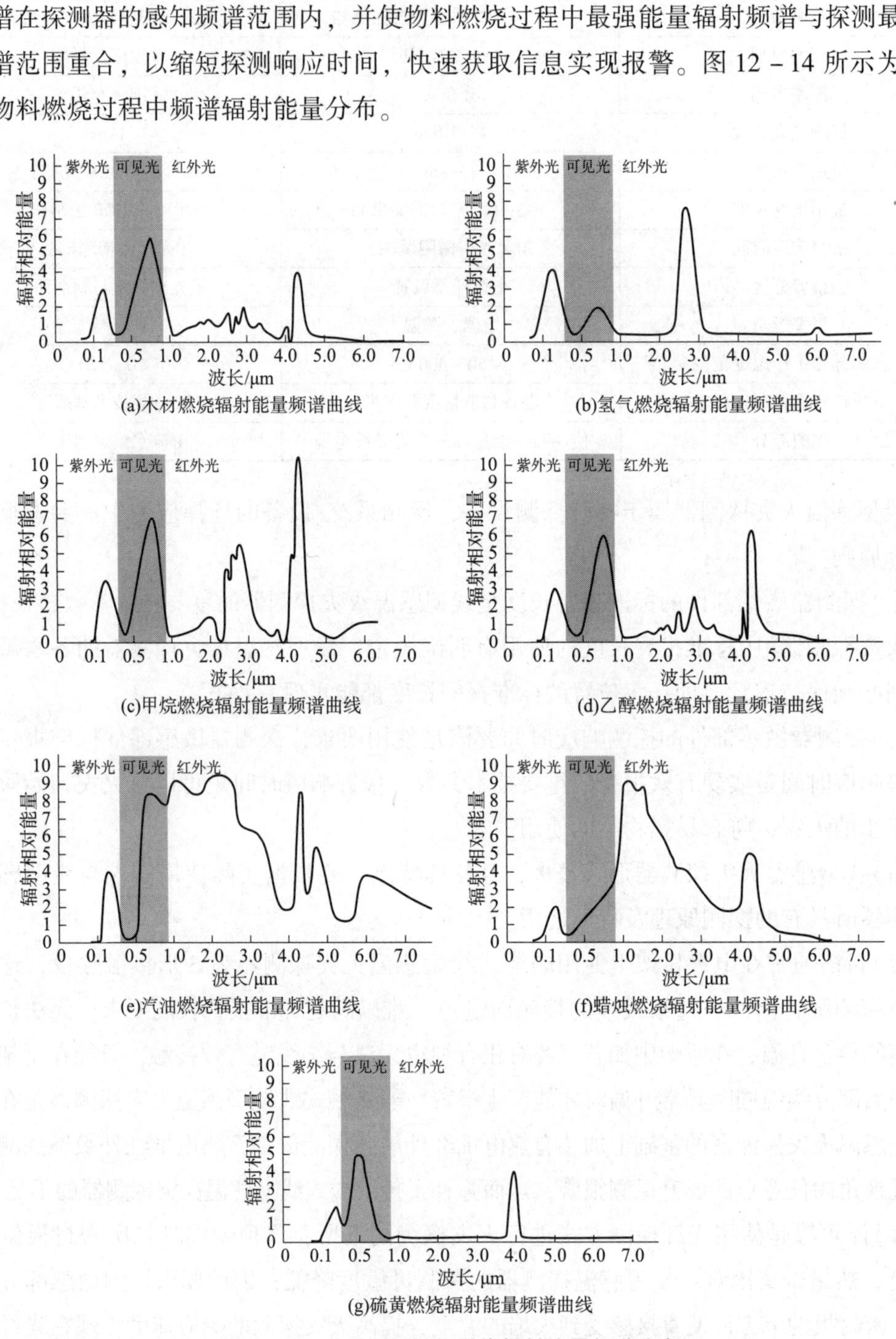


图12－14　不同可燃物燃烧辐射能量频谱分布

12.3.4.6 图像型感温探测器(热成像)是直接获取可燃物表面温度的火灾探测设备。在物体燃烧过程中，可燃物着火的三个必要条件为可燃物、氧化剂、点火温度，而图像型感温探测器获取的火灾参量为可燃物表面温度，探测方式为非接触主动探测，参量获取过程中不受传输媒介的影响。图像型感温探测器的感知器件为氧化钒或多晶硅非制冷红外焦平面传感器，感知光谱段为8～14μm、3～5μm，不易受大气层反射和吸收的影响，传感器的理论测量温度精度≤0.1℃，探测的报警响应时间≤200ms，探测器可在设备内预设可燃物燃点阈值，且探测阈值连续可调，可以精确判断可燃物是否临近或达到燃烧温度，探测器的探测过程无须经过任何其他环节，获取的火灾参量直接、可靠、稳定。非制冷红外焦平面传感器探测的温度测量值通过焦平面传感器的像素阵列拾取，理论测量获取精度小于4个像素，当下非制冷红外焦平面传感器的像素数量接近或达到高清摄像机的像素数量。因此，红外焦平面传感器的温度感知精度高于现有的其他探测器。由于红外焦平面传感器送出的温度图像场为热能量强弱信号，在监视器中只能以黑白的灰度信号显示温度图像场信息，即热成像图。热成像探测适用于石油化工企业可燃物料品种多、各种物料燃点参差不齐、各探测区内可燃物料单一、可燃物料的火焰蔓延速度快的特性。分布式图像型感温火灾探测器是将燃烧物的报警阈值置入设备内，探测器探测到视窗区内燃烧物的温度超出阈值时可直接输出报警信号送至火灾报警系统，如图12－15所示。图像型感温探测器可以设置多个报警阈值，实现火灾预报警和火灾报警的细致分类，同时分布式图像型感温火灾探测器还可设置低温报警阈值，以探测压力罐气体大量漏泄产生的低温，弥补传统气体探测器在室外风速大的环境中气体漏泄探测的不足。

(a) (b)

**图12－15 图像型(热成像)感温探测器实例**

12.3.4.7 热解粒子火灾报警探测器是可燃物燃烧初期热解过程中析出气态可燃物的探测设备。热解是有机物的热不稳定性在受热过程中出现的热化学分解现象，热解粒子指有机物热解过程中析出的气态可燃物，热解粒子火灾报警探测器是对热解过程析出气态可燃物的探测，探测方式近似于气体探测器的原理。由于固体在被加热或燃烧过程中释放的气相蒸汽微粒比烟雾形成得早，因此热解粒子可以在未形成火灾灾害之前作出报警。热解粒子呈分子状扩散，我们在生活中可以感觉到当厨房出现烧焦物体时会先闻到焦煳味，而后看到烟雾，且闻到的焦煳味比烟雾的扩散范围广，可以穿过缝隙进行扩散，热解粒子火灾报警探测器正是利用热解粒子生成早和易扩散的特点实现早期探测。热解粒子火灾报警探测器具有与感烟探测器相同的缺点，受空气流动影响大，因此热解粒子火灾报警探测器适用于需要早期发现火灾隐患的电子设备间及电缆夹层、电缆隧道内等封闭空间和易于热解粒子扩散的高大库房等场所，如固体化工产品(PP、聚乙烯及橡胶等)的自动化密集布置库房等场所。由图12－16可以看出，热解粒子火灾报警探测器感知火灾的时间明显早于感烟探测器。

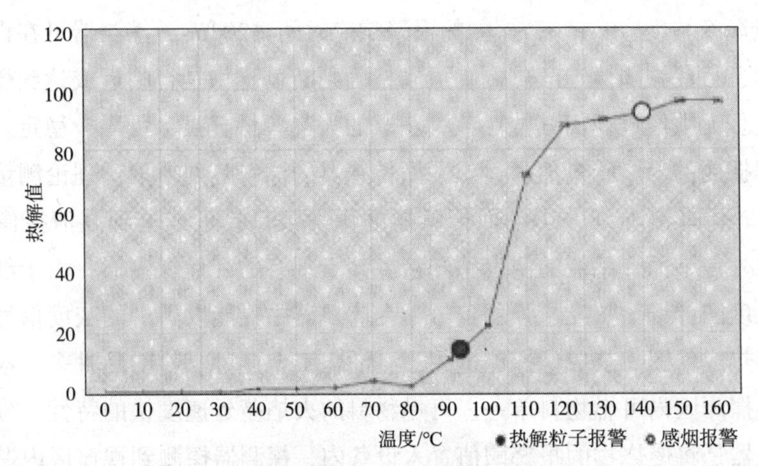


图12－16　热解粒子火灾报警探测器与感烟探测器对聚丙烯探测报警感知

热解粒子火灾报警探测器是对各种固体热解分子微粒的感知且具有选择性，设计选择过程中应有针孔探测器与燃烧物的适应性配对，核实各型号热解粒子探测器的适用物料范围。

热解粒子是有机物热解过程中释放出的分子微粒，在测试热解粒子火灾报警探测器的探测敏感位置中发现，热解粒子不仅具有分子在空气中向四周均匀扩散的特性，同时因其受到热气流的抬升，在标准火源上方感知到的粒子最早，因此建议热解粒子火灾报警探测器宜布置在被保护物体的上方。测试实验中设备布置如图12－17所示。

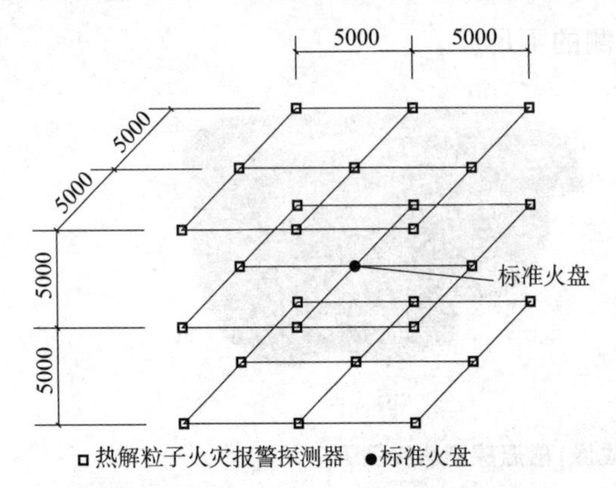


图12－17　热解粒子火灾报警探测器探测灵敏度测试

目前，热解粒子火灾报警探测器还不具备直接接入通用火灾报警控制器的通信接口，热解粒子火灾报警探测器还需经热解粒子火灾报警的专用控制器与通用火灾报警控制器相连，设计过程较为烦琐。

12.3.5　模块的选择

模块是总线控制火灾自动报警系统中完成总线控制的信号转换设备。在总线控制火灾自动报警系统中，模块分为信号模块和控制模块。信号模块又称输入模块，是用来接收触发装置的信号，并对信号赋予地址码通过总线输送到火灾报警控制器的功能转换设备。控制模块又称输出模块，是用来将火灾报警控制器带地址指向的输出信号传送到指定终端设备，属于完成火灾自动报警系统的联动控制功能转换设备。火灾信号模块和控制模块同时还具有向设备或部件提供电源能量的功能。

早期的火灾报警控制设备为多线制式，多线式火灾报警控制设备与火灾报警终端采用一对一连接方式，随着控制器管理的设备与探测器件增多，多线式火灾报警控制设备无法适应系统容量与布线的使用要求，便出现了总线制火灾自动报警控制系统，用总线传递信息方式扩展系统容量，减少控制器的接线数量。从这个意义讲，控制模块的作用是控制器接口功能的延伸。

火灾自动报警控制器与模块之间的总线线路承载有数据信息传递和电源能量输送的功能，而且属于多设备共用线路，总线线路会直接影响众多设备的使用，乃至影响整个控制器的功能，所以在设计中对总线的设计应给予高度重视，需要考虑信号的负荷能力、电源的荷载、电磁干扰等诸多因素的影响。信号模块和控制模块还承载着在线监视传递功能，通常情况下，控制器与模块进行配套检测，凡经配套检测的模块可按要求进行配套设计，对于模块连接的终端设备或线路间使用的器件，设计需对设备或器件的报警、故障、供电及连接回路的断线、短路的功能按 GB 16806—2006 及 GB 22134—2008 的要求进行设计确认，以保证功能的完整性，在与第三方配套设备或器件的设计中，必须按 GB 16806—2006 及 GB 22134—2008 的要求进行设备配套与线路连接设计，以指导施工的正确性。

12.3.6　警报装置选择

在企业中火灾报警系统的警报装置包括声光警报装置、消防广播等设施。警报装置的作用是在发生火灾等紧急工况时以声音或/和光的形式通知区域内人员迅速疏散撤离或采取相应的装置。在企业中，火灾报警系统的警报装置和安全管理控制指挥系统警报装置的功效与作用相同，且安全管理控制指挥系统警报装置的覆盖范围大于火灾报警系统警报装置的覆盖范围。因此《规范》要求应进行统一规划设置，以利于设施功能的互补，减少重复建设。

光警报与声警报呈互补形式，光警报呈现出对人眼的刺激，在高噪声环境下和光线不充足夜晚的环境中功效明显，声警报则为听觉刺激，同时广播声音警报还具有语音消息发布、通知报警的具体内容的功能。由于声音的绕射能力强，更适合在复杂空间环境中使用，将光警报装置与声警报装置结合使用可以实现光警报装置与声警报装置的优势互补，弥补各类警报装置的不足。

由于发光脉冲闪烁次数对人眼的刺激与辨识程度和距离有关，距离近辨识度高时高闪烁频次可加强对人眼与大脑的刺激，距离远高闪烁频次会降低对闪烁感的辨识度，需要根据距离选择闪烁频次，以提高人对光警报装置闪烁的辨识程度。在生产区人与光警报装置距离为数十米至几百米，故《规范》规定光警报装置的发光脉冲闪烁次数为 120 ~ 60 次/min，考虑室外光强影响和现阶段设备制造水平，规定室外的光警报装置有效发光强度大于 300cd，室内光警报装置的有效发光强度大于 150cd。

在企业中有火灾报警系统、有毒有害气体漏泄等多种警报装置光警示需求，为统一系统颜色构成设计，约定火灾报警的光警报颜色为红色，气体报警的光警报颜色为蓝光，警告的光警报颜色为黄光。图 12－18 所示为典型组合式防爆声光警报装置的实景，图中包括红蓝黄三色警灯组合、警笛警灯组合与警号警灯组合。

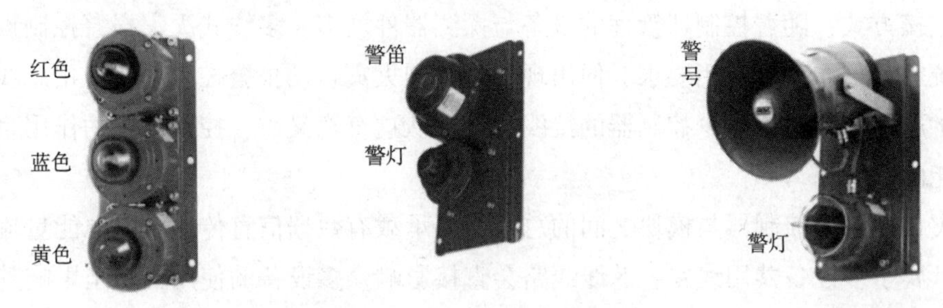


图 12－18　组合式防爆声光警报装置

声警报装置设置的技术要求和声压设计要求可参照《规范》8.3.2 节应急广播的要求执行，在生产区、公用和辅助生产区的声警报装置最大有效声压值应大于或等于 110dB(A)。

12.3.7　系统设备设置

火灾自动报警系统设备设置是基础设计与详细设计的重要内容，在基础设计中需确定系统的方案、结构与技术指标，在详细设计中需确定设备的安装方式与位置和布线方式。设计要根据火灾形成与发展的规律、被保护场所的空间环境、设备使用环境条件和火灾探测器的特点及参数性能选用适用的探测设备安装在合适的部位。表 12－8 所示为石油化工企业中主要场所使用的火灾报警探测器选择参考范围，在设计过程中，对表中未明确设置火灾探测器的设施场所，尚应根据火灾形成特征、保护场所可能发生火灾的部位和燃烧物料的分析选择与燃烧材料性能参数匹配设备。对火灾形成特征不可预料的场所，可根据模拟试验的结果选择火灾探测器。如对火灾特征不可预测、没有把握或难以决策时，可通过做燃烧试验，根据测试结果确定火灾报警探测器的性能参数。重要的甲乙类机泵、法兰、阀门、液化烃泵需根据工艺流程的重要性与危险程度确定。

表 12－8　火灾自动报警系统的设置场所及火灾探测器选型举例

| 火灾自动报警系统的设置场所 | | 适用的火灾探测器类型 |
|---|---|---|
| 工艺装置 | 可燃气体压缩机，重要的甲乙类机泵、法兰、阀门等 | 点型红外火焰探测器或图像型感温探测器 |
| | 热油泵 | 点型红外火焰探测器 |
| | 重要的液化烃泵 | 图像型感温探测器或点型红外火焰探测器 |
| | 焦炭塔顶盖机及塔底盖机等 | 点型火焰探测器或图像型感温探测器 |
| | 成型机，挤压造粒机，主风机，膨胀机，干燥机，碎(磨)煤机 | 点型火焰探测器或图像型感温探测器或感温探测器 |
| | 烷基铝配置区和树脂脱气料仓区 | 点型火焰探测器或图像型感温探测器 |
| | 煤粉仓 | 线型感温火灾探测器或点型火焰探测器 |

续表

| 火灾自动报警系统的设置场所 | | | | 适用的火灾探测器类型 |
|---|---|---|---|---|
| 公用和辅助生产设施 | 污水处理 | | 含油污水池、隔油池及污泥处理设施 | 点型红外火焰探测器 |
| | 汽车、铁路、码头装卸设施，灌装站 | | 甲、乙、丙类汽车装卸区、码头装卸区、铁路装卸栈桥，灌装设施 | 点型红外火焰探测器或图像型感温探测器 |
| | 储罐组 | 球罐区 | 球罐下部阀门集中区 | 图像型感温探测器 |
| | | | 罐组区 | 点型红外火焰探测器或图像型感温探测器 |
| | | 立、卧式罐区 | 立、卧式罐下部阀门集中区，呼吸阀，通风口 | 点型红外火焰探测器或图像型感温探测器 |
| | | | 罐组区 | 点型红外火焰探测器或图像型感温探测器 |
| | | 浮顶罐（容积≥10000m$^3$） | 密封圈处 | 线型光纤感温火灾探测器 |
| | | 低温全容罐 | 罐顶安全阀平台、罐顶低压泵操作平台、罐区集液池内、内罐及外罐夹层内、集液盘管道集中处 | 图像型感温探测器或点型红外火焰探测器 |
| | 仓库 | | 甲、乙类仓库 | 点型火焰探测器或感烟火灾探测器或图像型感温探测器 |
| | | | 占地面积超过3000m$^2$ 的丙类仓库 | 感烟火灾探测器或感温火灾探测器或热解粒子火灾探测器或点型火焰探测器或图像型感温探测器 |
| | | | 化学品库 | 感烟火灾探测器或感温火灾探测器或点型火焰探测器或图像型感温探测器 |
| | | | 自动化立体库 | 感烟火灾探测器或感温火灾探测器或点型火焰探测器或热解粒子火灾探测器 |
| | | | 煤筒仓、储煤库 | 感烟火灾探测器 |
| | 包装厂房 | | 散装固体包装线 | 感烟火灾探测器或感温火灾探测器或点型红外火焰探测器 |
| | 建筑面积大于15m$^2$ 控制(监控)中心(室)、电子设备机房 | | 所有房间及活动地板下 | 感烟火灾探测器 |
| | 化验室 | | 仲裁样品间、标油间、样品接收间 | 点型火焰探测器或感烟火灾探测器或感温火灾探测器 |
| | | | 其他房间 | 感烟火灾探测器，感温火灾探测器 |

续表

| 火灾自动报警系统的设置场所 | | | 适用的火灾探测器类型 |
|---|---|---|---|
| 公用和辅助生产设施 | 总变电站及变配电间 | 配电间 | 感烟火灾探测器或热解粒子火灾探测器 |
| | | 电缆隧道、电缆夹层、电缆竖井 | 非接触式线型感温火灾探测器或感烟火灾探测器或热解粒子火灾探测器或接触式线型感温火灾探测器 |
| | | 油浸变压器室 | 线型感温火灾探测器或点型火焰探测器 |
| | | 干式变压器室 | 感烟火灾探测器或感温火灾探测器 |
| | | 其他房间 | 感烟火灾探测器或感温火灾探测器 |
| | 散状固体转运设施 | 转运站、输送栈桥、地下廊道（封闭段）、筒仓顶部输送机通廊 | 非接触式线型感温火灾探测器或接触式线型感温火灾探测器或感烟火灾探测器或点型红外火焰探测器 |
| | 锅炉房 | | 感温火灾探测器或点型火焰探测器 |
| | 柴油机驱动的泵房、柴油发电机室及油箱 | | 点型火焰探测器或感温火灾探测器或图像型感温探测器 |
| | 硫黄与液硫储运设施与生产场所 | | 图像型感温探测器 |

注：火灾自动报警系统的设置场所及火灾探测器选型应用说明：

a)点型火焰探测器包括点型红外火焰探测器和点型紫外火焰探测器；

b)储罐（组）区中的罐组区指每个以防火堤围成的储罐组单元，在各储罐组单元四周高位设置点型红外火焰探测器可及时发现阀门集中区、呼吸阀、通风口以外区域的火灾隐患；

c)仓库中的化学品库指企业集中储存的零散化学品库房；

d)总变电站及变配电间中的电缆夹层、电缆竖井、电缆沟和散状固体转运设施中将线型感温火灾探测器分为非接触式线型感温火灾探测器和接触式线型感温火灾探测器进行描述是考虑接触式线型感温火灾探测器的敏感元件需要有一定的段长才能有效报警，非接触式线型感温火灾探测器在原有探测功能的基础上增加多点式非接触敏感元件，使得探测器的非接触敏感元件能够实现非接触探测，而且非接触敏感元件没有长度要求，因此将两种探测器分开进行描述。

12.3.7.1　火灾自动报警系统的火灾报警控制器、火灾显示盘、消防联动控制器、消防控制中心图形显示装置等盘/柜属于火灾自动报警系统中的重要设备，设备的构架设计要满足系统的功能要求，在设计过程中要优化系统结构，减少线缆数量与长度。设备的安装环境要适合于电子设备的工作，且不存在爆炸危险气体、粉尘和有毒有害气体与液体。控制器设备的安装位置要满足与前端设备间线缆传输的技术要求。

壁挂式控制设备的安装高度，宜以方便观察显示屏的高度为宜，主显示屏中心高度宜为1.5～1.7m，如图12－19所示。

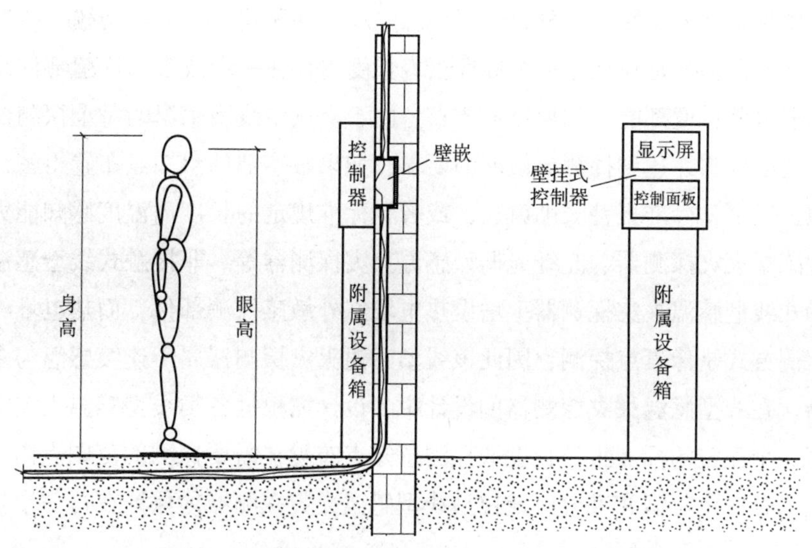


图中身高、眼高尺寸参考表16-3中国成人人体尺寸数据确定

**图 12－19 壁挂式火灾报警控制设备安装示意**

12.3.7.2 在建筑物内非爆炸危险环境的火灾探测器设置需按 GB 50116—2013 火灾探测器的设置要求执行，在爆炸危险环境及企业的露天环境火灾探测器的设置按照《规范》的要求执行。

12.3.7.3 线型光束感烟火灾探测器需要火灾烟雾参量判断积累，探测器的晃动摇摆会破坏对射光路对烟雾参量的判断，设计中需选择稳定的位置作为发射器和接收器的安装支撑。在投射光束使用反射镜(非棱镜式反光镜)的场合，反射镜和投射光束的安装应符合有关规定。表 12－9 所示为美国 NFPA72E《自动火灾探测器标准》给出的设置要求。

**表 12－9 投射光束使用反射镜的场合下反射镜数量和最大允许光束长度的关系**

| 反射镜数量 | 最大允许光束长度 $L$ | |
|---|---|---|
| 0 | 额定光束长度 | $L$ |
| 1 | $\frac{2}{3}L=a+b$ | $a$ $b$ |
| 2 | $\frac{4}{9}L=c+d+e$ | $c$ $d$ $e$ |

注：如最大允许光束长度 $L=100$m，当使用 2 只反射镜时，最大允许光束长度为 $c+d+e=4/9\times100=44.4$m。

12.3.7.4 线型感温火灾探测器需依据各类探测器敏感部件标准报警长度等特性设计，以提高探测器的探测灵敏度。连续敏感部件的线型感温火灾探测器的温度感知部分为不间断的连续敏感部件长度感知，通常需要探测器的一整段连续敏感部件或满足标准长度的分段敏感部件同时探测同一目标才能满足灵敏度要求，如接触式线型感温火灾探测器、空气管式线型感温火灾探测器、分布光纤型感温火灾探测器等。多点型线型感温火灾探测器的温度敏感部件部分是在任意一个标准报警长度内存在一个或多个敏感部件感知点，以满足任意标准报警长度都能达到探测的要求。由于多点型线型感温的每个探测器敏感部件都能独立地完成探测并达到探测灵敏度的要求，如果敏感部件感知点布置得密，则标准报警长度就短。反之，标准报警长度就长，或者在标准规定的长度内温度感知能力就强，如缆式多点型感温火灾探测器、光纤光栅型感温火灾探测器等。非接触式线型感温火灾探测器是在接触式线型感温火灾探测器上增设热电堆红外敏感探测部件，而热电堆红外敏感探测部件的探测方式是像素点探测，因此该线型感温火灾探测器属于连续感温与多点感知结合的探测器。在线型感温火灾探测器的设计中，设计需根据各类线型感温火灾探测器的原理特性，将一个完整的标准报警长度或探测感知点布置在需要探测的范围点内，以确保应有的灵敏度。分区定位型和准分区定位型线型感温火灾探测器须保证在每一个报警区内至少布置一个完整的探测分区。

12.3.7.5 管型吸气式感烟火灾探测器的管路构成需要按照被保护物需求设计，由于管型吸气式感烟火灾探测器是多采样孔分别采样集中检测分析的探测模式，采样孔数量与探测器的灵敏度成反比，即单个采样孔的灵敏度按式(12－1)计算：

$$Ps = \frac{P}{n} \tag{12-1}$$

式中 $Ps$——采样孔灵敏度；

$P$——测量分析室灵敏度；

$n$——系统采样孔总数。

在式(12－1)中，采样孔灵敏度为理想状态下每个孔采气量相同、灵敏度相同，由于管网结构与管道转弯半径会使采样管产生阻力，因此设计需要进行管道阻力与吸气量平衡计算，确保管道首尾两侧的采气量差小于5%，设计文件中应详细标注管网结构、管径、管道段长、管道转弯半径、采样孔位置，以便指导工程正确施工。

12.3.7.6 火焰探测器的安装设置需考虑各类光线对探测器干扰的影响，并将探测器布置在合理的距离范围内，安装方式要便于维护，不允许使用旋转轮寻探测方式。

12.3.7.7 分布式图像型感温火灾探测器的安装要求与火焰探测器安装设置要求类似，图像探测范围内不得有与报警温度阈值相近的物体，安装位置应方便设定报警阈值等特征参数与维护的需求，分布式图像型感温火灾探测器虽然与摄像机外形相似，但不允许设置云台使用旋转轮寻的探测方式。

12.3.7.8 热解粒子火灾报警探测器适用于密闭或空气流动小的环境。在企业中固体成品库房的净高高、空间大，库房内经常因码垛形成无规则的遮挡，使多种探测方式探测受阻。热解粒子火灾报警探测器可利用热解粒子扩散过程中穿透间隙能力强的特性解决物品阻隔问题，适用于自动化立体仓库存在的堆垛密集遮挡严重的场所。热解粒子火灾报警探测器的保护半径宜为5m，见图12－17。

12.3.7.9 手动火灾报警按钮属于火灾自动报警系统中的基本报警装置，也是系统中仅有的人工报警设施，手动火灾报警按钮由现场员工发现火情后手动启动报警，具有真实反映火情和误报警率低的特性，手动火灾报警按钮信号因无法真实反映火灾的具体位置，不具备精准定位功能。

在石油化工企业的生产区，手动火灾报警按钮的布置需根据工艺操作和平面规划布置在甲、乙类装置内及装置区周围和甲、乙类储罐组四周的道路旁，甲、乙类装置内的手动火灾报警按钮需布置在重要设备旁及巡检路线附近，甲、乙类装置区和储罐组周围道路边设置的手动火灾报警按钮间距不大于100m，甲、乙类装置内地面设置的手动火灾报警按钮的间距应保证地面任何位置到最近的手动火灾报警按钮步行距离(含因设备阻碍的绕设距离)不大于50m。在甲、乙类装置内的重要设备平台及长度大于或等于18m且宽度大于2m的平台上至少需设置一只手动火灾报警按钮，长度大于或等于12m且宽度小于2m大于1.8m的设备平台，须隔层设置手动火灾报警按钮。设备平台上的手动火灾报警按钮宜设置在平台斜梯附近，并应保证设备平台任何位置到最近手动火灾报警按钮的距离不大于30m。

甲、乙类装置区周边道路的手动火灾报警按钮应与甲、乙类装置内的手动火灾报警按钮联合布置，以使装置内外的手动火灾报警按钮布置和谐统一，防止装置内外分别设计时手动火灾报警按钮距离疏密不均。手动火灾报警按钮的安装高度为中心具地坪1.4m，且布置在明显和便于操作的位置。当安装手动火灾报警按钮的位置没有建(构)筑物依托时应采用立柱安装方式，立柱型手动火灾报警按钮应设置在不妨碍工程检修、抢险车辆通过的位置。

室外设置的手动火灾报警按钮应该配置防雨防尘罩(箱)以保护设备并防止误操作。图12－20所示为工程中应用的自闭型手动火灾报警按钮防雨防尘罩制作示意及应用实例，在手动火灾报警按钮安装设计时可参照改进应用到设计中。

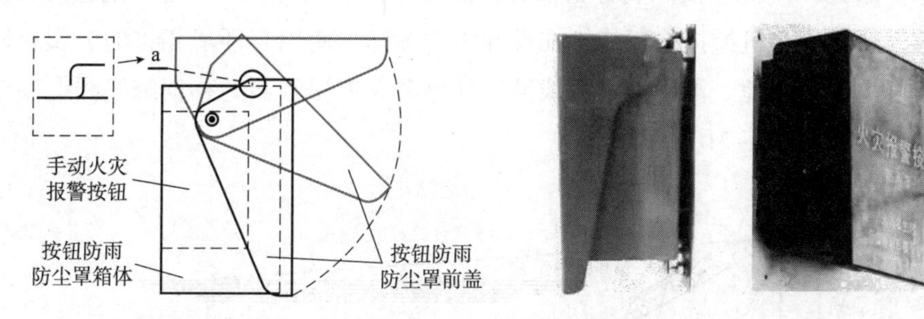


**图12－20 自闭型手动火灾报警按钮防雨防尘罩示意及实例**

12.3.7.10 可燃气体、可燃液体储罐区储存大量的易燃可燃物，火灾的风险等级高，着火后扑救难度高，属于企业重点防火区域。由于石油产品的特性使储罐具备易燃性、易爆性、易挥发性、有毒有害特性、流动扩散性和生产过程易产生静电及沸腾突溢现象，储罐发生爆燃与火灾的因素有明火、静电、雷击、硫化亚铁自燃及违规操作等，储罐区需要设置必要的火灾探测设施，及时发现火灾警情，扑灭与控制火灾。储罐区的火灾探测应设置在罐区容易漏泄可燃物且非爆燃泄压的部位，储罐的罐体(壁)的强度高，罐体(壁)漏泄的概率极低，调查中获知国内至今尚未发生过因罐体(壁)漏泄引发的火灾案例，在罐壁上安装的火灾探测设备感知物料漏泄火灾的必要性很低，而且在罐壁上安装火灾探测设备还易引发误报警，增加维护维修难度和费用，因此在《规范》中没有要求在罐体(壁)上进行火灾探测保护。储罐区各罐组的阀组区属于易发生跑冒滴漏的区域，应给予火灾重点防范，《规范》要求凡需要进行火灾探测防范的非浮顶罐组，火灾探测应以罐组的阀组、罐根阀部分为主，火灾探测设备应选择快速响应的非接触主动探测设备，详见图12－8。对于液化烃等燃烧蔓延迅速的压力储罐则应以快速感知报警的图像感温型探测设备为主，以便快速报警快速施救。浮顶储罐属于大型储罐，油品储存量大，一旦失火补救极为困难。对浮顶储罐火灾事故分析，火灾事故95%以上发生在浮顶储罐浮盘与罐壁的衔接位置，由于浮盘与罐壁处密封不严，使得常年存在油气混合物聚集，属于浮顶储罐易发生火灾的高危区，因此要求在罐体与浮盘的二次密封板处设置线型光纤感温火灾探测器，设置的线型光纤感温火灾探测器需要有符合使用要求的最小报警长度，避免有探测盲区，以便能够探测到火灾的初始阶段，防止燃烧扩大成灾。浮盘间隙属于室外空间环境，火灾发生时，热量难以聚集，线型光纤感温火灾探测器感知部分的安装位置应在二次密封板上侧附近，以便能及时灵敏准确地感知火情。液体硫黄罐顶的通气孔处长期存在硫黄蒸汽，硫黄蒸汽产生的硫化亚铁会因自燃现象经常出现燃烧，而硫黄火燃烧的火焰极不明显，人眼难以侦测。因此，硫黄罐顶通气孔处的火灾探测要求使用具备非接触远程探测功能的图像型感温火灾探测器进行探测。罐组防火堤是罐组事故状态下容纳罐内漏泄物料的区域，因此不许可布置除本罐火灾探测设备以外的火灾自动报警系统设备、模块及手动报警按钮等设施。

当下，浮顶油罐的线型光纤感温火灾探测器引出线缆通常采用移动光纤线缆沿滚梯旁悬垂明装敷设，将十几米移动线缆在不设置任何防护的悬垂在危险环境中摇曳，存在有重大安全隐患。因此，《规范》要求将浮盘滚梯旁悬垂明挂的线缆改为固定在拖链内敷设，用拖链保护移动线缆免受机械损伤，拖链在设计中需选择与使用与环境相符的金属材质，且必须设置防静电保护接地。浮顶油罐的线型光纤感温火灾探测器的移动配线线缆及金属拖链设计安装示意如图12－21所示。

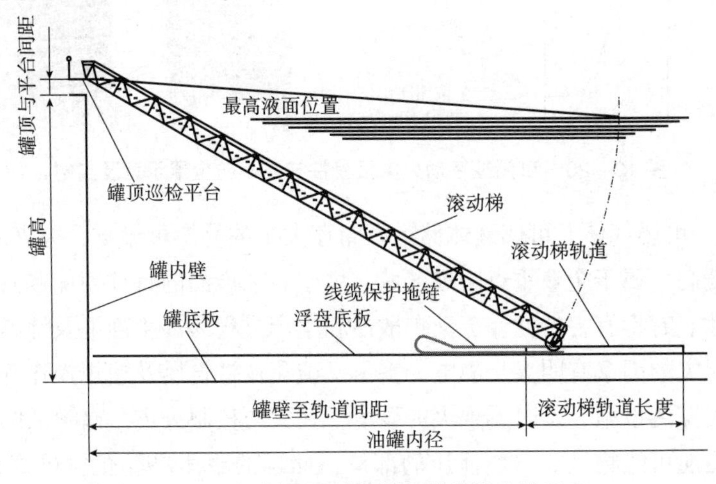


图12－21　浮顶油罐线缆保护拖链安装示意

储罐组防火堤内范围大，流淌火的探测可采用在防火堤外设置红外火焰探测器方式探测流淌火现象，探测器需安装在探测范围较大且遮挡少的位置，以提高探测效率和安全防范程度。

油罐着火的扑救流程与着火罐在油罐组中的位置相关，当罐组为图 12－22 中所示田字布置且邻近储罐间距小于储罐直径的 1.5 倍范围内时，水喷淋灭火与防护的关联方式见表 12－10。

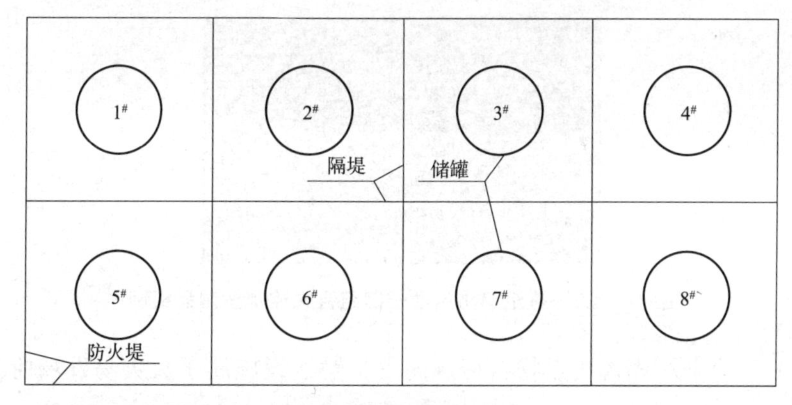


图 12－22　罐组布置示意

表 12－10　着火储罐水喷淋灭火与降温储罐关联

| 着火储罐编号 | 灭火水喷淋储罐编号 | 降温水喷淋储罐编号 |
| --- | --- | --- |
| 1# | 1# | 2#、5#(、6#) |
| 2# | 2# | 1#、6#、3# |
| 3# | 3# | 2#、7#、4# |
| 4# | 4# | 3#、8#(、7#) |
| 5# | 5# | 1#、6#(、2#) |
| 6# | 6# | 5#、2#、7# |
| 7# | 7# | 6#、3#、8# |
| 8# | 8# | 7#、4#(、3#) |

注：①表中拱顶罐为整罐水喷淋，压力罐分设上半罐和下半罐水喷淋，当压力罐处于降温状态时，只实施上半罐喷淋。
②当( )内编号储罐与着火储罐间距小于储罐直径的 1.5 倍时，需做水喷淋降温。

各储罐的形式与位置，拱顶罐组通常为一罐一键，压力罐组通常为一罐两键，同时还须牢记各罐在罐组中的位置，熟悉相邻罐的降温保护关系如同表 12－10 中类似罐组关联操作，当企业中储罐数量大罐组多(大型企业可能存在有几十个罐组)时，各罐组的操作既类同又有差异，在突发事件状况下极易造成操作的失误，影响灭火实施的准确。在工程中，通过分析表 12－10 中罐组操作的关联关系，实现一个按键启动多处储罐水喷淋的功能，即同时启动着火储罐的灭火和相邻储罐的喷淋降温，用硬连线组合方式解决了储罐水灭火和水喷淋保护，既满足了“硬线直启”的要求，又简化了储罐与罐组排序关联差异的操作问题，提高操作的准确性。罐组消防启动一键组合式控制按键盘实例如图 12－23 所示。

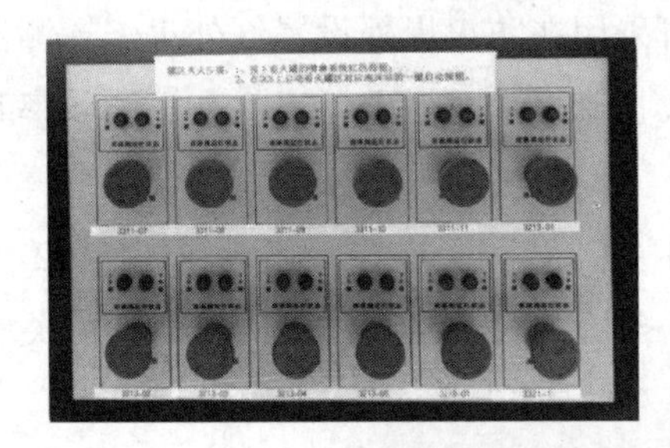

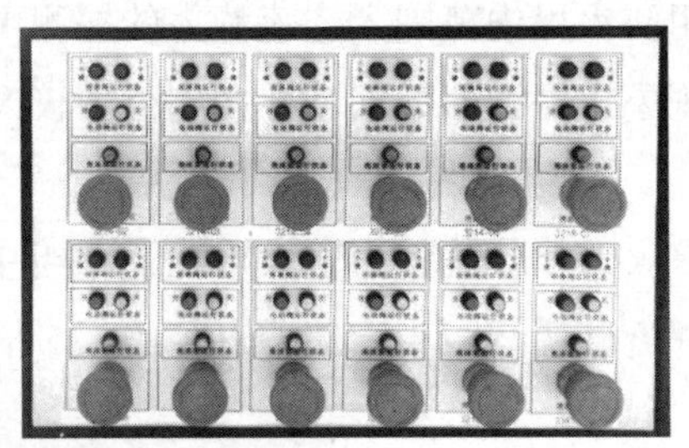

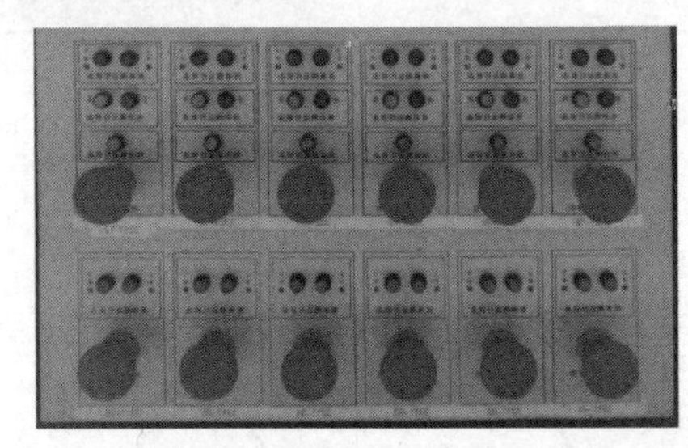

图 12 - 23　罐组消防启动一键组合式控制按键盘实例

12.3.7.11　企业中固体可燃物料传送的皮带输送设施属于火灾易发场所，造成皮带输送设施产生的火灾有两种原因，由皮带输送设施中的托轮轴承被卡死故障造成的受损托轮与输送皮带剧烈摩擦产生的过热高温点引发的物料或皮带燃烧；输送物料自燃或输送过程中将燃烧的物料传送到运行的皮带上。轮轴承被卡死故障的火灾探测方式为对每个托轮进行温度检测，通常使用多点式线型感温火灾探测器将探测敏感元件布置在托轮静止部分，采用接触探测方式；物料燃烧火的探测可在传送带上方设置非接触线型感温火灾探测器或在输送带上设置探测卡点进行快速火灾探测。当采用连续探测线型感温火灾探测器探测托轮轴承时，与每个托轮静止部分接触的线型感温探测部分需保证有一个完整的标准报警长度，安装可通过盘绕方式保证接触探测满足标准报警长度。

12.3.7.12　模块是控制系统连接前端设备的重要过渡设备与部件，模块与受控或探测设备之间通常为开关量信号，而总线信号传输的抗干扰能力低于开关量信号传输，建议模块与控制系统布置在同一建筑物内，避免或减少总线线路在建筑物外的长度或穿行建筑物内的强电磁干扰区。系统中输入输出模块和前端部件与设备紧密关联，模块及关联设备布置应按防火分区、采集信号及受控设备的分类、受灾区域对模块的影响程度等因素选取适宜的位置，不同受控设备不得交叉连接不同的控制模块。模块集中布置的安装箱不应受现场火灾、爆炸等影响失效。

12.3.7.13　声光警报装置包括声警报装置、光警报装置、消防及应急广播等设施。在生产区消防及声警报装置应按照《规范》中应急广播声压设置要求进行设计，在非爆炸危险环境建筑物内声光警报装置设置需按照国家相关标准规定进行设计。声警报装置与光警报装置具有互补性，在爆炸危险环境及高噪声场所，当声警报装置与光警报装置不能同时满足要求时，须确保声警报或光警报装置中的一种警报装置满足要求。在室外环境下，白天的强光照射会使人眼对光警报装置的刺激弱，应以声警报装置为主；在高噪声生产区特别是在事故状态的紧急排空工况环境下，声警报装置的作用减弱，光警报装置将起主导作用，而夜晚光线弱的环境下，光警报装置的效果将更突出。因此，声警报装置与光警报装置需根据使用工况环境进行互补设置，做到声光互补减少空间与时间的警报盲区。凡设置火灾自动报警系统的区域均要设置声光警报装置，光警报装置的位置需设置在装置与辅助生产单元的通道或方便周边观察且无遮挡的位置及有人员出入经过或人员集中的生产场所。在生产区域内声警报装置的声压需按应急广播声压覆盖的要求进行计算设计，室外安装的光警报装置安装高度宜大于2.5m，在生产装置管廊下通行区域，光警报装置可安装在管廊横梁下侧居中位置。声警报装置的安装位置应考虑人的应激反应和可能造成的人体生理不适感。

## 12.4　消防联动控制

消防联动控制是火灾自动报警系统中在接到和确认火灾报警信息后由系统对需要启动的固定灭火设施、防排烟设施、疏散逃生设施、警报设施实施自动联锁控制或通过人工手动启动火灾自动报警系统实施控制的设施。

石油化工企业中火灾自动报警系统的消防联动控制结构复杂，实施灭火处置的设施及功能种类多样，与之关联的系统和需要关注指挥的信息量大，火灾处置过程因着火位置、燃烧物及生产环节的不同，使得联动控制形式、防范区域范围各不相同，且消防操作与工艺生产操作密切关联具有复杂多变的特点。企业中的消防控制设施主要有消防泵系统、泡沫灭火系统、水喷淋灭火系统、蒸汽灭火系统、防排烟系统、通道防火分区隔断(防火卷帘、常开防火门)及逃生设施、火灾应急广播与声光警报系统、消防通信设施等，企业还需要对流量、压力、液位等信息进行模拟量监视。

石油化工企业消防管理的范围大，参与消防控制操作管理的不仅只做火灾自动报警系统，同时还包括火灾电话报警系统及无线通信系统提供的电话“119”专用号报警和消防直通电话联系的语音指挥联络平台、应急广播系统提供的全厂应急语音广播平台、电视监视系统提供的实时图像支持平台、安全管理控制指挥系统提供的消防和事故处置与数据分析和辅助指挥决策支持平台、门禁控制系统提供的应急逃生通道管理平台、生产过程控制系统(DCS)和电力数据采集与监视控制系统提供的生产运行管理的支持与对生产流程实施紧急关停的紧急停车(SIS)系统支持。因此，消防联动的处置过程是集企业众多信息系统对现场消防设施、生产管理设施、应急救援系统进行综合管理的操作与控制过程，需要企业的消防控制指挥岗位在掌握与综合各方信息系统信息支持基础上实施的控制指挥过程。

12.4.1　企业消防设施实行厂消防监控中心指挥与管理下的统一指挥控制管理，厂消防监控中心的管理体制要与企业的生产体系相符，以使得消防联动控制与生产过程的操作在统一指挥下实施。

12.4.2　为确保消防设施控制的可靠，全厂消防监控中心与重要消防设备或固定灭火

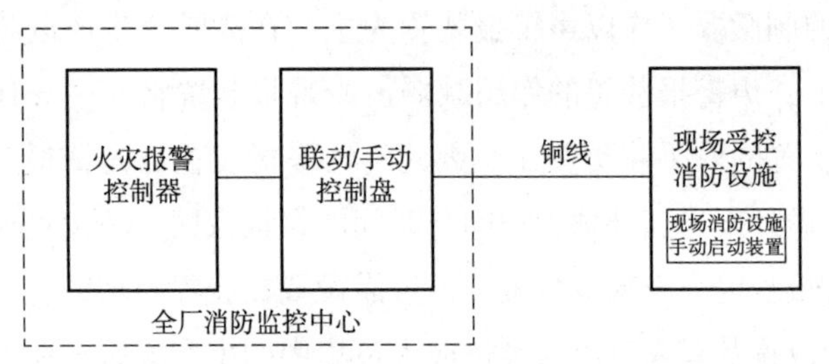


图 12－24　全厂消防监控中心与现场受控消防设施接线示意

设施的控制必须采用专用控制线缆进行控制，实现对重要消防设备和固定灭火设施在全厂消防监控中心和设备现场两地控制，系统结构如图 12－24 所示。

当石油化工企业地域面积大，全厂消防监控中心管控的消防设施距离远时，专用控制线（铜线）缆的传输参数无法满足要求时，消防联动控制管理可以采用分层设置管理方式。图 12－25 所示为区域消防控制室与现场受控消防设施接线示意。全厂消防监控中心的联动控制通过火灾自动报警系统专线对区域消防控制室进行设备管控，由区域消防控制室采用专用直通控制线缆（铜线）控制重要消防设备和固定灭火设施，实现对重要消防设备和固定灭火设施在全厂消防监控中心、区域消防控制室和设备现场的三地控制，确保系统控制的安全可靠。

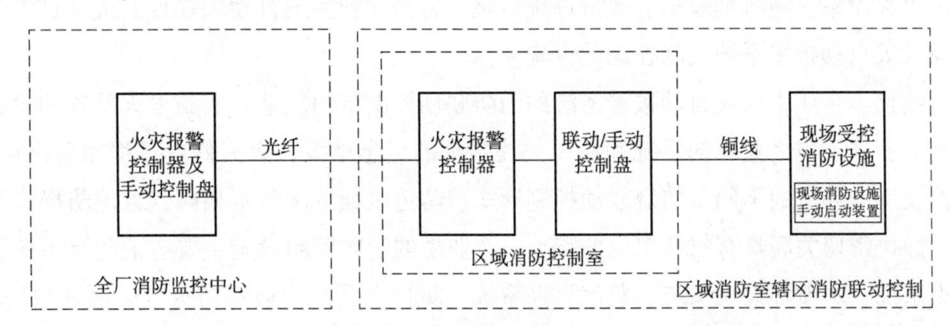


图 12－25　区域消防控制室与现场受控消防设施接线示意

12.4.3　需要远程控制的固定灭火设施通常为企业火灾扑救的重要设备，包括消防给水系统、灭火管网系统的雨淋阀和电动阀、泡沫灭火系统的比例混合装置及配套系统等设备。这些设备需要在火灾出现后由值守人员及时可靠地操作或控制系统联锁投入使用，同时还必须保证在现场人员无法进入火场状态下或在自动控制系统失效时，转由区域消防控制室或全厂消防监控中心远程直接手动控制的功能。

联动/手动控制盘与受控设备之间的专用控制线路中，不允许设置有未经消防检测许可的过渡器，以免出现信号传递过程的功能缺失。在消防联动控制设备远程控制固定灭火设施中，固定灭火设施多以继电器等器件接受控，而继电器等器件属于电能控制器件，消耗的功率大，传统的 24V 电压等级线路在传输过程中能量损耗大，难以满足消防设备远距离控制的需求。在企业中 220V 电压等级线路随处可见，220V 电压等级属于低电压等级，为适应企业中控制距离远的特性，在《规范》中规定，消防设备专用控制线路的电压等级为直流 24V 或 220V 电压等级，通过提高电压等级的方式，减少传输过程中的能量衰耗，延长控制传输距离。因此，在企业中可以使用 220V 电压等级作为远程控制固定灭火设施的线路电压等级，以提高线路传输距离减少区域控制室的层级数量。系统控制失效是指火灾自动报警系统的功能丧失，不能实施应有的控制，要求设计中必须要有固定灭火设施的手动触发装置，在自动控制失效时，不依靠火灾自动报警系统控制，能够用手动触发装置完成对消防设施的控制。

在消防联动控制系统的设计中，对重要消防设备或固定灭火设施的控制需保证专用控制线路的可靠与完整。图 12－26 所示为 3 种与消防设施连接且保留有线路侦测功能的典型专用线路示意。

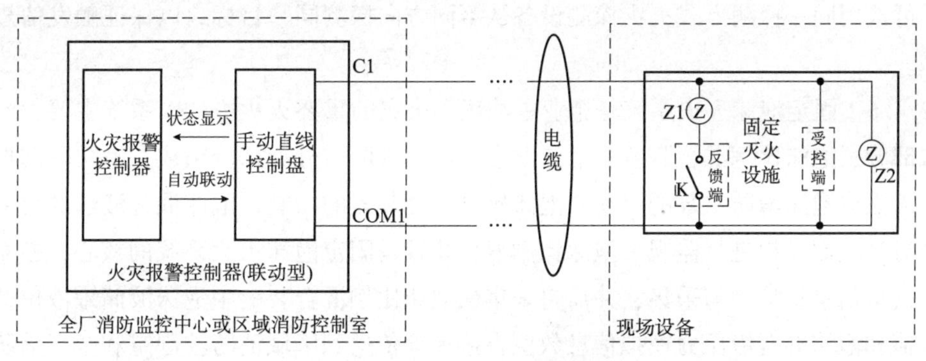


(a) 2线制24V专用线路控制示意

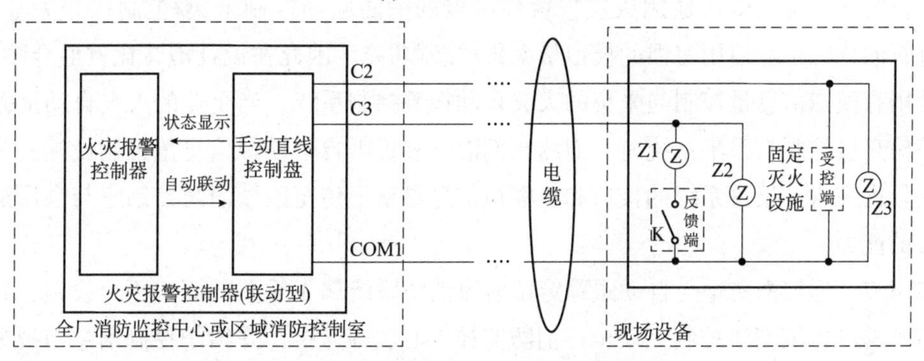


(b) 3线制24V专用线路控制示意

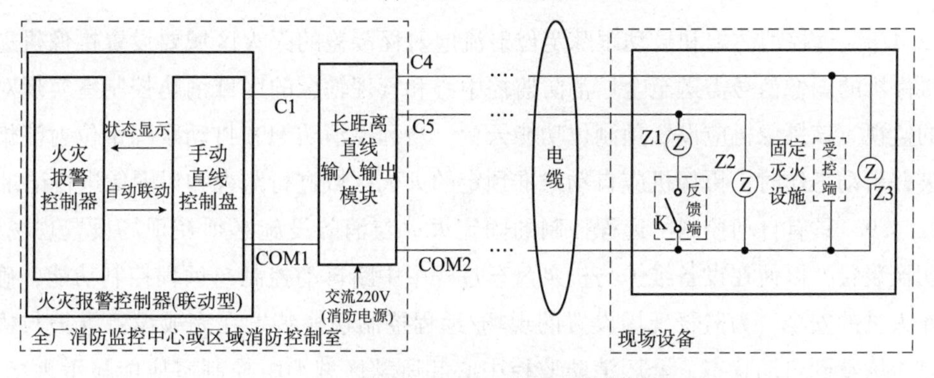


(c) 3线制220V长距离交流专用线路控制示意

**图 12－26　消防设施专用线路联动控制示意**

注：①Z 为终端器、K 为反馈信号无源触点。

②C 为控制线、COM 为公共线。其中 C1 为 DC24V 控制及应答线、C2 为 DC24V 启动控制线、C3 为 DC24V 应答反馈线、C4 为 AC220V 启动控制线、C5 为 AC220V 应答反馈线。

12.4.4　企业消防联动控制因工艺流程与管理方式不同存在差异，在设计文件中必须明确消防联动控制逻辑关系和信号接口，明确设计、施工和安装调试的责任界面，避免施工和调试中的错误。

12.4.5　需要自动消防联动控制消防设施的探测区域应设置两个独立且探测方式不同的火灾探测设备，两个火灾探测设备应从不同方向探测同一目标，两个火灾探测设备的输出信号需通过“与”逻辑信号触发启动灭火设施。当无法选择两个不同探测方式火灾探测设备时，可选用同一探测方式火灾探测设备从不同方向探测同一目标，以保证触发信号的真实可靠。

12.4.6　固定泡沫灭火系统是企业中油罐等火灾的重要灭火方式，系统主要由泡沫消防给水部分、泡沫比例混合装置和泡沫混合液输送管网与分配部分组成。消防联动控制器的控制需完成泡沫消防水泵的启动、泡沫比例混合装置的控制、泡沫混合液输送管网的配送，并对其控制过程进行监视。泡沫比例混合装置是固定泡沫灭火系统的核心，控制过程需要有模拟信息量控制与采集，并需将采集的泡沫比例混合装置中泡沫液储罐液位的模拟信息数值和泡沫混合液压力模拟信息数值直接连续传送到区域消防控制室和全厂消防监控中心进行监视。可现阶段通用火灾报警控制器的消防联动控制采集/控制以开关量为主，不具有石油化工企业使用习惯的模拟量采集/控制功能。因此在设计泡沫比例混合装置时，必须使用有模拟信息量控制与采集的火灾自动报警控制系统。当企业的火灾自动报警已采用开关信息量控制与采集系统时，泡沫比例混合装置需自带模拟信息量控制设施，并具有与开关量火灾自动报警系统的接口和将模拟信息参量上传至区域消防控制室与全厂消防监控中心的能力。

12.4.7　远控消防炮与自动跟踪定位射流消防系统属于重要的固定灭火设施，其运行状态应由辖区区域消防控制室及全厂消防监控中心实施监控，并给予控制信息与视频图像记录。

12.4.8　远控消防炮和自动跟踪定位射流炮射程覆盖的灭火区域要设置摄像机进行监视，摄像机的图像信号需送至全厂消防监控中心和管理辖区的区域消防控制室实现对灭火区域的监视。该摄像机应设置预制位功能云台，当远控消防炮和自动跟踪定位射流炮探测到火灾并启动工作时，摄像机应自动对准预定的灭火区域进行监视和对图像进行记录。

12.4.9　具有自动控制与远程控制的固定灭火与消防设施必须在现场设置现场/远程控制切换装置，以便在设备维护与机泵盘车过程中中断自动控制与远程控制功能，确保现场操作人员的安全。为监督现场设置的现场/远程控制切换装置在完成设备维护与机泵盘车后是否恢复到自动状态，全厂消防监控中心和所辖区域消防控制室应能显示现场/远程控制切换装置的切换状态。

12.4.10　消防联动控制的启/停时间记录功能是追查分析消防控制过程合理性的依据，需要设置启/停时间操作过程记录的设施。

12.4.11　防烟排烟系统是保障室内人员在火灾发生时安全疏散的设施。在企业中小型建筑物众多，且建筑形式简单，室内工作的员工受过培训并熟悉环境与逃生路线，因此《规范》要求当建筑面积大于1000m$^2$时，防烟排烟系统需设置由全厂消防监控中心和所辖区域消防控制室实施控制的控制设施。当建筑物面积小于1000m$^2$时，可由建筑物内火灾自动报警控制器联动控制，而无须远程控制，火灾自动报警系统只进行状态监视，同时须将控制的状态信息送至全厂消防监控中心和所辖区域消防控制室。

企业中的空调系统分为舒适性空调系统和工艺性空调系统。舒适性空调属于服务工作人员的空调系统，在火灾状态下，对于允许人员撤离的岗位可以切断舒适性空调系统。在火灾状态下仍需人员值守的岗位，设计需依据具体工况确定是否需要切断舒适性空调系统。工艺性空调系统是为设备提供安全运行保障的设施，空调系统关闭与否应以保障主设备安全为目的，只有当主设备失去保障意义的工况下才可关闭工艺性空调系统。

12.4.12　在企业存在有高大厂房及大型仓库等建筑物，建筑物内不仅有人员通行，还存在有叉车等运输交通工具通行，防火卷帘及防火门作为防火分区的隔断设施，在火灾发生时起着阻止火灾蔓延的作用。GB 50116—2013对防火门及防火卷帘系统的联动控制设计作了具体规定。在企业中，当疏散通道的防火门设置有门禁控制时，该防火门门禁控制宜采用火灾状态下门禁控制失效的控制模式。通道的防火卷帘在有火灾状态关闭卷帘需求时，须在通道两侧设置有指示防火通道关闭的装置。

12.4.13　企业生产区的供电/配电管理通过企业的电力数据采集与监视控制系统进行管控，电力数据采集与监视控制系统的管控岗位通常设置在企业总变站的配电控制(值班)室，火灾状态下电源的切断管理也由该操作岗位负责。火灾状况下，企业生产区的电源管控应以不影响正常生产与操作、不影响直接管理岗位供电正常、不发生二次事故为前提，火灾自动报警系统切断电源应按防火分区划分按区块实施，凡涉及消防与应急设施用电和涉及上述企业生产操作的供电回路不允许由火灾自动报警系统控制切断。上述企业生产操作的供电回路的最终处置权由企业生产调度岗位确定指挥，由设置在总变电站的配电控制(值班)室的操作岗位通过电力数据采集与监视控制系统进行操控。

12.4.14　全厂消防监控中心是企业消防与救援的指挥部门，应有整个企业管理范围内的完整消防信息显示；区域消防控制室应有整个管理区域范围内的完整消防信息显示，以及整个企业的火灾报警信息及关联的视频信息；消防站通信指挥室是企业实施消防与应急处置的部门，应有整个企业管理范围内的完整火灾报警信息显示及相关的视频信息；企业总变电站负管控整个企业的供配电职责，应能观察到整个企业配电系统的火灾报警及相关的消防信息与视频信息。

## 12.5　全厂消防监控中心及区域消防控制室

12.5.1　全厂消防监控中心与区域消防控制室是全厂或责任辖区消防管控与指挥的岗位，担负着接警、监控消防设施、组织扑救火灾的责任。全厂消防监控中心与区域消防控制室负责管理的火灾与爆炸事故不以本建筑为主，管控的灾害位置应在本建筑以外。另外，在企业内公共建筑通常不设置地下层，而首层多用于直接生产用房，布置全厂消防监控中心或区域消防控制室较为困难。因此《规范》规定，全厂消防监控中心与区域消防控制室设置的位置应为非爆炸危险环公共建筑物的首层或二层靠近安全出口位置。

12.5.2　全厂消防监控中心的设置要满足企业的管理结构的要求，同时还要符合火灾报警设备的技术要求。全厂消防监控中心有着明确的职责和管理要求，要求全厂消防监控中心管理人员全面掌握企业火灾报警系统的运行状况、全天不间断地值守，及时指挥火灾扑救和控制相关消防设施、引导人员疏散。全厂消防监控中心需配备齐全的设备，以完成上述工作内容，全厂消防监控中心的设施配置与功能要求见表12－11。

**表12－11　全厂消防监控中心和区域消防控制室功能与设备配置**

<table>
<tr><th colspan="2">功能与设备配置</th><th>全厂消防监控中心</th><th>区域消防控制室</th></tr>
<tr><td colspan="2">功能与用途</td><td>对全厂消防岗位进行指挥、监督、管理；<br>接收全厂火灾报警与故障信号；<br>监控全厂消防设施；<br>启动固定灭火系统并监视其状态</td><td>接收全厂消防监控中心指挥；<br>接收全厂火灾自动报警系统报警信号及本辖区的故障信号；<br>控制管理本辖区消防设备，并接收状态信号</td></tr>
<tr><td colspan="2">基本设施</td><td>双座席操作台；<br>电视监视系统视频显示终端和图像控制装置；<br>工厂信息系统客户端；<br>打印设备</td><td>双座席操作台；<br>电视监视系统视频显示终端和图像控制装置；<br>工厂信息系统客户端；<br>打印设备</td></tr>
<tr><td rowspan="3">设备配置</td><td>火灾报警与消防信息显示</td><td>火灾电话报警系统受警终端或火灾电话调度台；<br>火灾报警控制器；<br>消防联动控制器；<br>火灾报警与消防设施信息显示屏；<br>消防控制中心图形显示装置；<br>可燃气体探测报警系统报警信息的功能</td><td>火灾报警控制器；<br>消防联动控制器；<br>火灾报警与消防设施信息显示屏；<br>消防控制中心图形显示装置</td></tr>
<tr><td>消防联动控制</td><td>手动启动固定灭火系统和/或通过区域消防控制室控制该辖区固定灭火系统并监视其状态</td><td>手动启动本辖区固定灭火系统并监视其状态</td></tr>
<tr><td>消防应急广播与通信指挥设施</td><td>消防应急广播系统拾音器；<br>消防应急广播系统手动分区控制装置；<br>消防应急广播系统语音监听终端；<br>厂行政电话机；<br>厂调度电话机；<br>地方行政(消防)部门的电话机；<br>全厂及消防无线通信系统终端；<br>数字录音录时装置</td><td>消防应急广播系统拾音器；<br>消防应急广播系统语音监听终端；<br>与全厂消防监控中心的直拨电话；<br>厂行政电话机与厂调度电话机；<br>全厂及消防无线通信系统终端；<br>数字录音录时装置</td></tr>
</table>

续表

| 功能与设备配置 | 全厂消防监控中心 | 区域消防控制室 |
| --- | --- | --- |
| 消防设施监视 | 手/自动控制转换装置状态显示；<br>消防水管网压力及消防水池(罐)液位显示及异常告警；<br>消防设施供备电电源监视及告警装置 | 本辖区手/自动控制转换装置状态显示；<br>本辖区消防水管网压力及消防水池(罐)液位显示及异常告警；<br>本辖区消防设施供备电电源监视及告警装置 |
| 位置要求 | 设置在建筑物的一层或二层靠近安全出口处；<br>独立房间或与安全管控中心及厂调度中心合用房间的独立区域 | 设置在非爆炸危险环境建筑物的一层靠近安全出口处；<br>独立房间或与生产操作岗位合用房间的独立区域 |
| 室内照度 | 操作台台面≥400lx<br>非发光全厂火灾报警信息屏≥500lx<br>发光全厂火灾报警信息屏≥100lx<br>休息区≥200lx<br>其他区域≥150lx | 控制柜(盘)距地面800mm处≥400lx<br>非发光全厂火灾报警信息屏≥500lx<br>发光全厂火灾报警信息屏≥100lx<br>休息区≥200lx<br>其他区域≥150lx |

12.5.3　全厂消防监控中心负有调动企业消防力量对事故现场实施灭火施救指挥的职责，当企业各消防站的人员装备调配由全厂消防监控中心负责时，企业消防总站无须再设置消防通信指挥室，全厂各消防站指挥功能由全厂消防监控中心承担，消防总站可只设置通信室。

12.5.4　区域消防控制室是为弥补全厂消防监控中心消防系统控制管理能力不足或未满足火灾报警系统技术要求设置的消防控制管理岗位，区域消防控制室是在全厂消防监控中心指挥下实施辖区内消防控制与管理的岗位，区域消防控制室的设施配置与功能要求见表12－11中区域消防控制室部分的内容。

## 12.6　电源供电

火灾报警系统的供电分为火灾电话报警系统供电和火灾自动报警系统设备供电，灭火设备与设施的配电一般不由火灾报警系统提供。火灾电话报警系统供电的技术要求与行政或调度电话系统供电的技术要求保持一致，电源的瞬断时间小于或等于系统/设备连续工作最大允许中断时间，备用电源的后备时间≥8h。火灾自动报警系统设备的供电有以下类别：

1)当设备/系统自带有主电源和备用电源，且主电源与备用电源之间的自动转换装置及设备备用电源后备时间已通过检测，设备的制造满足检测标准要求时，设备可直接接入供电电源。当设备带载的探测设备等部件用电负荷超出设备供电负荷的技术要求时，可设置消防设备应急电源以独立供电回路形式向超出负荷部分设备/器件供电，设备自带电源和消防设备应急电源的供电负荷须大于所带负载全负荷功率的120%。

2)火灾报警系统中没有自带备用电源的火灾自动报警设备或部件及辅助于消防管理指挥的系统或设备，如消防控制中心图形显示装置、消防应急广播等需直接由AC 220V供电的设备，辅助于消防的电视监视的图像监视终端设备等。这类设备需由供电系统提供满足最大负荷、瞬断时间和后备供电时间要求的供电，由供电系统供电瞬断时间需满足火灾报警系统/设备的要求，向火灾报警系统提供电源的后备供电时间按平均用电负荷后备≥3h计算。

# 13　门禁控制系统

门禁控制系统是通过实体闸口设施对出入口进行人流、车流控制和管理的系统。系统采用物理与生物的密钥信息识别确认通行目标的合法性，通过驱动实体闸口对通行目标实施放行、拦阻、记录和报警等控制操作。在石油化工企业中门禁控制系统具有以下特点：

1）企业的门禁控制系统是以核心管理与控制部分和多个现场控制部分组合的全厂统一设置和统一管理系统；

2）系统具有安全防范、通行管理、消防通道及应急疏散管理多项功能；

3）按不同用户目标设置分层级分区域的通行权限管理。如全厂分为办公区、生产区、装卸区、供配电等作业区域，用户只可在各自的责任范围内通行；

4）企业中潮汐通行明显，要求相同业务等级与性质的出入闸口实施信息共享及互通的通行方式；

5）系统的通行管理与考勤记录要满足跨越24h的连续统计，许可用户的连续工作记录与通行。

企业中门禁控制系统是在核心管理与控制部分管理下的多现场控制器系统。核心管理与控制部分负责企业门禁系统数据的统一管理与分配，各现场控制器负责现场设备管控和将采集到的信息进行现场存储，并上传给核心管理与控制部分，由核心管理与控制部分分享给其他相同业务的现场控制器进行现场存储，以方便互通的门禁实体闸口对用户实施放行、拦阻、记录和报警等控制操作。当人员通过门禁设施后，现场控制器在完成设施管控的同时，需将采集到的密钥信息上传给核心管理与控制部分，并通过核心管理与控制部分分发到其他相同业务等级的现场控制器，实现核心管理与控制部分与所有相同业务等级现场控制器存储的用户进出信息保持一致，使系统无论在阻塞或网络中断时，用户在进出不同通道时可以获得相同的许可和感受。

门禁控制系统设计内容与范围包括：确认系统管理范围内各闸口的安全等级，确定企业密钥使用方案，选择各通道适宜的实体闸口设施与密钥方式，根据人车流和使用需求合理布置实体闸口数量，设计各个通道从识读到闸口执行完成通行的响应时间，设计确定人行通道的人员通过率，防止潮汐人流造成通道堵塞，设计门禁控制系统的结构与数据信息流走向，确定设备间接口与线缆连接方式。门禁控制系统的设置需兼顾企业“一卡通”的使用需求，统一规划相关系统的密钥制式。

在基础设计阶段需要确定门禁控制系统的功能和结构、设备平面布置与布线方式，确定各闸口执行机构的形式、位置与技术指标，主要通道闸口需要计算出道口通过率指标，各主要闸口通行的响应时间，规划密钥制式。

## 13.1 一般规定

13.1.1 企业门禁控制系统应为全厂统一构架统一管理的系统，无特殊需要不允许有独立的系统孤岛。门禁控制系统的设置需考虑人员正常工作下的通行和紧急工况下非正常通行的需求，要满足常态人员通行的管理和治安反恐防范状态下通行管理的需求。

13.1.2 门禁管理系统由核心管理与控制部分、现场控制器、控制模块、识读部分、执行机构等部分组成。门禁管理系统的结构如图13－1所示。门禁控制系统的核心设备包括核心控制器、核心信息存储、对外信息接口等部分，要求核心设备布置在环境安全、方便管理与维护的全厂性机柜间。核心部分存储的信息包括系统基础数据和人员身份信息、人员状态信息和各门禁岗位控制及人员出入状况等实时信息，必要时信息存储部分存储的系统基础数据与实时信息数据进行分区分层管理。

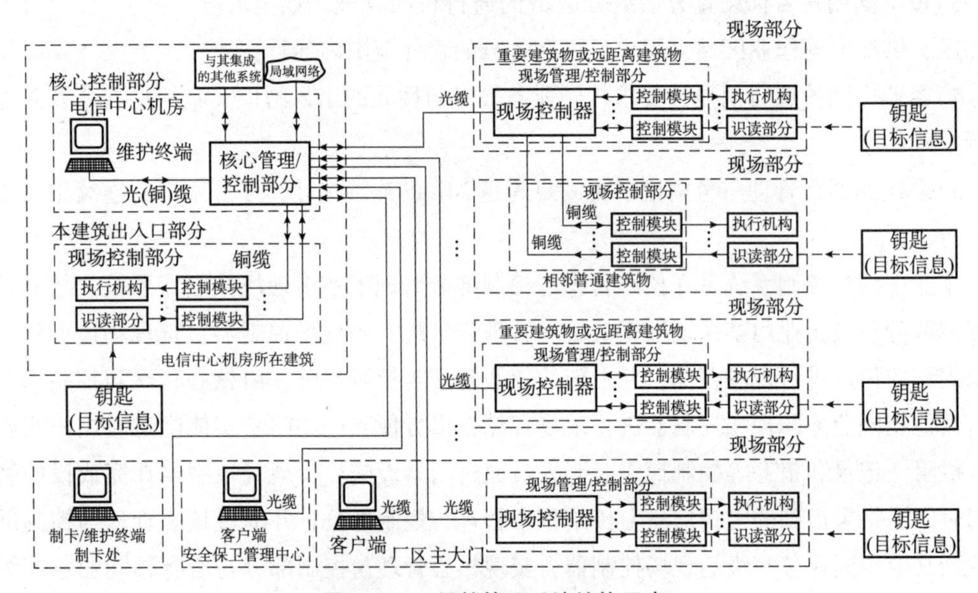


图13－1 门禁管理系统结构示意

13.1.3 厂区的人行通道与车行通道不得混行通过，并在人行通道与车行通道设置固定云台摄像机，以保证通行安全和卡口目标行踪追查。

13.1.5 人行通道设置的全高人行道闸可防止人员翻越，但人员通过率低，适用于无人看守通行量小的人行通道，半高人行道闸适用于有人看守的人行通道。翼型人行道闸对箱体内部件与接线防护要求较高，室外环境需慎用翼型人行道闸。

13.1.6 半高人行道闸的识读部分和道闸的现场控制模块需要内置于道闸箱体内，以方便人员通行过程中密钥识取和系统信息的采集与对道闸进行控制。道闸与门禁控制系统的功能与技术指标应融合配套，半高人行道闸的技术要求参照附录 D 中的要求确定，其他通道拦阻执行机构的技术要求可参考附录 D 的内容进行编制。

13.1.7　门禁控制系统的拦挡式人行道闸人员通过率依据设备的形式存在有差异，当人行道闸设置为允许通道内刷卡通行且设备开启时间最短时，半高平摆型人行道闸与半高翼型人行道闸可鱼贯通行，人员通过率最高；滚型人行道闸受挡杆阻隔最高，通过率较低；全高人行道闸需要人体全部进入拦挡区内，人员通过率最低。闸口的人员通过率还受到系统与执行机构指标匹配和识读部分信息在控制系统中分析判断流程的影响，需要在设计过程中确定识读信息流与控制信息流的运行方式和系统的功能与结构要求。

13.1.8　在人行道闸的布置中，人行道闸通行方向的前后要留有人员滞留空间，满足人员聚集排队时的通行需要。有自动识别通行功能的车行道闸，要在道闸前车辆驶入方向留有≥5m 的直行通道，以使车辆正面对准道闸，方便自动识别车辆信息。

13.1.9　在有治安反恐需求的地区，可根据公安机关和有关部门规定的要求设置车行道防暴升降式阻车路障设施(以下简称“路障”)，路障设施的控制应纳入门禁控制系统中进行控制管理，在安全保卫值班室和设置路障的门卫值班室内设置阻车路障状态显示和手动升降控制设施。

13.1.10　现阶段企业的安全保卫巡视工作通常交由安保公司人员进行巡视管理，为避免外委(聘)人员进入生产操作岗位对生产操作产生影响，企业需要在生产操作建筑外的其他建筑或区域设立安全保卫管理中心。企业门禁控制系统的日常操作管理需由安全保卫管理中心负责，企业生产应急处置岗位则需负责门禁控制系统中紧急工况下的逃生门管控。

13.1.11　具有逃生功能的门禁系统应具有应急放行功能，且门禁控制系统的控制线路宜与其他网络独立。

13.1.12　门禁控制系统不应对不具有逃生要求的出入通道设置紧急放行功能，如存放放射性物质、剧毒化学品、爆炸品、用于制造爆炸品的原料及辅料化学品、现金财物和涉密文件等场所。具有应急放行要求的实体闸口应设置为断电栏挡开启或门禁失效模式。

## 13.2　系统设计

13.2.1　门禁控制系统的各现场控制部分的信息需要实时共享。核心管理与控制部分和现场控制部分信息交换频繁，要求核心管理与控制部分和现场控制部分数据线采用光缆连接，以提升数据交换信息量，阻止线路干扰的影响，保证系统稳定。

13.2.2　门禁控制系统的核心管理与控制部分和现场控制部分需具有独立的信息存储功能，以分别存储企业全部用户信息和现场控制器管控的用户信息和出入信息。核心管理与控制部分存储的信息容量应大于企业可能最大用户数量的 1.5 倍，现场控制部分存储的信息容量应大于所管控出入口用户数量的 2 倍。系统需要存储的企业用户数量指企业员工数量、检维修人员数量、企业的建设人员临时进入数量。现场控制器需考虑突发时段该出入口用户数量暴增和系统异常的可能性。

13.2.4 系统存储的信息包括通行事件、操作事件、报警事件的时间、目标、位置、行为记录，并保证在任何工况下系统记录的完整。系统需支持跨日期倒班的员工和连班工作员工的通行记录。根据企业需要，系统可具有多门互锁、时段控制、全局防反传、区域人数清点功能，以及移动读卡器、生物和图像识读信息的输入。多门互锁指两个或两个以上门之间的互锁，保证任何一门在打开的情况下，其他互锁门都无法打开，只有所有门都处于关闭状态时，才能打开其中一扇门进出的控制功能；时段控制指密钥按照约定时间使用的管理方式；防反传功能指密钥在相同方向二次进或出时，识读控制器判别无效的阻拦、提示、报警功能，全局防反传功能通常应用于厂区围墙的多大门的管理，当从某一大门进或出后，重复进或出任何大门时系统发出拒绝并告警提示，设置防反传与全局防反传功能目的是防止重复刷卡，以真实反映员工位置，有利于紧急状态下的人数清点。移动读卡器是对未设置识读设备及实体闸口的临时出入口的密钥进行读卡的移动设备，通常应用于应急的临时状况。

13.2.5 核心管理与控制部分享有系统数据管理的最高权限，存储门禁控制系统汇总的全部事件信息，具有制作用户密钥(用户卡)、修改用户信息与设定用户通行权的管理权限，核心管理与控制部分设有与对外通信接口，通过接口可与其他系统共享门禁控制系统的信息。核心管理与控制部分的客户端可通过管理员口令登录系统，并由系统对登录客户端人员及出入时间给予记录。

13.2.6 现场控制部分负责采集存储通行事件、报警事件的信息，并将事件标注时间标记上传给核心管理与控制部分。现场控制部分具有确认有效用户密钥通行和阻止无效用户密钥通行的功效，在现场控制部分中存储有本控制管理辖区可通行用户的信息，当不属于本控制管理辖区用户通过时，将进行拦阻、提示、报警提示。

核心管理与控制部分与现场控制部分的存储时长依企业的管理需求确定。

13.2.7 识读部分是确认赋予用户身份特征载体合法性的设施。现阶段身份特征载体包括物理特征载体和生物特征载体两类。物理特征载体包括磁卡、光电卡及目前普遍应用的IC卡等，物理特征载体识读信息量少、速度快，缺点是不能与持卡人绑定。生物特征载体包括用户的指纹、虹膜及近期普遍使用的人脸识别技术等，生物特征载体源自于持卡者本身，与持有人深度绑定，生物特征的载体识读时大多需要分析运算，因此识读信息量大速度慢，对传输线路要求较高。设计要在了解识读设备和特征载体原理与设备结构的基础上选择适宜的识读设备和特征载体，以降低识读的误识率，缩短识读过程的响应时间。

13.2.8 门禁控制系统的执行机构是受系统控制驱动实体闸口实施放行、阻止、告警与状态检测设施。门禁控制系统执行机构的功能与技术要求包括：闭锁部件或阻挡部件、出入指示装置、出入目标通过的时限设定、人行道闸尾随报警功能，车行道闸防砸保护功能。闭锁部件或阻挡部件有出入口关闭设施和拒绝放行时的闭锁力、阻挡范围等性能指标要求。其中，锁具应有抗撞击闭锁力要求，出入指示装置有准许通行和拒绝通行的状态显示，出入目标通过时限按使用和管理要求设定，超过通过时限将自动锁闭。

在门禁控制系统执行机构的设计中，需明确标注道闸通道各部件的尺寸位置、布线敷设方式及线缆规格。在实体门设计中需明确锁具的闭锁力参数、标注识读设备、门锁、出入指示装置等设备部件的安装位置。

13.2.9 近些年，车行道电控门被普遍使用，但车行道电控门抗撞击能力较弱，为提高抗暴力闯入能力，增设了防爆升降式阻车路障。防爆升降式阻车路障的设计应有碰撞阻挡能量、安装位置、防浸水性能及配线与系统控制等内容。

## 13.3 厂区主大门及门卫值班室

厂区主大门人流车流较多是门卫管理的重点部位，在厂区大门门禁设计时应将人流与车流分开，分别设置人行道闸与车行道闸，并辅以固定云台摄像机记录。主大门电信设施种类较多，需设置电信设备间将设备与值守人员隔开以利于设备管理和安全。

## 13.4 抗爆建筑

企业中通常将爆炸危险环境内的重要控制设备与人员密集环境建筑物设置为抗爆建筑，同时建筑物设立门禁控制系统对进出人员实施严格管控，并记录目标信息。在 GB 50779—2012《石油化工建筑物抗爆设计标准》中规定，“在人员通道外门的内侧，应设置隔离前室”，同时还规定“隔离前室内、外门应具备不同时开启的联锁功能”，即要求在出现爆炸时，抗爆建筑隔离前室的抗爆门总有一扇处于关闭状态，以保证爆炸气浪不会影响室内，可在消防与应急疏散标准中却要求在建筑物内出现危险时人员逃生要确保通道顺畅。为缓解两套标准的矛盾，《标准》要求在室内处于正常工况时，隔离前室内、外门呈联锁状态不能同时开启，当室内出现异常情况需要逃生时，隔离前室内、外门需解除门禁控制和联锁状态。要求在设计中通过门禁控制系统实现隔离前室内、外门的联锁与解锁功能。

抗爆建筑作为人员避险场所，肩负着躲避有害气体漏泄毒害和爆炸伤害的避难功能，抗爆建筑的前室内、外门需在门口设置紧急按钮解锁解除管控，以便让附近人员迅速进入抗爆建筑躲避灾难或让室内人员迅速逃生。

抗爆建筑隔离前室内、外门联锁控制逻辑可以参考图 13－2 进行逻辑关系设计，并在设计文件中用逻辑关系图指导设备采购、施工安装、设备调试与工程验收工作。

## 13.5 接口

门禁控制系统在设计过程中要避免使用私有协议接口设备，增强系统内设备的升级置换设备的通用率，核心控制管理部分的对外接口必须使用标准接口协议和数据格式，方便与其他系统进行数据交换。

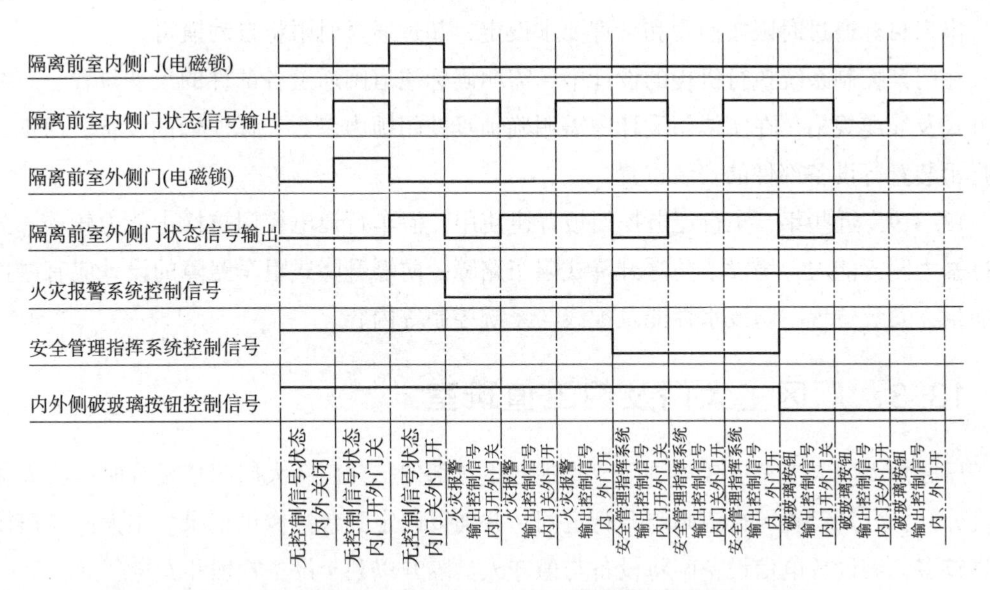


图 13－2　抗爆建筑隔离前室内、外门联锁控制逻辑关系示意

## 13.6　电源供电

门禁控制系统核心管理与控制部分、现场控制部分及其配套系统宜采用就地供电方式。核心管理与控制部分的电源备时间应不小于3h，以保证系统的核心设备稳定工作。在没有特殊要求情况下，门禁控制系统的执行机构应设置为断电开启通行状态，对无法设置成断电开启通行的执行机构，可根据实际需要配备断电状态下能使执行机构运行至通行或禁行状态的备用电源。设置防爆升降式阻车路障时，应配备断电状态下能使防爆升降式阻车路障装置升起或降落的备用电源。

# 14 入侵和紧急报警系统

入侵和紧急报警系统属于企业安全保卫与应急报警设施，入侵和紧急报警部分的管理不应纳入生产操作管理系统。全厂性入侵和紧急报警系统由安全保卫部门负责操作管理，系统包括核心控制器、现场报警控制器、传输设备、探测器和警报装置。入侵和紧急报警系统图可参照图 14－1 进行设计。

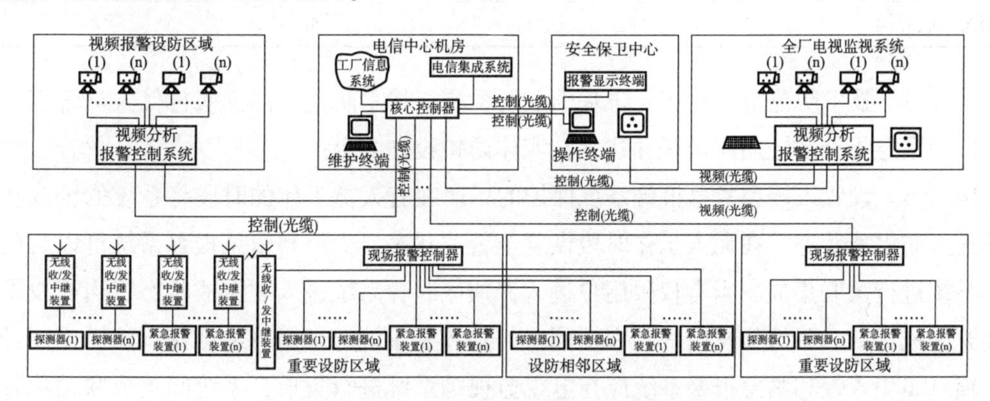


图 14－1　入侵和紧急报警系统结构示意

入侵和紧急报警系统中的探测部分涉及的基本原理广泛，需要设计在掌握各类探测器的原理与结构、布防要求、信号传输方式的基础上选用适宜的设备。在基础设计阶段要确定入侵和紧急报警系统的技术指标要求和系统构架，确定布线方式与主要设备布置。

## 14.1　一般规定

14.1.1　企业入侵和紧急报警系统的设置应设计成全厂统一管理集中监控受警的系统，不允许设置成区域性的孤岛形系统，企业不设置区域性受警值守岗位。当防范区域的级别较高或国家/地方管理有特殊要求时，需通过远程联网向当地公安部门或/及上级主管部门报告警情。

14.1.2　企业中有贮存放射性物质、剧毒化学品、爆炸品、用于制造爆炸品的原料及辅料化学品、现金财物和涉密文件的场所，需根据国家安全管理规定及相关法规，在设置相应的实体防范设施的基础上设置技术防范设施。技术防范设施的设计要在明确外部风险防范级别和危险源级别前提下确定入侵和紧急报警系统性能安全等级，确保系统与设备的抵抗攻击能力符合 GB/T 32581—2016《入侵和紧急报警系统技术要求》中的要求。设备安全等级的划分和主要技术参数见表 14 – 1。

表 14 – 1　设备安全等级的基本要求

| | 1 级　低安全等级 | 2 级　中安全等级 | 3 级　中高安全等级 | 4 级　高安全等级 |
|---|---|---|---|---|
| 安全等级划分 | 入侵者或抢劫者基本不具备入侵和紧急报警系统的相关知识，且仅使用常见、有限的工具 | 入侵者或抢劫者具备少量入侵和紧急报警系统的知识，懂得使用常规工具和便携式工具(如万用表) | 入侵者或抢劫者熟悉入侵和紧急报警系统的构造知识，可以使用复杂工具和便携式电子设备 | 入侵者或抢劫者实施入侵和抢劫的详细计划和所需能力或资源，具有所有可获得的设备，且懂得替换入侵和紧急报警系统部件的方法 |
| 互连最大无效时间 | 100s | 100s | 100s | 10s |
| 互连完整性验证时间间隔 | 240min | 120min | 100s | 10s |
| 报警响应时间 | 10s | 5s | 5s | 2s |

14. 1. 3　技术防范是建立在人防基础上的系统，技术防范不能彻底替代人员管理，同时入侵和紧急报警系统还需依托并建立在实体防护设施之上。

14. 1. 5　设置入侵和紧急报警系统保护的场所在有人员工作的时段将系统的警戒状态撤除进入非警戒状态，在无人工作时段恢复至警戒状态。入侵和紧急报警系统可以与门禁控制系统进行关联集成，当有权限用户进入警戒区时，系统进入非警戒状态，当有权限用户离开警戒区时，系统恢复警戒状态，同时门禁控制系统记录用户进/出的时间与用户名。

14. 1. 6　入侵和紧急报警系统应与电视监视等系统进行集成，系统间集成联动位置应该由核心管理与控制部分与其互联，从入侵报警探测器发出信号到监视器中弹出图像的时间不应大于 2s，以获取入侵现行图像。

14. 1. 8　入侵和紧急报警系统的使用管理由企业的安全保卫部门负责，系统的管理终端应设置在安全保卫中心，系统接收到的报警信息由安全保卫人员前往处置。同时系统接收到的报警信息还需送至企业安全管理指挥岗位，以便生产岗位作出相应的处置。

## 14. 2　系统设计

14. 2. 1　入侵和紧急报警系统属于企业电信系统设计中的独立部分，系统的设备与配线需要独立，系统的设计与其他系统需统一布置综合考虑系统设置方案，如电信系统配线路由、照明及围墙、建筑物结构等，各个电信系统间需要的功能、技术指标需相互补充达到有效实用、稳定可靠、及时迅速、方便管理的目的。

14. 2. 2　入侵报警系统的核心控制设备要求设置在电信设备中心机房，以利于设备稳定工作，方便与其他系统实现信息共享。区域性控制设备需设置在各用户点的建筑物或区域性机房内，各控制设备通过光缆与中心机房的核心设备相连，确保信息稳定通畅。

14.2.3 入侵报警系统设计需在充分了解防范区域使用环境的前提下进行设计，对于重要的防范区域可以采用复合探测方式减少漏报与误报警，设计文件需明确探测的安装位置与探测角度，在防范区域内不得存在探测盲区。

14.2.5 在入侵和紧急报警系统的服务范围内需按防范型区域与探测器的探测范围划分成不同的防范区域和探测区，如在企业围墙防范中将围墙划分为防范类型区，将各独立探测器或线型分布探测器的报警长度划分为探测区，系统的各探测区应具有独立的地址编码或位置代码。

14.2.6 入侵和紧急报警系统中各控制器时钟的时间需要统一，且需要与企业时钟同步，实现与全厂各电信系统信息存储记录的时间保持一致。

14.2.7 入侵和紧急报警系统属于安全保卫设施，系统的设计应在满足探测报警需求，保证系统完整与稳定下进行设计，系统应具备以下功能：

1)报警功能包括入侵报警、故障报警、线路断线或短路报警、设备断电报警、探测器拆开报警、控制器拆开报警、设备间失联报警，报警装置触发后须自锁保持报警状态，待操作台(或控制器)发出恢复指令后报警装置自锁报警状态解除；

2)核心控制器、受警终端、现场报警控制器在出现入侵报警时应有声光报警指示，控制器应显示报警区域的位置，当有多路报警时须依次显示报警区域的位置。控制器、受警终端具有报警手动复位功能和布撤防功能，处在撤防状态下的区域不应产生报警响应；

3)入侵和紧急报警系统应具有现场声光设备的联动控制功能，当报警装置报警时，可联动现场声光设备发出声或/与光信息恫吓入侵嫌疑人员；

4)入侵和紧急报警系统的储容量需满足使用要求，存储的信息包括报警时间、报警类型和位置及故障信息，现场报警控制器与核心控制器存储的信息不许可删除，存储的信息按循环存储方式进行覆盖；

5)系统须有定期定时自诊断检测功能，并对自检的时间与检测数据给予记录。

14.2.8 在入侵和紧急报警系统探测部分的设计中，探测防区的设计要有利于定位和防控，出入口的布防需按独立探测区防设置。探测器保护范围要大于设防区域，当采用两个以上探测器进行复合探测时，探测防区以探测区域小的探测装置为准。接入系统的设备数和地址总数不宜超过系统容量的80%，防区型周界防范系统的有效防范距离宜小于设备技术指标的70%，且不应大于100m，定位型周界防范系统的报警定位精度宜小于±10m。

14.2.9 定位型周界防范系统的探测原理种类较多，有些定位型周界防范系统的警戒距离可达十几公里至几十公里，这类防范系统的探测部分必须满足多点同时报警的要求。定位型周界防范系统的探测部分可能会因距控制器较近位置的报警信息干扰距离远位置报警信息的传递，造成阻隔或干扰远距离报警的现象，在设计中需要引起注意。设计中需在方案选择阶段深入了解设备的基本原理，选择能够突破阻隔远端报警信息传递的技术或探测方式。

## 14.3 设备选型、设置与安装

14.3.1 探测设备

入侵和紧急报警系统的探测器种类繁多，探测的技术原理各不相同。表 14－2 所示为常用入侵探测器的名称种类、主要特点及适宜的工作环境和条件。在设计过程中，需在掌握各类探测器基本特性与适合使用场所的基础上选择能够耐受使用环境干扰的设备，设计中尤其要注重漏报警和误报警指标的设计，杜绝误报与漏报警率高致使系统无法正常使用的现象产生。探测器需遵循下列原则选择：

1）根据防护要求和设防特点，按探测原理、技术性能选择适宜的探测器。多技术复合型探测器应视为一种技术探测器使用；

2）选择耐受使用环境干扰性能好的探测器，杜绝漏报和误报警现象产生；

3）探测器的探测范围及灵敏度应符合使用范围和应用环境要求，必要时可选用多个或多种技术原理的探测设备进行交叉无盲区设防。

采用对射型探测器进行周界入侵防范设计时应考虑气象、光线和空中漂浮物的影响。有实体周界设施的场所宜采用振动光（电）缆探测器、视频探测器、微波或激光探测器、电子围栏等形式的探测器；没有实体周界设施的场所宜采用视频图像分析探测器、电场感应式探测器等形式。厂周界入侵防范探测应有报警定位功能和联动电视监视系统的实时查看的功能。

室内入侵防范探测器宜采用热成像视频探测器、微波探测器、被动红外探测器、振动探测器、玻璃破碎探测器等探测形式。

图像分析方式探测装置的图像拾取部分宜为固定安装方式，当入侵防范场所为低照度环境时，图像分析方式探测装置宜选用具备热成像视频分析报警功能的探测装置。当采用低照度摄像机时，摄像机的最低照度值需低于设防区域最低照度的 1/5，以保证识别物图像的像素和信噪比满足识别要求，设计时对环境光照度参考值估算可参照表 9－5 中的数据。

**表 14－2　常用入侵探测器的选型要求**

| 名称 | 适应场所与安装方式 | 主要特点 | 安装设计要点 | 适宜工作环境和条件 | 不适宜工作环境和条件 |
|---|---|---|---|---|---|
| 超声波多普勒探测器 | 室内空间，吸顶、壁挂 | 没有死角成本低 | 吸顶：水平安装，距地宜小于 3.6m<br>壁挂：距地 2.2m 左右 | 警戒空间要有较好的密封性 | 简易或密封性不好的室内，有活动物体，环境嘈杂，附近有金属打击声、汽笛声、电铃等高频声响 |

续表

| 名称 | 适应场所与安装方式 | 主要特点 | 安装设计要点 | 适宜工作环境和条件 | 不适宜工作环境和条件 |
| --- | --- | --- | --- | --- | --- |
| 微波多普勒探测器 | 室内空间型；壁挂式 | 不受声、光、热的影响 | 距地1.5～2.2m，严禁对着房间的外墙、外窗 | 可在环境噪声较强、光变化、热变化较大的条件下工作 | 有活动物和可能活动物，微波段高频电磁场环境，防护区域内有过大、过厚的物体 |
| 被动红外入侵探测器 | 室内空间，吸顶，壁挂 | 被动式，多台交叉使用互不干扰，功耗低，可靠性较好 | 吸顶：水平安装，距地宜小于3.6m<br>壁挂：距地2.2m左右 | 日常环境噪声，温度在15～25℃时探测效果最佳 | 背景有热冷变化或温度接近人体温度，强电磁场干扰，小动物频繁出没场合等 |
| 微波和被动红外复合入侵探测器 | 室内空间，吸顶，壁挂 | 误报警少(与被动红外探测器相比)；可靠性较好 | 吸顶：水平安装，距地宜小于2.5m | 日常环境噪声，温度在15～25℃时探测效果最佳 | 背景温度接近人体温度，小动物频繁出没场合等 |
| — | — | — | 壁挂：距地2.2m左右 | — | — |
| 主动红外入侵探测器 | 室内、室外(一般室内机不能用于室外) | 红外脉冲、便于隐蔽，易受干扰 | 红外光路不能有阻挡物，严禁阳光直射接收机透镜内，防止入侵者从光路下方或上方侵入 | 室内周界控制；室外“静态”干燥气候 | 室外有浓雾、毛毛雨恶劣气候或动物出没的场所、灌木丛、杂草、树叶树枝多的地方 |
| 视频入侵探测器 | 室内、室外均可、宜吸顶、壁挂安装 | 图像变化、便于隐蔽，有光线照度要求 | 视场内不能有阻挡物 | 远离震源、可视范围内 | 经常有动物出没的场所、存在有物体晃动的地方 |
| 热成像入侵探测器 | 室内、室外均可、宜吸顶、壁挂安装 | 温度变化、便于隐蔽，可靠性高 | 视场内不能有阻挡物 | 可视范围内 | 存在有高温点且经常变化的场所 |
| 遮挡式微波入侵探测器 | 室内、室外周界控制 | 受气候影响小 | 高度应一致，一般为设备垂直作用高度的一半 | 无高频电磁场存在场所；收发机间无遮挡物 | 高频电磁场存在的场所；收发机间有可能有遮挡物 |
| 振动电缆入侵探测器 | 室内、室外均可 | 可与室内外各种实体周界配合使用 | 在围栏、房屋墙体、围墙上或围栏高度的2/3处 | 非嘈杂振动环境 | 嘈杂振动环境 |
| 防区型振动光缆入侵探测器 | 室内、室外均可 | 传输距离远、抗雷干扰能力强 | 在围栏、房屋墙体、围墙上或围栏高度的2/3处 | 非振动环境 | 振动环境 |
| 定位型振动光缆入侵探测器 | 大范围周界防护 | 传输距离远、抗雷电风雨干扰能力强，防区范围大 | 在围栏、围墙上或围栏高度的2/3处 | 非振动环境 | 振动环境 |

14.3.2 控制设备

入侵和紧急报警系统不许可与其他系统共用设备，控制设备的设计系统要根据系统规模、功能、信号传输方式及企业管理模式与维护等要求合理选择报警控制设备的类型。中心控制/服务器要求有报警信息存储、数据恢复、系统结构与探测设备数据编程、系统联网、断线与短路报警、系统功能完整侦测功能。现场报警控制器应有报警信息存储、数据恢复、数据编程和联网功能、设备防拆与防破坏措施，总线制现场报警控制器要具有总线故障隔离措施。中心控制/服务器要有与其他系统联动的数据接口和数据打印输出接口。

报警控制设备要安装在适合于电子设备工作的建筑物内环境，要求安装环境中没有爆炸危险性气体和粉尘，无强电磁场、振动与高噪声干扰，没有腐蚀性气体、油雾与蒸汽，报警控制设备安装的场所要便于维护人员操作。现场控制设备需配备自动充电的蓄电池备用电源。

14.3.3 无线设备

配套的无线型探测设备载波频率与发射功率应符合国家相关管理规定，并具有国家职能部门颁发的相关证书，用于无线探测设备电池的有效续航时间需≥6 个月，配套的控制系统应具有防拆和防破坏、失联告警功能。无线警报装置应能在整个防区内触发报警，报警的声压要求≥70dB，光警报装置有效发光强度≥150cd。

无线接收与发射设备的信号覆盖可参照无线通信系统的信号覆盖进行设计，以无线接收设备能接收到整个防区内任意无线发射装置信号为准，必要时可通过现场测试确定。

14.3.4 线路传输

企业的入侵和紧急报警系统线路自成系统，非同一建筑物的现场控制设备与核心控制设备间的传输线缆需采用光纤传输，现场控制设备与探测器的线缆根据信号传输方式、距离、电磁兼容性进行选择，各线缆回路需满足设备抗电磁的干扰要求，线缆的选择可参考《规范》第 21 章电信线路线缆选择中的要求选择线缆。

## 14.4 电源供电

入侵和紧急报警系统的核心控制设备与现场控制器均采用就地供电方式，系统中的探测器及其他部件的供电由核心控制设备或现场控制器提供，核心控制设备和现场控制器供电由配电终端的单独立回路提供，现场控制器需自带供备电电源，核心控制设备供电电源的后备时间≥0.5h。

# 15 系统集成

系统集成是将两个及以上互不关联的独立系统通过技术手段或措施将其整合关联在一起的实施过程，是以实现新功能为目的进行系统间相互依托与整合的创新与再创造过程。电信系统集成是以满足用户实际需求为起点，在了解被集成系统原理构成的基础上，选择最适宜的技术与方法，以设计来规划目标，用实施管控来实现目标的综合性系统工程。通常电信系统集成存在于不同设备生产企业间的设备信息整合与相互依托，需要设计在规划中制定完善的技术方案、系统构架和技术指标，在实施过程中需克服系统之间的信息阻隔与壁垒，在整个过程中进行全过程跟踪管理与技术确认的实施过程。

石油化工企业中的系统集成分为设备集成和应用集成两部分。设备集成是将不同的系统或设备通过硬件与软件建立逻辑联系连接，建立起统一的操控管理平台系统实现功能扩展。设备集成建立在已知设备构成、系统工作原理与控制信息的基础上，以系统/设备间条件映射共享为主，属于以系统/设备间逻辑关系重组再现和功能扩充为主要目标的集成，设备集成是应用集成获取数据和执行指令的基础，设备集成属于以设计为主调试开发为辅的综合性设计行为，设备集成的难度在于克服与破除不同系统之间的信息阻隔与壁垒和信息的相互转换。

应用集成是以数据分析为主要求目的向用户提供解决方案的集成。应用集成无须深入了解设备的结构，它需要按用户要求的目标建立数据分析模型，对获取的数据进行分析，最终为用户提供解决方案和运作方案，以数据分析为主要手段，分析判断小到单体设备运行状态，大到整个系统乃至整个企业技术解决方案为主要目标的集成。应用集成属于以独立的应用软件商为核心，用户与设计提供技术目标为辅的工程行为。

石油化工企业的电信系统集成是将电信专业设计范围内的系统及其相关专业系统进行功能组合，并重新建立逻辑联系的过程，属于设备集成的范畴。石油化工企业的电信系统由语音通信系统、电视监视系统、火灾报警系统及安防系统组成，系统间的设备集成逻辑关系并不复杂，复杂性与难度主要体现在各系统中的私有协议和非标准设备接口。这些非标准基础信息给设备之间的互联互通造成困难，重新确立系统间的逻辑关系并建立具有标准协议的通信接口则是电信系统集成的主要设计目标及内容，也是基础设计阶段必须要完成的设计与规划内容。因此在基础设计阶段必须提供需要集成系统的名称、集成形式、逻辑条件和需要完成的功能、控制逻辑及预案规划、系统需要实现的技术参数、相互连接的接口形式及协议要求、人机操作界面等内容。并以此指导设备采购及相关联设备的接口制造与软件的二次开发工作，为后续的工程实施与工程检测提供技术依据。电信系统集成与已具有成熟配套标准的设备与软件的控制系统不同，标准的设备与软件的控制系统可以在标准连接和逻辑“组态”下完成系统逻辑组合，电信系统集成则对设计人员的知识水平和判断处置能力提出了更高的要求，需要在纷乱的系统间整理出标准且规律的接口组合与数据信息，整理出设备集成的层次结构，需要具有充足的理论知识与实际经验，更需要有认真负责的工作态度。

## 15.1　一般规定

15.1.1　企业中电信系统多，系统之间的关系相互独立，将这些系统关联起来有助于扩展电信系统的使用功能，尤其电视监视系统作为全厂唯一的实时图像监视系统与各报警系统集成联动后对及时判定处置警情起到良好的效果。实践证明企业设置电信系统集成可明显提高系统的功能与操作效率，便于及时发现问题、缩短应急处置的时间。其中尤以各类报警系统与电视监视系统的联动集成应用最为普遍，直观效果最为明显，已成为设计过程中标准配置。

15.1.2　电信系统集成包括有设计、调试和设备二次开发工作，同时还有大量的工程管理和商务运作的工作，是一项综合性极强的工程设计过程，在这一系列工作中设计文件是否完善，对工程的运行与管理起着至关重要的作用，项目及设计管理需特别要重视基础设计阶段的文件管理与后期的实施工作。需要重点关注设计的内容包括被集成的系统名称、集成形式、逻辑条件与功能、控制逻辑、实现的技术参数要求、接口形式及通信协议数据库的通用性要求、人机操作界面的操作方式要求等内容。

15.1.3　在电信系统的业务范围包括语音通信、视频监视、火灾及安全防范报警、消防联动控制，电信系统集成是简化统一系统的操作，使其关联具有智能联动的属性。因此，电信系统集成的范围通常包括电视监视系统、火灾报警系统、入侵和紧急报警系统、门禁控制系统、应急广播系统等电信系统。而可燃和有毒气体检测报警系统同样需要对报警部位进行图像确认，排除对人员安全的危险，宜与电视监视系统实施系统集成。电视监视系统中的热图像还可完成电力系统中过热点的实时侦测，可以向电力数据采集与监视控制系统提供预报警服务。设备集成可以完成的工作内容很广，需要广大电信专业设计人员在工作中逐步探索总结。

15.1.4　电信系统集成是在各电信系统之上的系统，具有对电信各系统实施全面监控与操作的功能，通常电信系统集成一旦开通则需要连续运行无法停运检修。因此在设计过程中，需要对系统维护造成的系统停止运行提供备用措施与手段。

## 15.2　结构与配置

15.2.1　电信系统集成作为各电信设备与企业信息系统连接的操作平台，要依据企业的应用环境和操作需求进行平台的设计。系统应本着满足企业信息化应用、各系统信息共享、实现联动与安全管理控制指挥和适应企业业务与管理模式信息化的需求进行设计。

15.2.2　电信系统集成按照结构的复杂程度，可将电信系统集成划分成直连型集成、平台型集成、智能平台型集成三种基本结构，并以此来判定集成的设计与调试难度和工程投资。

直连型集成系统是对两个独立系统通过连通线缆进行信息关联实现功能目标的系统形式。直连型集成系统逻辑关系与结构连接简洁明确，安装调试便利，联锁动作迅速，适用于需要简单互联的系统。如在报警系统中，将报警位置信号编译成码流直接送给电视监视系统，电视监视系统接收到码流按预置逻辑控制摄像机和选择切换到指定显示器中，完成对报警区域的图像监视。直连型集成系统中设计需要在各互联双方的系统中进行个性化数据互认配套设计，因此集成过程的烦琐过程主要在互联双方的系统内部进行，集成双方系统的工作较为烦琐。

平台型集成系统是将多个直连型集成系统的数据统一送入控制平台，连接成统一的系统平台管理模式，以将多系统/设备的信息输入给平台设备，由平台设备进行数据互认、协议转换、逻辑配对，并将组合配套后的信息后统一分发给对应的统/设备，从而实现多系统/设备的数据关联，使其按设计预定的逻辑完成互控功能目的。平台型集成系统可优化系统的数据与连接结构，由平台设备完成数据互认配套工作，免除了各系统的信息配套工作，需要设计在平台中进行设备的信息配套，简化了集成的实施过程。如将各类各报警系统的报警信号输出给平台设备，经平台设备整合转换后统一分发给电视监视等系统。

智能平台型集成是在平台型集成的基础上增加了人机实时交互功能，以实现对报警事件、逻辑判断、任务执行的人工干预，同时增加有预案选择功能和输入信息与逻辑执行的修改功能，扩展与完善了平台的执行范围与准确性。在智能平台型集成中操作站可以对平台设备中的执行逻辑进行编辑管理，可以通过人机界面对在平台中运行的预案及逻辑关系进行人为干预，增强了对灾害处置的正确性与实用范围，增加必要的文字提示说明、救援物资存量显示等功能，为指导指挥人员正确快速地判断事故与决策提供帮助。

15.2.6　电信系统集成不允许采用无线传输方式进行系统间的数据传输，以确保系统间数据传输的及时、准确、可靠。

15.2.7　电信系统集成是一种技术行为，同时也存在管理和商业行为，各系统的数据接收侧需要设置数据查询验证功能，以利于系统调试和维护工作顺利进行，排除壁垒。

## 15.3　接口

电信系统集成集合有多种协议形式和多个系统数据，在集成实施过程中接口是各系统的责任界面，也是系统间信息互联互通的分界点和商务责任的分界点，接口的结构、技术指标设计内容必须清晰，并宜具有接口信息是否有效连通的查询功能，要求接口采用标准通信协议和标准的连接形式，接口必须具有线路及信息中断的告警功能，确保系统运行的安全可靠。

## 15.4 逻辑条件

逻辑条件是由电信系统集成中抽象出的信息流及与各部分的相互关系，逻辑条件设计是将相互关系转化为项目语言文件的过程，设计文件要明确系统集成的组成部分，描述结构关系，描述因果逻辑关系和信息执行过程中的先后顺序，描述信号源的位置代码与信息类型和受控端位置代码与信息类型等内容。

## 15.5 人机界面

人机界面是人和设备信息交换或互相影响的结合面，是人机信息交换的重要设施，人机界面包括屏幕、键盘、按键及声光指示等装置。人机界面的设计要本着以用户使用为中心，按照事件处置流程顺序和应用对象的环境场合、使用功能、操作标识、应用频次的高低主次、管理对象在受控系统的重要程度和全局性重要程度、操作人员的身份和工作性质特征进行设计。屏幕型人机界面属于智能化程度较高的界面形式，屏幕型人机界面的本质是人与含有计算机机器之间以规定符号为载体的双向通信，它包括识别交互对象、理解交互对象、把握对象情态、信息适应与反馈等过程。《规范》中对屏幕型人机界面的画面形式、应具备的功能、信息检索、预案和执行过程管理、确认指令发布和屏幕设置进行了规定，设计文件及实施过程文件要对实施细则作出明确的约定。

## 15.6 预案管理

预案是针对企业可能的突发事件做的程序管理文件，是确保迅速、有序、有效地展开应急处置与救援行动、降低人员伤亡和经济损失而预先制定的有关计划方案。据统计，人在遇到突发事件时往往处置事件的能力会降低，有时仅能处置事件中的单一过程，难以连续有序地进行完整的正确操作。预案管理系统便可在专家提供的事件处置预案库指导下匹配事件信息，有序地指导操作流程，使应急处置从分散、独立、被动的管理模式中转向高效数字化信息辅助管理模式，预案管理系统可以按步骤提醒、答复、执行、反馈中有序完成指挥过程。同时系统还对事故报警时间、确认时间、处理控制及信号反馈过程、操作执行人员给予记录，使应急指挥过程规范有序。

## 15.7 时钟同步

时钟同步系统的目的是使全厂各系统具有相同的绝对时间，属于全厂性系统。在《规范》编制中由于内容较少未将其独立成章。企业的时钟同步系统由直流子母钟系统衍变而来，现在已逐渐成为由基准时钟源向各系统配发标准时间的授时系统，属于电信专业的传统业务范围。时钟同步系统并不要求各系统时钟与标准时钟时时刻刻完全对齐，它只在约定时刻对各系统的时间漂移进行参数修正，让各系统的运行时间邮戳标记统一在一定的范围内。为保证企业的基准时钟源的准确性，基准时钟源可以定时与国家授时中心对时，基准时钟的对时过程必须在人工干预下进行，以防止企业基准时钟源遭受攻击与恶意修改。

时钟分发系统的构架设计宜采用按专业分发模式，各专业可设置二次时钟分发网络交换机，各设计专业中系统或设备的时钟源可由专业内设置的时钟分发网络交换机分配。

时钟同步的主要设计内容有系统的结构、准时钟漂移参数和系统的技术指标。

# 16　安全管理控制指挥系统

石油化工企业属于危险化学品和拥有一级重大危险源的生产企业，在企业中有众多涉及安全管控的系统，系统的管理岗位分散且相互独立。当遇有突发事件时需要这些岗位迅速协调共同完成事件处置，在事件处置的过程中由于信息沟通不畅极易延误事件处置和操控失当，时常出现责任不明与相互推诿造成的事态扩大现象。安全管理控制指挥系统整合了岗位信息，将应急处置指挥流程规范在统一指挥的岗位之下，建立了以安全管理控制指挥系统为核心的应急管理责任体系，很好地落实了《安全生产法》的岗位责任管理要求。

安全管理控制指挥系统是以安全事件报警系统、语音通信指挥系统、警报与信息发布系统、远程图像监视系统为基础，通过系统集成方式整合信息，完成信息共享与联动控制，形成了责任清晰、诊断迅速、快速反应、责任明确、统一的应急管理管控指挥管理平台系统。

按照国家要求“拥有一级重大危险源的企业”“要建立完善的安全管理体系和设施”，在石油化工企业中建立安全管理控制指挥系统正是国家对重大危险源企业落实安全管控体系和设施的体现，同时也顺应了国家数字化战略的要求。

安全管理控制指挥系统是在企业原有安全设施的基础上建立的安全管控平台，属于应急处置范畴的设备集成，系统集成以报警采集、指挥通信、警报发布、逃生管理为主要目的，通过设备间信息的共享与互控，将原有的单一系统组合成为相互关联统一系统，增强了系统的功能。同时在系统中融入了智能化管理与应用，并可将应用管理信息上传至企业更高层次管理系统进行应用，是电信各系统与企业智能建设中信息连接纽带与必要的连接节点。

安全管理控制指挥系统为企业的安全管控起到了实实在在的作用，2013 年，在某石化企业建成开工时，由主管部门与开工专家组成的开工组在开工准备会上指出，安全管理控制指挥系统作为开工必备条件之一必须达到使用条件，而在开工过程中专家们通过安全管理指挥系统及时发现了安全隐患，并迅速排除隐患，保障了企业开工的顺利。事后应急管理部专家对系统进行了全面考察，考察过程中专家对系统的各个部分、接口形式与协议内容进行了详细了解，对该系统的出色功效给予了高度肯定。结论为：“没想到中国石化的安全管理设备集成开展得这么早、没想到集成的内容做得这么完善、没想到系统做得这么好，建议在行业内推广。”

安全管理控制指挥系统是在设计主导下的设备集成应用，对集成的系统设备、共享与互控的信息与指令、系统互联的接口形式、系统的响应时间等均需统筹设计规划，并在设计方案的指导下完成整个系统的设备实施与安装调试过程。

安全管理控制指挥操作执行的过程包括：信息收集、处理和信息共享、态势评估与预测、应急方案调取与执行、下达应急方案、执行应急方案、反馈与跟踪等步骤，而指挥过程不局限于指挥长的决策，还包括应急指挥关联部门中各部门承担指挥责任人员的决策。图 16－1 所示为单一有限协调需求指挥下的指挥过程。

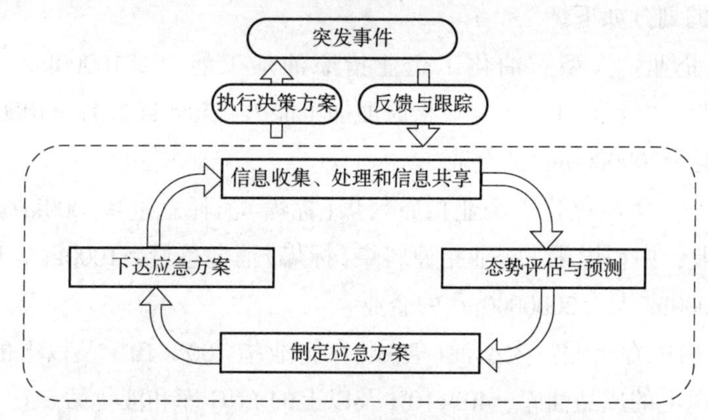


**图 16－1　单一层、有限协调需求下组织指挥和控制过程**

对于重大复杂事件(包括复杂装置及多装置联合开工)的指挥过程，则需要在多方专家组合作的基础上协同信息收集协同制定处置方案，多层级复杂工况下的应急指挥过程见图 16－2，安全管理控制指挥系统建设需依据需求确定应急指挥过程的系统构架。

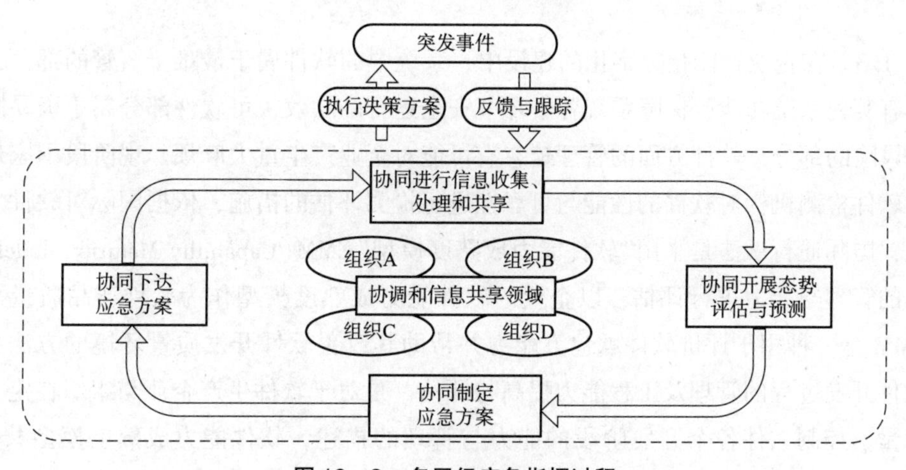


**图 16－2　多层级应急指挥过程**

## 16. 1　一般规定

16. 1. 1　根据 AQ 3035—2010《危险化学品重大危险源　安全监控通用技术规范》和

AQ 3036—2010《危险化学品重大危险源　罐区现场安全监控装备设置规范》、GB 18218—2018《危险化学品重大危险源辨识》的要求，石油化工企业需要设置安全管控指挥系统。考虑在已建成的企业实施改造难度较大，现阶段设计人员的技术水平与能力参差不齐，在所有企业中全面推行安全管理控制指挥系统还有一定的难度。因此，现阶段《规范》将其确定为"拥有一级重大危险源的大型企业宜设置"安全管理控制指挥系统。其中的"宜设置"是指在新建企业中全面设置安全管理控制指挥系统，在已建成企业中可以适时改造增设安全管理控制指挥系统，对未达到大型规模的企业可以参照国家政令要求建立完善的应急指挥功能。企业规模的划分如下。

1)石油化工企业：大型石油化工企业指原油加工能力≥10000kt/a或占地面积≥2000000m$^2$的企业；中型石油化工企业指原油加工能力≥5000kt/a且<10000kt/a或占地面积≥1000000m$^2$且<2000000m$^2$的企业。

2)煤化工企业：大型煤化工企业指原料煤(标煤)消耗总量≥2000kt/a或占地面积≥2000000m$^2$的企业；中型煤化工企业指原料煤(标煤)消耗总量≥1000kt/a且<2000kt/a或占地面积≥1000000m$^2$且<2000000m$^2$的企业。

3)大型油(气)贮存企业：大型油(气)贮存企业指$100\times10^4$t及以上的地上原油储备库、$20\times10^4$t及以上的成品油库、$40\times10^4$t及以上的LNG库和液化站。

16.1.2　安全管理控制指挥系统的系统集成要求按智能平台型集成系统形式进行设计，系统需要具有人机交互功能，需要通过管理操作站实现对平台中设备的逻辑编辑与人工干预管理，需要完成接警、逻辑判断、人机交互确定、联动控制和事件处理记录等多种信息交互处理方式，需要在智能平台型集成的支持下完成安全管理控制指挥系统所需的要求。

16.1.3　在企业智能化数字化的建设中，系统中的软件属于最难于监管的部分，软件部分具有实现系统功能，保障系统各个环节安全运行的功效，可软件部分属于极易隐藏隐性安全风险的部分，软件方面的管理疏忽有可能对企业产生重大麻烦。现阶段国家还没有第三方软件检测机构对软件的性能与可靠性进行检测评估的措施，依据国际对软件质量把控经验，国际通行做法是采用"软件能力成熟度模型"CMM(Capability Maturity Model)对软件企业的管理与能力进行评估，以企业的软件能力成熟度模型作为软件产品质量衡量依据。CMM是一种用于评价软件承包方能力并帮助其改善软件开发质量环境的方法，它侧重于软件开发过程的管理及工程能力提高与评估，是对于软件生产企业与组织在定义、实施、度量、控制软件各个开发阶段的能力与管理的描述，软件能力成熟度模型共分为5级，分别是初始级、可重复级、已定义级、受管理级、优化级。根据模型内容的定义，优化级与受管理级具有相对稳定的软件开发环境，而初始级、可重复级与已定义级明显开发环境与能力较差，容易带来风险。安全管理控制指挥系统的系统软件属于系统的核心软件，要求系统在整个生命周期中能够稳定运行，并支持系统的改造与功能扩充。因此要求系统软件项目产品和生产过程建立有定量的质量目标，实现项目产品和过程的控制，并可预测过程和产品的质量趋势。安全管理控制指挥系统的软件，还需特别注意软件的各类安全风险，如泄漏、攻击、篡改、恶意植入、安全防护等。为此要求安全管理控制指挥系统使用的系统软件采用软件能力成熟度模型4级(受管理)及以上的开发环境标准，保障软件的可靠度。

16.1.4 当企业投产后安全管理控制指挥系统即开始实施对企业的安全管控，即使在企业大检修生产过程中，其他控制系统即便全面停止运行阶段，安全管理控制指挥系统依然要处于安全戒备状态继续工作。所以，任何阶段的系统维护与系统升级安全管理控制指挥系统都不能中断运行，必须要满足系统持续运行的要求，在进行安全管理控制指挥系统的设计阶段，系统要进行备用使用方案设计与实施，以满足系统连续使用要求。

## 16.2 系统功能

16.2.1 安全管控指挥系统是具有应急属性的系统，要求实时地接收报警信息，迅速分析判断报警信息真伪及事件的状态与范围，通过预案管理系统迅速决策处置方案，指挥相关岗位协同处置，管理全厂性安全救援设施，同时系统还要求具有系统的完整性诊断与告警，并具有对检测诊断过程数据进行记录存储功能。

16.2.3 预案管理系统是安全管控指挥系统在企业生产中出现重大事故、异常事件、火灾事故、可燃与有毒气体大量漏泄等涉及人身安全与企业财产安全重大应急事件时，引导指挥人员参照预案流程合规处置事件的辅助系统。预案管理系统应按应急操作流程顺序提供需要操作的内容指示，在得到指挥人员确认与系统操作反馈后继续提供下一步操作内容选择指示，并循环进行。当系统提供的操作指示及需求与实际状况不符时，指挥人员可按符合需求操作执行，同时将操作内容进行简要的记录。

16.2.4 安全管控指挥系统是企业级的安全管理岗位，全厂性安全设施是跨部门跨岗位的设施，启用企业级安全设施对人员和生产会造成重大影响责任重大，因此要求由企业级安全管理岗位进行操作管理。全厂性逃生设施主要有人员密集场所和主要通道等场所的实体闸口，全厂性灭火设施指为跨部门辖区提供消防服务的灭火设施，全厂性安全告知屏主要设置在人员密集场所和主要人员通道上，全厂性安全告知屏显示的内容主要有抢维修施工区域、放射源检测区域、气象信息等涉及安全与管理的信息，如图16-3所示。

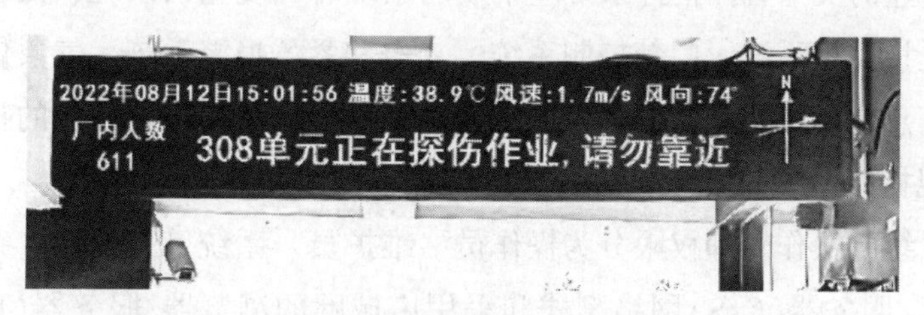


图16-3 全厂性安全告知屏

16.2.5 安全管控指挥系统中的全厂性安全设施除具有自动控制功能外，还应具有手动操作控制功能，以备在紧急状况下非常规操作启动设施，手动操作装置需设置防护罩，以防止误操作。

16.2.6 企业的安全管控指挥系统中系统的应急通信与指挥包括以下系统：

a)应急广播系统和警报系统；

b)无线通信系统；

c)调度电话系统和与相关岗位的有线电话联系；

d)消息发布系统；

e)与属地应急指挥部门的通信系统。

应急通信与指挥的功能包括：

a)应急状态下摘机接通或一键接通的语音通信功能；

b)分层级和分危险等级发布应急广播和警报的功能；

c)自动与人工发布应急语音、警报和短消息的功能。

16.2.7 作为全厂性安全管理的重要设施，必须具备自身完整性的检测功能，保证设施的各个部分都处于完好的备用状态，其中包括与电信系统集成互联系统线路的完整性和各具有完整性检测电信系统的检测信息。

16.2.8 企业的安全管控指挥系统记录存储的信息是应急指挥处置与事故救援过程分析的依据，系统记录存储的信息不得修改删除，存储设备应采用循环存储方式，并保证存储信息的容量大于180d。安全管控指挥系统记录存储的信息包括系统的各类输入与输出信息、处置过程与人工决策信息、值班人员与维护终端登录信息、系统检测与设备故障失联信息等内容。

16.2.9 安全管控指挥系统应具备报警信息人工录入功能，报警信息人工录入通过人机界面采用点击菜单方式录入，录入信息的内容包括事故发生时间与持续时间、事故发生的地点与发生地点的空间形态、受害人与报警人姓名、事故可能起因、事故发展经过、事故最终结果与结论等内容。

## 16.3 系统配置

16.3.1 企业的安全管控指挥系统应集成的系统有调度电话系统、无线通信系统、应急广播系统、电视监视系统、门禁控制系统、入侵和紧急报警系统、气象信息系统，系统应采集的报警信息包括可燃和有毒气体的报警信息、生产过程控制系统的报警信息、电力数据采集与监视控制系统的报警信息。

16.3.2 系统的操作管理权限分为操作员、维护员、系统管理员等。系统构架有以专网为主的客户机/服务器(C/S)网络型式和采用广域网的浏览器/服务器(B/S)网络型式，两种网络型式的特点对比见表16－1。由表16－1可观察到C/S网络型式的安全性较高，运行速度快，开发过程整体性要求高难度大。B/S网络型式安全可靠性地性差，开发过程中可应用大量的重用软件模块，开发难度降低，开发费用也低。企业的安全管控指挥系统设计应以系统安全为中心，系统的核心软件应采用客户机/服务器(C/S)网络型式，不得采用浏览器/服务器(B/S)网络型式。当有企业人员外出需要查看系统内容的需求时，系统可以采用以客户机/服务器(C/S)型式，将浏览信息推送给工厂信息系统数据服务器，并通过浏览器/服务器(B/S)型式发布。

**表16－1 客户机/服务器与浏览器/服务器的特点**

| | 客户机/服务器(C/S) | 浏览器/服务器(B/S) |
|---|---|---|
| 硬件环境 | 建立在专用小范围的网络环境，与局域网通过专门服务器和数据交换服务连通 | 建立在广域网上，无须专门的网络硬件环境，自己管理信息，适应范围广，只需有操作系统和浏览器 |
| 安全要求 | 面向固定用户群，信息安全控制能力很强。用于高度机密的信息系统，可以通过B/S发布可公开的信息 | 建立在广域网上，安全控制能力较弱，可以面对不可知的用户 |
| 程序构架 | 更注重流程，可以对权限多层次校验，对系统运行速度考虑较少 | 建立在需要更加优化的基础上，对安全以及访问速度的多重的考虑。有更高的结构程序架构要求，支持网络的构件搭建的系统 |
| 软件重用 | 程序需要整体性考虑，构件的重用性比B/S差 | 构件具备相对独立的功能，能够较好地重用 |
| 系统维护 | 由于程序的整体性，必须整体考虑处理出现问题以及系统升级 | 构件组成方便，可个别地更换，升级风险小，用户可以从网上自己下载安装升级 |
| 处理问题 | 在相同区域有固定程序用户面处理程序，安全要求需求高 | 在广域网上处理问题，可面向分散地域的不同用户群，与操作系统平台关系小 |
| 用户接口 | 建立在Windows平台上，表现方法有限，对程序员水平要求较高 | 建立在浏览器上，有更加丰富和生动的表现方式与用户交流，使用难度低 |
| 信息流 | 程序是典型的中央集权机械式处理，交互性相对低 | 信息流向可交互变化，可采用B－B、B－C、B－G等信息 |
| 适用场所 | 企业单位等有独立网络环境，网络安全要求高的场所 | 社会广域网环境 |

在企业中，通常生产过程控制系统和电力数据采集与监视控制系统的网络构件均为C/S网络型式，并用工厂信息系统与外网隔离，以保障企业内网络的安全，企业的安全管控指挥系统同样需按表16－1采用相对安全的网络型式。

16.3.3 安全管控指挥系统除应具备自身检测功能外，还需通过重要设备热冗余配置提升系统的平均无故障时间指标，系统中的重要设备包括网络交换机、服务器和存储设备等。

16.3.4 企业的安全管控指挥系统和全厂火灾报警与消防联动系统是灾害处置过程中功能互补的系统，当两个操作岗位同设于一室时，两个系统地操作台需邻近布置，以方便操作使用。全厂性安全设施的手动操作装置宜需设置在明显且便于操作的位置，见图16-5(b)。

16.3.5 企业的安全管控指挥系统中的全厂性安全设施指开启全厂性逃生设施的装置、启动全厂应急广播与声光警报的装置、启动全厂性灭火设施的装置、其他全厂性保护人身安全及开启事故救援设施的装置。

16.3.8 在安全管控指挥系统中需要进行响应时间设计，特别在火灾蔓延速度快、有害气体含量浓度高的场所，更需要快速的系统响应时间。必要时信息可在系统的管理层级中跨层传递，以提高信息传递的响应时间。对于需要及时报警或控制的系统间信息传递，系统间信息传递应系统间互连，不允许经由第三方系统转递延长信息的传递时间(如采用工厂信息系统实时数据库转递方式)。

16.3.9 安全管控指挥系统是企业重要的安全管理岗位，也是安全管理信息的汇聚节点，随着国家对危险化学品重大危险源生产企业管理力度的提高，国家已有意与企业建立数据交换网络调取数据。为阻止网络攻击，安全管控指挥系统不允许与企业外网络系统建立接口联系，所需数据连接均需通过工厂信息系统实时数据库传递。

## 16.4 安全管理指挥中心

安全管理指挥中心是安全管控指挥系统接警处置的操作中心。图16-4所示为某石化企业于2013年底建成的安全管理中心实景图，图中操作台前显示屏显示有各类报警的位置、视频图像、气象、人员分布等信息，操作台上布置有调度电话指挥台、各系统操控盘、应急广播与警报操作启动设施、消防控制中心图形显示装置等。

图16-4 安全管理中心实景

16.4.1 安全管控指挥系统作为企业安全管控核心岗位，担负着应急工况下应急生产指挥和消防与应急救援指挥的责任，安全管理指挥岗位与企业消防控制中心及企业生产调度中心合建有利于急工况下联合指挥调度，因此需要将企业安全管理指挥、全厂消防监控中心和企业生产调度三个岗位合并在一处。

16.4.2 安全管控指挥系统属于全厂性重要岗位，安全管理指挥中心的安全管控指挥岗位必须保证24h不间断有人值守，要求安全管控指挥岗位不少于两个独立的专用值守操作岗位，安全管理中心操作台电信设施配置需符合表16－2的要求。

表16－2 安全管理指挥中心操作台电信设施配置

| 序号 | 设备名称 | 设备最低配置数量/套 | 备注 |
|---|---|---|---|
| 1 | 消防控制中心图形显示装置 | 1 | |
| 2 | 生产过程控制系统显示终端 | ≥2* | |
| 3 | 双手柄按键调度台 | ≥2* | 同时可加触摸屏调度台 |
| 4 | 电视监视系统监视器与控制键盘 | ≥2* | |
| 5 | 安全管控指挥系统显示与控制终端 | ≥2* | |
| 6 | 消防泵启泵按钮及各消防泵状态指示灯与管网压力指示、泡沫站运行指示 | 1 | |
| 7 | 门禁及逃生门开启按钮及状态指示灯 | 1 | |
| 8 | 应急广播系统总开启按钮和分区开启按钮及状态指示灯 | 1 | |
| 9 | 无线通信移动终端 | ≥2* | |
| 10 | 与本地政府联系和其他功能的有线电话机 | 1 | |

注：设置扬声器场所声压≥70dB(A)，*按独立坐席数量设置。

16.4.3 在操作环节简单的生产企业中，可以将企业的安全生产指挥岗位与生产操作岗位合并在一处，如油库、LNG接收(发送)站等企业，此时安全管理指挥操作岗位也需同时与生产操作岗位合并设置在生产操作室，操作室的生产操作台、安全管理指挥操作台需按岗位与操作功能分别配置。

16.4.4 全厂报警信息显示屏可以直观迅速地观察到报警点的性质、位置及与周边设施与环境关系，有利于指挥人员迅速形成应急救援方案，提高决策指挥效率，设置全厂平面报警信息显示屏可以直观地了解报警位置及警情状况，可以提高决策指挥效率(见图16－4)，全厂显示屏需显示如下内容：

a)全厂、装置单元、管线带平面；

b)消火栓、消防水炮、结合器的位置及编号；

c)重要工艺设备、疏散集结区位置及编号；

d)道路、围墙大门的位置与编号信息；

e)火灾报警系统探测器的报警与故障的位置及编号；

f)有毒有害气体报警系统探测器的报警与故障的位置及编号；

g)电力数据采集与监视控制系统的报警位置信息；

h)摄像机的位置及编号；

i)电视监视系统图像应显示摄像机的位置及编号；

j)门禁系统的位置、编号及运行状态；

k)周界报警系统的位置及编号；

l)气象信息，包括本地实时风向图形信息和风速、温度、降水量、湿度的数字信息；

m)雷电预警信息；

n)日期时间信息；

o)文字信息显示。

16.4.5 操作台及台上设备需要针对人体功能操作的便利程度进行布置，图16－5(a)所示为人体功能的划分，图16－5(b)中操作台水平操作功能区划分标明了水平布置的设备重要区域划分。表16－3和表16－4所示为成人人体尺寸数据和操作台尺寸的参考数值，供在设计操作台上设备布置和操作台设计时参考。

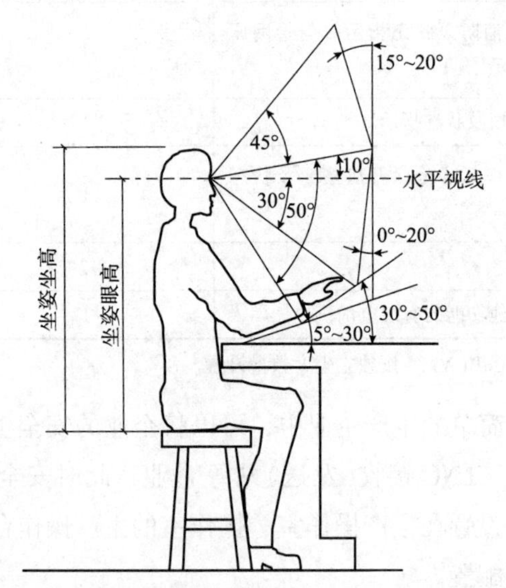


(a)操作台坐姿操作功能划分与操作台结构

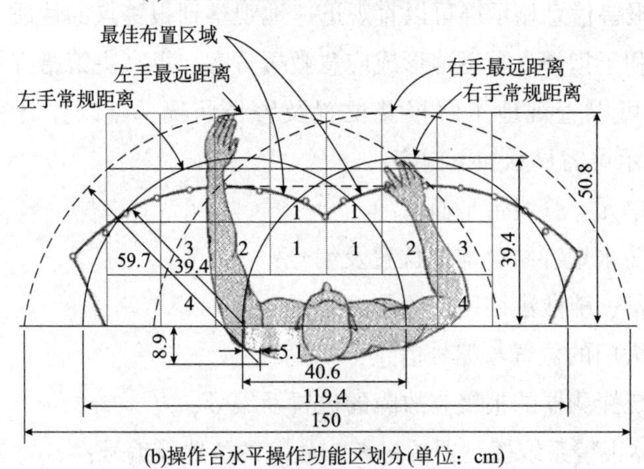


(b)操作台水平操作功能区划分(单位：cm)

**图16－5 操作台坐姿操作功能划分示意**

注：图中分区功能：1区：重要及常用操作机构和信息显示设备布置区；

2区：较重要及较常用操作机构和信息显示设备布置区；

3区：较少使用操作机构和信息显示设备布置区。

表 16－3 中国成人人体尺寸数据 mm

| | | 男 | | | | | | | 女 | | | | | | |
|---|---|---|---|---|---|---|---|---|---|---|---|---|---|---|---|
| 站姿 | 身高 | 1545 | 1588 | 1608 | 1683 | 1755 | 1776 | 1815 | 1449 | 1484 | 1503 | 1570 | 1640 | 1659 | 1697 |
| | 眼高 | 1436 | 1474 | 1495 | 1568 | 1643 | 1664 | 1705 | 1337 | 1371 | 1388 | 1454 | 1522 | 1541 | 1579 |
| 坐姿 | 坐高 | 836 | 858 | 870 | 908 | 947 | 958 | 979 | 789 | 809 | 819 | 855 | 891 | 901 | 920 |
| | 眼高 | 733 | 753 | 764 | 801 | 837 | 849 | 873 | 678 | 695 | 704 | 739 | 773 | 783 | 803 |
| 上臂长 | | 279 | 289 | 294 | 313 | 333 | 338 | 349 | 252 | 262 | 267 | 284 | 303 | 308 | 319 |
| 前臂长 | | 206 | 216 | 220 | 237 | 253 | 258 | 268 | 185 | 193 | 198 | 213 | 229 | 234 | 242 |
| 臂长 | | 485 | 505 | 514 | 550 | 586 | 596 | 617 | 437 | 455 | 454 | 497 | 532 | 542 | 561 |

表 16－4 操作台尺寸数值参考

| 参数名称 | 尺寸数值 |
|---|---|
| 高度 $H$/mm | 1000、1200、1300、1400、1500、1600、1800 |
| 台面高度 $H_1$/mm | 760、780、800、900 |
| 深度 $D$/mm | 700、800、900、1000、1100、1200、1300 |
| 台面与水平面的角度 $\alpha$/(°) | 0、5、10、15 |
| 台面与垂直面的角度 $\beta$/(°) | 0、5、10、15、20 |

## 16.5 电源供电

安全管控指挥系统是企业重要的安全管控系统，系统的供电必须保证事故状态下能够正常运行，为事故处置留有充裕的时间。

安全管控指挥系统设备由就地供电柜(箱)的独立回路统一供电，供电容量及系统的配线方式应满足《规范》电信系统供电的要求。安全管控指挥系统采用静态电源时的备电时间应满足平均电源负荷状态下的不间断供电时间≥3h 容量设计。

# 17 企业消防站

企业消防站担负着企业消防灭火与应急事件处置责任，属于应急抢险的专职执行部门，要求快速接警迅速到达事故现场，大型石油化工企业会依据企业面积及距离分设多处消防站，在多个消防站中会定义一个消防总站统一管理，同时各消防站的消防及应急救援处置由全厂消防监控中心指挥。消防站的电信设施设计应以满足快速接警出警的需要，并保障救援现场与消防站、全厂消防监控中心指挥的通信联络，同时设计还需兼顾战斗员们的日常生活及娱乐设施。

以前企业的火灾报警接警岗位设置在消防总站的消防通信指挥室，随着企业生产操作结构与管理方式的改变，消防站已无法胜任消防指挥的职能，现在消防站仅保留消防及应急救援处置的职能，消防指挥职能已由全厂消防监控中心及安全管理指挥中心岗位承担。消防站需要在第一时间了解灾情发生并掌握发展势态，消防站的通信指挥室需设置火灾受警设备与电视监视系统监视终端及配套的通信手段，以准确组织配置施救力量。

## 17.1 一般规定

17.1.1 在大型石化企业中会设置有多个消防站址，消防总站负责全部消防站人员及装备的指挥和行政管理，因此在消防总站设置有消防通信指挥室，在消防分站设置消防通信值班室，消防通信指挥室的职责是接收报警和出警任务，向各分站下达出警指挥，向本站下达出警指令。消防分站的消防通信值班室则负责接受指令，下达本站的出警指令。各消防站电信设施的配置宜参照表17-1的内容实施。当企业只有一个消防站时，值班室的电信设施配置按消防总站通信值班室配置。

表17-1 消防站电信设施配置

| 序号 | 房间名称 | 电信设施配置 | 备注 |
|---|---|---|---|
| 1 | 消防总站通信值班室 | 双坐席消防值班岗位，厂行政电话分机、厂调度电话分机、与全厂消防监控中心和消防通信值班室的直通电话机、全厂消防监控中心火灾电话报警设施电话专用号报警的监听电话机、无线通信台、消防控制中心图形显示装置、启动本站火警电铃的设施、启动和实施本站火警广播的装置、记录所有语音通话与指令内容和起止时间的功能、电视监视系统的壁挂式视频显示屏、宜具有局域网系统端口 | 当全厂消防监控中心的职责不在企业消防站时，须设置监听电话机，及时了解火灾电话报警系统的接警信息。<br>电视监视系统的显示器要具有火灾报警联动监视功能，当火灾自动报警系统探测到警情时，显示器须自动显示报警区域的图像 |

续表

| 序号 | 房间名称 | 电信设施配置 | 备注 |
| --- | --- | --- | --- |
| 2 | 消防分站通信值班室 | 消防值班岗位、厂行政电话分机、厂调度电话分机、与全厂消防监控中心和消防通信指挥室的直通电话机、无线通信台、火灾自动报警系统的报警显示设备、启动本站火警电铃的设施、启动和实施本站火警广播的装置、电视监视系统的台式监视器、局域网系统端口 | 电视监视系统的显示器要具有火灾报警联动监视功能，当火灾自动报警系统探测到警情时，显示器须自动显示报警区域的图像 |
| 3 | 站长办公室 | 火警广播扬声器、厂行政电话、厂调度电话、广播电视端口、网络端口 | 火警广播扬声器设置在房门内上方，室内火警电铃声压≥70dB(A) |
| 4 | 办公室 | 火警广播扬声器、厂行政电话、广播电视端口、网络端口 | 火警广播扬声器设置在房门内上方，室内火警电铃声压≥70dB(A) |
| 5 | 会议室 | 火警广播扬声器、厂行政电话、广播电视端口、网络端口 | 火警广播扬声器设置在房门内上方，室内火警电铃声压≥70dB(A) |
| 6 | 文化活动室 | 火警广播扬声器、厂行政电话、广播电视端口、网络端口 | 室内火警电铃声压≥70dB(A) |
| 7 | 体育活动室 | 火警广播扬声器、广播电视端口 | 室内火警电铃声压≥70dB(A) |
| 8 | 宿舍 | 火警广播扬声器、厂行政电话、广播电视端口、网络端口 | 火警广播扬声器设置在房门内上方，室内火警电铃声压≥70dB(A) |
| 9 | 洗漱室 | 火警广播扬声器 | 室内火警电铃声压≥70dB(A) |
| 10 | 浴室 | — | 室内火警电铃声压≥70dB(A) |
| 11 | 消防车库 | 火警广播扬声器、火警电铃 | |
| 12 | 消防车维修库 | 火警广播扬声器 | 火警电铃声压≥70dB(A) |
| 13 | 其他辅助房间 | — | 室内火警电铃声压≥70dB(A) |
| 14 | 走廊、楼梯间 | 火警广播扬声器、火警电铃 | |
| 15 | 车库前广场 | 电铃 | |
| 16 | 室外训练场 | 火警广播扬声器、火警电铃 | 场区内火警广播扬声器及火警电铃声压≥70dB(A) |
| 17 | 室外运动场 | 火警广播扬声器、火警电铃 | |

## 17.2　消防通信指挥室和消防通信值班室

消防通信指挥室和消防通信值班室分属于消防总站和消防分站，两站在消防指挥过程中为从属关系，电信设施配备相近，均配备无线通信、火灾或消防信息显示、站内警铃广播和事故现场视频监视的设施。消防通信指挥室和消防通信值班室电信设施的机柜设备宜安置在设备间内，以满足电子设备的使用环境要求。

消防通信指挥室和消防通信值班室的位置通常设置在消防车库的一侧，与车库间留有观察窗，用以随时了解消防车辆的备勤状况，方便下发出警出车任务单。

# 18 安全保卫中心

在石油化工企业中，安全保卫管理人员主要负责门卫、厂前区等生产装置、单元区域以外场所的安全巡视，不参与企业的生产操作和管理，通常安全保卫管理人员流动性大，对生产过程的了解与认知程度较低，单独设置安全保卫管理人员的值班与操作场所有利于企业安全生产。

门卫的安全保卫职责主要有企业职工和车辆、外来人员和车辆的管理，外来人员和车辆管理需包括进厂教育和身份检验等内容，同时企业还需考虑办证发卡岗位与场所。

安全保卫中心需设置电视监视系统视频显示终端、火灾报警系统报警显示终端、门禁控制系统报警及管理终端、入侵报警及周界防范系统报警及管理终端、巡检管理系统管理终端和巡更信息输入装置、无线通信台、行政电话分机、调度电话分机、办公网络端口、证件录入管理和必要的培训设备。

# 19 长输管道站场

企业内的长输管道站场是长输管道为企业生产所需原料与产品进行管道输送设置在企业管理区内的站场，通常长输管道站场的生产操作不受企业管理，而站场安全则需要企业参与和管理，因此电信系统要进行统一规划设计，并满足站场所在企业与管输企业对安全及人员的管理和功能要求。

站场电信系统要与企业电信系统进行信息连通，需要信息连通的系统主要有以下内容：企业的行政电话、调度电话的通信联系、站场入侵和紧急报警系统报警信号输出、站场火灾自动报警系统的报警信号输出、站场可燃气体和有毒气体报警系统的报警信号输出、接收企业门禁系统的控制并发送反馈信号、站场电视监视图像信息输出并接受企业电视监视系统控制信号、接收企业应急广播及警报信息。

由于企业电信系统与长输管道电信系统在传输功能与使用环境的不同，使得设备间的接口与协议不同。对此，设计双方需协调接口与协议方式，采用通用的标准协议接口，以保证信息传输畅通。

# 20 电信机柜间、机柜及设备箱

机柜间、机柜及设备箱设计是保证电信设施正常运行，提高设施可靠性的重要环节。设计内容有机柜与线路布置、柜内设备结构与柜内外接线排序、机柜供电与散热计算、电磁兼容性与系统接地等内容。

## 20.1 一般规定

20.1.1 企业需设置全厂性电信机柜间，将各电信系统的核心设备等集中布置在电信机柜间，以方便对系统进行集中维护与管理，并有利于系统间的信息共享与系统集成。当核心部分的控制管理范围不能满足需求，或现场需要重新整合分配设备时，可以通过设置区域机柜间对设备的配置和供电进行整合管理，以利于缩短系统设备与现场设备的配线距离。

20.1.2 全厂性电信机柜间需按系统分区及互连互控联系、机柜间的电磁兼容影响等因素进行布置，机柜的排序需符合接线顺序，减少线缆跨越，需避免将发热量大的机柜集中布置在同一区域范围内。

20.1.3 区域性电信机柜内布置的设备由设计负责确定，设计需知晓成套机柜设备中安装的设备名称与基本参数及功效，设计需在文件中明确安装于电信机柜或电信设备箱内设备名称及型号，以指导施工过程中设备正确安装，方便概预算统计、明确商务招标的技术要求及工程结算工作。设计文件中需标明各设备用电负荷，计算机柜与设备箱的最大用电负荷与平均用电负荷。

20.1.4 单台机柜内设备的发热量不宜过大，应控制在6kW以内。

## 20.2 电信机柜间

20.2.1 全厂性电信机柜间的电信设备宜按电信系统独立设置机柜，机柜内不得布置其他系统的设备。

20.2.2 全厂性电信机柜间属于操作维护复杂的场所，需要留有充足的操作空间，机柜的间距宜符合图20－1所示的布置。全厂性电信机柜间内机柜的高度、宽度与颜色需保持一致。电信系统扩充较快，全厂性电信机柜间需留有一定的扩充空间及电源容量。

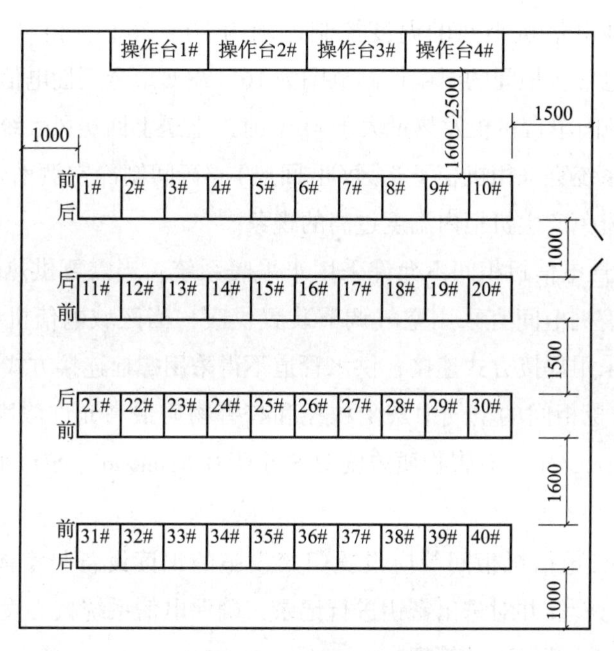


图 20－1　机柜间距布置

20.2.3　维护工作较少且安装空间受限的区域性机柜间及与其他专业(系统)合用的机柜间可适当减少设备间距，但其布置间距不得小于《规范》中第 20.2.3 条的规定。

20.2.4　全厂性电信机柜间的线缆布线多且复杂，宜采用活动地板下敷设方式，设计须计算出活动地板下线缆敷设数量，并将线缆布放在电缆线槽内，设计应依据电缆数量与路由进行电缆线槽设计，不同电压等级和信号类别的线缆宜用隔板分隔，必要时可采用电缆敷设表标示线缆的名称型号及敷设位置，以保证线缆敷设安全减少干扰。当全厂性电信机柜间空调系统为机柜下送风时，送风管道宜设置在成排机柜的前侧，电缆线槽宜布置在成排机柜的后侧。活动地板距基础地面高度需≥600mm、活动地板需具有防静电及防水和阻燃性能，表面电阻或体积电阻值为 $2.5\times10^{4}\sim1.0\times10^{9}\Omega$、活动地板下需涂刷专用防尘涂料进行处理，防止基层水泥灰尘脱落。

20.2.5　区域电信机柜间可根据需求设置活动地板，活动地板的净高宜≥300mm，其他技术指标可参照全厂性电信机柜间要求执行。

20.2.6　全厂性电信机柜间与区域电信机柜间的地面荷载为 $5.0\sim7.5\text{kN/m}^2$。

20.2.7　全厂性机柜间与区域电信机柜间等其他建筑的电信设备采用多芯光纤电缆连接时，各电信系统(设备)只占用光纤电缆的其中的纤芯。在全厂性机柜间应设置光缆配线机柜，以明确建筑内外的设计界面与施工界面，当其他建筑物光缆数量较多时也可设置光缆配线机柜。设置有光缆配线机柜建筑内各系统引入光纤由光配线机柜中的光配线架配给。

20.2.8　全厂性电信机柜间距地面 0.8m 处工作面的照度应为 400～500lx。区域电信机柜间可参照上述条件执行。

20.2.9　全厂性电信机柜间的温度控制范围为20～26℃，相对湿度范围应控制在40%～60%。区域电信机柜间的温度控制范围为16～28℃。全厂性电信机柜间总发热量大于50kW或电信机柜间单台机柜发热量大于4kW时，上送上回送风系统极易出现机柜内温度过高现象，空调系统宜采用机柜下送风(上回风)或行间制冷空调前送风(后回风)等方式进行机柜散热，避免产生机柜内温度过高的现象。

20.2.10　全厂性电信机柜间不允许采用水采暖系统，当需要供热时需采用空气调节装置供暖。区域电信机柜间宜采用空气调节装置供暖，当区域电信机柜间采用热水供暖时，供暖水管道应采用焊接方式连接，供水管道不得采用螺栓连接方式。

20.2.11　电信机柜间的空气中灰尘粒径和有害物质最高允许浓度为粒径小于10μm的灰尘浓度小于0.2mg/m³，有害物质浓度$H_2S$小于0.01mg/m³、$SO_2$小于0.1mg/m³、$Cl_2$小于0.01mg/m³。

20.2.12　全厂性电信机柜间等应设置门禁设施的识读设备与实体门控制执行机构，加强对进出人员进行管控并对进出密钥进行记录，确保电信系统核心设备运行安全和电信系统维护终端、工作站等设备的管理。

20.2.13　全厂性电信机柜间需设置电信设备供电专用配电柜(盘)，以明确电信系统与供配电系统的设计与责任界面，方便管理。全厂性电信机柜间的电源质量应满足GB/T 12325—2008《电能质量　供电电压偏差》的规定。

20.2.14　电信机柜间配电柜(盘)的容量需满足额定容量最大用电负荷的全部总和，同时预留20%的余量用于设备增容。各电信系统需采用独立回路供电。当电信机柜间用电负荷超过30kV·A时宜采用配电柜供电方式。当单一电信系统设备机柜数量大于2台时，需确定一台机柜设置配电盘向其余机柜单独供电，配电盘需设置电源断路器，机柜间的配电线路不允许采用串接供电方式。

20.2.15　电信机柜间应设置独立的工作接地和保护接地系统，接地系统的设置应符合《规范》22.6的规定。

20.2.16　电信机柜间的电磁场环境应符合GB 8702—2014《电磁环境控制限值》的规定和电信设备对电场、磁场、电磁场的场量限值要求。无线电设备机柜的位置应安排在机柜室的一侧，且宜用不惧怕干扰的设备机柜进行隔离。无线电设备机柜应做好电磁场隔离，并进行接地。

## 20.3　电信机柜

设计对组装的非标准设备机柜负有技术责任，通过质量检测认证定型成套组装的设备由制造厂负责。电信机柜应布置在非爆炸危险场所且符合电子设备工作的室内环境，机柜设计包括面板与观察窗、限定器(含导轨)和定位装置、走线槽与接线端子、柜内对流换热及强迫空气冷却、电磁干扰防护与屏蔽、电源与接地等内容。柜内布置需要考虑电信设施发展与更新换代快的特点，机柜空间与供电电源等要留有余量。机柜设计需给维修维护提供便利，机柜内独立设置的电气元器件须有安全隔离措施，独立的线路板必须安装在具有与使用环境相符的箱(壳)体内，并通过接线端子或插座与系统相连。机柜应有与系统连接的对外接线端子及端子接线图，端子接线图标注的内容有：端子编号、各端子接线的线缆(功能)名称及色标，端子接线图应贴敷在机柜后侧板(门)的内侧。

## 20.4 电信设备箱

设计对组装配套的设备箱体负有技术责任。电信设备箱通常安装在靠近前端设备附近，应用环境恶劣，设备箱体须符合现场使用环境的防爆等级、防护等级、防腐和强度要求。在爆炸危险环境使用的电信设备箱必须符合附录A的要求，箱内设备应与标牌及防爆设备强制性认证文件的内容相符，设备通过证后内部的A、B类关键元器件和材料不得有任何形式的改变。

电信设备箱内的设备宜在安装背板上安装，室外安装的设备箱要求采用下进线方式，防止流水进入箱体。不同电压等级电气元器件需分开布置，与本安防爆关联设备需用金属隔板分隔，并可靠接地。设备箱应有与系统对外连接的接线端子及端子接线图，端子接线图标注的内容有：端子编号、各端子接线的线缆(功能)名称及色标，端子接线图应贴敷在设备箱盖板的内侧。

# 21 电信线路

在石油化工企业中线路设计是电信设计中保障系统通信畅通的重要内容，是电信系统设计的延伸，线路设计应满足设备组网和信号传输的要求，并以传输指标标注线路的传输特性，满足电信系统的技术要求，线路敷设需符合企业生产运营的使用要求，满足敷设环境的要求，在企业中需要特别注重危险化学品环境下的线路敷设的设计要求。电信线路设计包括线缆选型设计、配线结构与配线系统中设备与器件设计、敷设方式设计等内容。

## 21.1 一般规定

21.1.1 全厂电信线路规划应从可行性研究与总体设计阶段开始规划并经各个设计阶段逐步深化完成，全厂电信线路设计应在各电信系统构成的基础上选择适宜的敷设方式。

21.1.2 架空杆路敷设方式易受爆炸及火灾事故影响造成通信中断，在受到雷击后架空杆路敷设方式极易将雷电电流引入危险化学品生产场所造成事故，因此在企业的生产区不允许使用架空杆路敷设方式。

21.1.3 罐组防火堤内采用直埋或充砂电缆沟敷设方式可延缓罐体漏泄的流淌火对堤内电缆的影响，延长与保障火灾发生时对固定消防设施与其他设施的控制时效。

《规范》中“火灾和事故工况下需正常使用设备的控制”指当火灾或事故出现时需进行紧急启动或操作的应急处置设备，包括固定灭火设施、应急广播及警报设施、人员逃生设施、紧急关断设施等保障人员生命安全、财产安全和防止事故扩大的相关设备，这些设备的控制与电源线缆不应在火灾、爆炸事故状态下中断使用。在事故状态下，全厂性系统的干线电缆仍需支持未遭事故影响区域的正常生产，因此在事故过程中也不允许全厂性干线电缆中断使用，在干线电缆路由规划中，需远离可能的事故发生区域，并采用不易受伤害的敷设方式。

21.1.4 当抗爆建筑的抗爆面上有电缆桥架、线缆等穿越时，洞孔必须密封且密封的强度要恢复到与原抗爆结构一致的强度，确保抗爆面强度的完整性。

隔爆配线线路属于全程穿钢管保护线路，要在不同爆炸危险性划分分区处进行隔离，防止危险性气体沿保护管串行到其他区域，其中包括爆炸性气体危险环境和非爆炸性气体危险环境的分界点的密闭隔离。本安和增安线路保护钢管仅起机械保护作用，线路不需要全程穿钢管保护，本安和增安线路防止危险性气体沿保护管串行可以采用保护管断开方式阻止气体沿保护管串行，无须设置密闭隔离。由爆炸环境引入室内的保护管线须在引入室内位置设置密闭隔离。所有线缆在由地下引入建筑室时孔洞均需作密闭隔离，密闭隔离除可防止危险气体进入外，还可阻止虫鼠、水等进入室内。

隔爆配线线路、本安和增安线路的配线线路应有所区别，SH/T 3563—2017《石油化工电信工程施工及验收规范》只规定了隔爆配线安装方式，对施工安装有错误的诱导，不符合防爆基本概念与原则。其防爆配线形式与方法应根据防爆设备的形式要求由设计确定配线安装方式，错误的配线安装极易产生安全隐患，对工程设计也极易造成误导及不良的影响。

危险化学品生产企业内设计电信管道敷设方式时必须特别谨慎，需要阻止爆炸危险性气体进入人(手)孔，并防止爆炸危险性气体沿人(手)孔间的管孔流动扩散，通常采取的设计方法是用发泡填充料或油面纱封堵管孔。在设计中，阻止气体沿管道流动扩散的密封阻隔位置要依据爆炸危险区划分确定如下：

1)爆炸危险性气体环境区域及区域界区(爆炸危险区划分图中规定的最外层界区边线)以外15m范围内不允许布置人(手)孔；

2)与爆炸危险性气体环境相邻人(手)孔内的管道都要有与相邻人(手)孔管孔的隔离密闭措施，隔离密闭封堵的位置由设计标注在该隔离管段标高高的一侧，以方便该管段渗水排入人(手)孔中；

3)电信管道在生产区与公用和辅助生产区、生产管理区的跨越管段需实施封堵，防止因施工疏漏造成危险性气体流通，提高爆炸危险性气体和有毒有害气体扩散的阻隔等级；

4)电信管道进入室内的管段进行隔离密闭封堵。

21.1.5 在人(手)孔内充砂虽然可以起到隔绝爆炸危险性气体进入人(手)孔的作用，但不利于人(手)孔内线路的后期维护。此种设计方式给维护人员带来极大的麻烦，极易给人(手)孔内线路造成损坏，设计应采用尊重与便于维护人员施工的封堵隔离方式，《规范》规定不允许在人(手)孔中充砂实施封堵隔离。

21.1.6 在电缆及光缆的配线设计中，电缆及光缆的两端必须将电(光)缆端头配接到配线架或接线端子排上，并做出配线架或接线端子排的安装设计文件，以指导施工单位按图施工。配线架或接线端子的数量应大于电缆或光缆的芯线数量，使所有线芯接入端子，工程中不允许出现线芯悬空现象。设计文件要注明配线架或接线端子排接入电缆或光缆的端子编号，方便配线架或接线端子排两侧的施工单位按图正确安装配接线缆，配线架或接线端子排两侧布放线缆的施工单位以将线缆正确接入端子为布线施工结束的标志。

21.1.7 线缆路由的选择与确定要在初步确定各系统的构成、配线方式、电缆容量、配线区划分的基础上进行线缆路由规划设计。线缆路由应选择路由最短直、与其他障碍物及管线交叉跨越较少、便于施工及维护的位置，应避开易使电缆损伤、腐蚀和厂区预留发展地或规划未定的场所，以求得最经济合理的线缆网络，企业电缆路由的选定与线缆网络的灵活运用和安全稳定有密切关系，需要以认真负责的态度进行设计。现在电信管道敷设在企业中占比越来越大，尤其主干电缆和重要设施之间的线缆基本都采用电信管道敷设方式，线缆路由规划要结合电信管道规划，要符合企业远期发展规划，电信管道要为企业的远期规划和企业的数字化系统与电信发展预留充裕的线路通道空间，减轻因电信管道扩容给企业运营带来的影响。

21.1.9　电信线缆不应该因无关装置或单元的事故、检维修造成线路中断，线缆不许可穿越与其无关的装置或单元。

21.1.10　在工业企业中，线缆的机械保护是线路系统安全运行的保障，从移动线缆引发的事故分析，移动线缆采取机械保护措施十分必要。移动线缆的机械保护可以通过拖链形式实施，移动线缆需选用符合移动布线要求的线缆型号，并将线缆布置固定在适宜拖链内，由拖链对移动线缆实施保护，采用拖链保护移动线缆的使用方式见图21－1的应用实例。移动线缆在爆炸危险环境中必须满足GB 50058—2014《爆炸危险环境电力装置设计规范》的要求，且安装在金属拖链内，同时金属拖链需做静电保护接地。

图21－1　企业内拖链保护移动线缆应用实例

## 21.2　线缆选择

线缆是指传送信息的介质(导体或光纤)，线缆按其用途分为裸电线、绕组线、电力电缆、通信电缆和光缆、电气装备用线五大类。其中通信电缆和光缆、电力电缆、电气装备用线是包裹着绝缘层、内护层与外护层的以传输信号或输送电能为目的的传输载体。电信专业使用的通信线缆主要作用是传送设备间的信号或用电流控制受控器件动作、向设备供电的电源线，电压等级为安全电压及220V以下低电压等级。在用于传送信号的线缆中，设计必须需熟知系统/设备间的信号特性，选择符合传输频率、环路电阻、信号衰减值及波形变化(分布参数)等传输参量的线缆。在以电流控制器件动作的线缆中，设计需满足线缆传输压降和分布参数的要求。本质安全防爆设备的线缆选择要满足GB 50058—2014及防爆电气产品中国国家强制性产品认证证书对线缆参数的要求。

在使用环境中有防穿刺、抗拉伸、防火烧、防水浸等抵抗线缆正常使用的需求，设计可根据需求选择与之适应的防护措施。电信系统传输的信号由低频信号到1GHz以上，信号的频谱范围宽，在线缆的选择中对线缆各项参量的应用特别考究，其对电气参数要求远高于相近专业，有时为了提高系统指标，延长传输距离，要求线缆电气参数指标用到线缆制造的极限值，并牺牲相关性小的电气参数，部分电信线缆对电缆的结构设计与制造工艺要求十分严苛，在结构设计和材料使用中必须采用特殊措施。电线电缆常用塑料材料种类及线缆常用材料技术参数见图 21－2 和表 21－1。

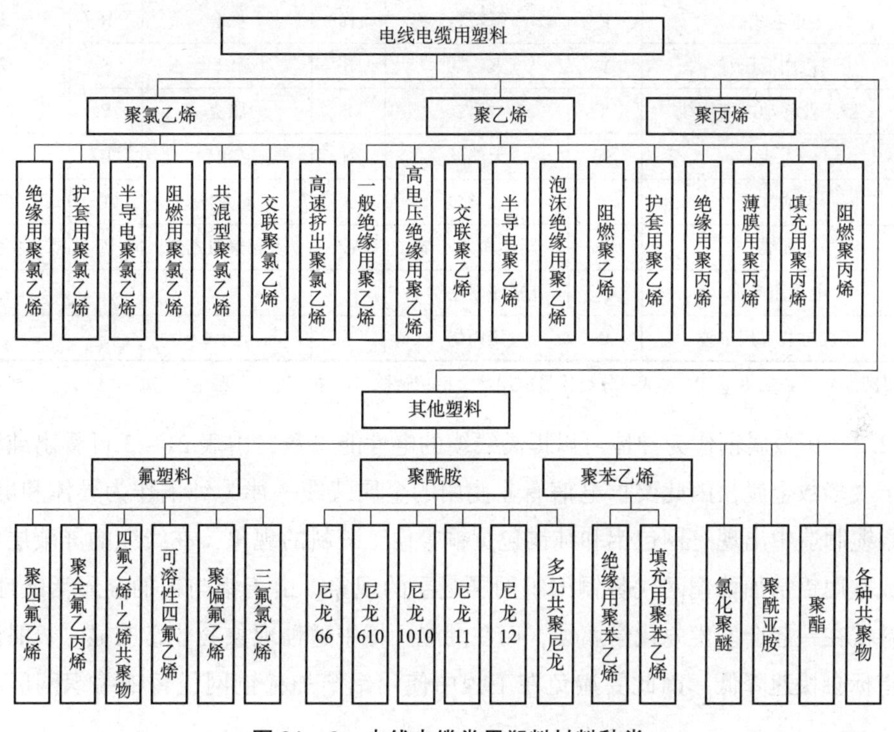


图 21－2　电线电缆常用塑料材料种类

表 21－1　线缆常用材料技术参数

| 技术性能 | 单位 | 高密度聚乙烯 | 低密度聚乙烯 | 泡沫聚乙烯 | 聚四氟乙烯 | 软质聚氯乙烯 | 聚全氟乙丙稀 | 氟－46 |
|---|---|---|---|---|---|---|---|---|
| 比重 | $g/cm^3$ | 0.94～0.96 | 0.9410.93 | 0.45 | 2.1～2.2 | 1.16～1.35 | 2.1～2.2 | 2.14 |
| 拉伸强度 | $kg/cm^2$ | >230 | >120 | — | 140～350 | ≥170 | 200～300 | 200～300 |
| 伸长率 | % | >200 | >500 | — | 200～400 | ≥200 | 250～400 | 250～350 |
| 熔点 | ℃ | — | — | — | 327 | — | — | 250 |
| 熔流指数 | g/10min | 0.2～0.8 | 0.2～2.0 | — | — | — | — | 1.5～4 |
| 体积电阻率 0℃，50Hz | Ω·cm | $>10^{17}$ | $>10^{17}$ | — | $>1\times10^{17}$ | $\geq1\times10^{13}$ | $>10^{17}$ | $>1\times10^{17}$ |
| 介电强度 | kV/mm | ≥30 | ≥30 | — | 25～40 | ≥20 | 15～30 | 32 |
| 介电常数 | | <2.35 | 2.25～2.35 | 1.45 | <2.1 | — | 2.1 | <2.1 |
| 介质损耗角正切 $\tan\delta$ $10^6$ | | $<5\times10^{-4}$ | $<1\times10^{-4}$ | $<1\times10^{-3}$ | $2\times10^{-4}$ | — | $3\times10^{-4}$ | $2\times10^{-3}$ |

常规线缆产品型号的符号代码标识见表21-2。

表21-2 线缆符号代码标识

| 分类代号或用途 | | 绝缘 | | 护套 | | 派生 | |
|---|---|---|---|---|---|---|---|
| 符号 | 意义 | 符号 | 意义 | 符号 | 意义 | 符号 | 意义 |
| A | 安装线缆 | V | 聚氯乙烯 | V | 聚氯乙烯 | P | 屏蔽 |
| B | 布电线 | F | 氟塑料 | H | 橡套 | R | 软 |
| F | 飞机用低压线 | Y | 聚乙烯 | B | 编织套 | S | 双绞 |
| Y | 一般工业移动电器用线 | X | 橡皮 | L | 腊克 | B | 平行 |
| T | 天线 | ST | 天然丝 | N | 尼龙套 | D | 带形 |
| HR | 电话软线 | SE | 双丝包 | S | 尼龙丝 | T | 特种 |
| HP | 配线 | VZ | 阻燃聚氯乙烯 | VZ | 阻燃聚氯乙烯 | $P_1$ | 缠绕屏蔽 |
| I | 电影用电缆 | R | 辐照聚乙烯 | | | | |
| SB | 无线电装置用电缆 | B | 聚丙烯 | | | | |

型号实例：A＿F＿B＿P　A—分类代号或用途、F—绝缘、B—护套、P—派生

21.2.2 用金属铜作为导体可以提高线缆的电性能参数，由表21-3可看出纯铜的导电性优于大多数金属，因此要求电信专业使用的金属线缆一律为纯铜作为导体和屏蔽层。现在在线缆制造中出现有铜包铝和纯铜包黄铜等偷工减料的现象，在线缆的屏蔽层中也有为降低成本用铝箔加稀铜网代替铜编织网屏蔽层的现象。由于铝与铜的金属活跃性不同，两种材料挨在一起会发生电化学腐蚀，而在潮湿环境中这种现象会非常明显，长时间使用后技术指标会快速降低，因此要避免在工程中使用铝箔加稀铜网代替铜编织网屏蔽层的现象。

表21-3 常用金属电阻率对比

| 金属名称 | 电阻率/(Ω/m) |
|---|---|
| 银 | 0.0165 |
| 纯铜 | 0.018 |
| 黄铜 | 0.071 |
| 铝 | 0.0294 |
| 铁 | 0.0978 |

21.2.3 在GB 50058—2014中规定，在爆炸危险1区中使用的移动线缆为重型电缆，在爆炸危险2区中使用的移动线缆为中型电缆。防爆绕性管是解决隔爆线路中保护管的应力和振动的连接件，不能用于隔爆线路保护管的软连接使用，设计应根据GB 50058—2014中爆炸危险区与电缆分类要求选择适用线缆。

21.2.4 多芯电缆的芯线用色谱区分可以为施工与维护提供便利。在通信类电缆中通常有明确的芯线色谱标记，在应用其他线缆时设计需注意芯线色谱标记的设计。

21.2.5 市话电缆与信号电缆中的每对芯线均具有对绞节距要求，生产过程复杂，需要专业通信电缆企业用专用设备生产。专业市话电缆生产企业通常没有阻燃市话电缆，因此不许可市话电缆在生产区架空使用。市话电缆的详细要求见表21－7。

21.2.6 电缆应根据敷设方式和用途选择电缆的防护要求，线缆敷设与防护要求应满足表21－4的要求。

**表21－4 线缆敷设与防护**

| 线缆类型 | 线缆敷设方式 | | | | | | | | | | | | | | | | | | | | | | | |
|---|---|---|---|---|---|---|---|---|---|---|---|---|---|---|---|---|---|---|---|---|---|---|---|---|
| | 直埋敷设 | | | 电信管道敷设 | | | 电缆桥架敷设 | | | 穿钢管暗配敷设 | | | 穿钢管明配敷设 | | | 沿建(构)筑物明配敷设 | | | 海底(水下)敷设 | | | 移动敷设 | | |
| | 普通场所 | 火灾危险场所 | 爆炸危险场所 | 普通场所 | 火灾危险场所 | 爆炸危险场所 | 普通场所 | 火灾危险场所 | 爆炸危险场所 | 普通场所 | 火灾危险场所 | 爆炸危险场所 | 普通场所 | 火灾危险场所 | 爆炸危险场所 | 普通场所 | 火灾危险场所 | 爆炸危险场所 | 普通场所 | 火灾危险场所 | 爆炸危险场所 | 普通场所 | 火灾危险场所 | 爆炸危险场所 |
| | 线缆使用环境 | | | | | | | | | | | | | | | | | | | | | | | |
| 非铠装电缆 | × | × | × | √ | √ | △[a] | √ | △[e] | △[e] | √ | √ | √[b] | √ | √ | √ | △[c] | × | √[b] | × | × | × | △[d] | × | × |
| 单层钢带铠装电缆 | √ | √ | √ | √ | √ | △[a] | √ | △[e] | △[e] | △ | △ | △[b] | △ | △ | △ | √ | △[e] | √ | × | × | × | × | × | × |
| 双层钢带铠装电缆 | √ | √ | √ | △ | △ | △[a] | √ | △[e] | △[e] | × | × | × | × | × | × | √ | △[e] | √ | × | × | × | × | × | × |
| 单层钢丝铠装电缆 | √ | √ | √ | √ | √ | △[a] | √ | △[e] | △[e] | △ | △ | △[b] | △ | △ | △ | √ | △[e] | √ | × | × | × | √ | √ | √ |
| 双层钢丝铠装电缆 | √ | √ | √ | △ | △ | △[a] | √ | △[e] | △[e] | × | × | × | × | × | × | √ | △[e] | √ | √ | √ | √ | △ | △ | △ |

注：√可以采用；△慎用；×不可采用。

[a] 爆炸性气体环境危险区范围内不允许设置人(手)孔。

[b] 仅可用于本质安全系统的线路。

[c] 需保证无机械损伤。

[d] 在限定条件下慎用。

[e] 非消防类和不会造成安全隐患的线路。

21.2.7 隔爆防爆设备的连接线缆必须使用满足防爆电缆引入装置规格要求的电缆，并由隔离密封橡胶圈压实封堵，使引入电缆与设备间密封达到隔爆要求。本质安全防爆设备的限能器(安全栅)与关联设备间的连接电缆必须满足分布参数限值要求，连接电缆的设计选型要根据安全栅与关联设备间的分布参数要求，选择分布参数稳定且在使用段长内的分布参数满足要求数值的电缆。低分布参数电缆是在相同段长内的分布参数低于其他电缆，在分布参数确定的条件下能够敷设更长的距离，降低分布参数值，提升安全度。

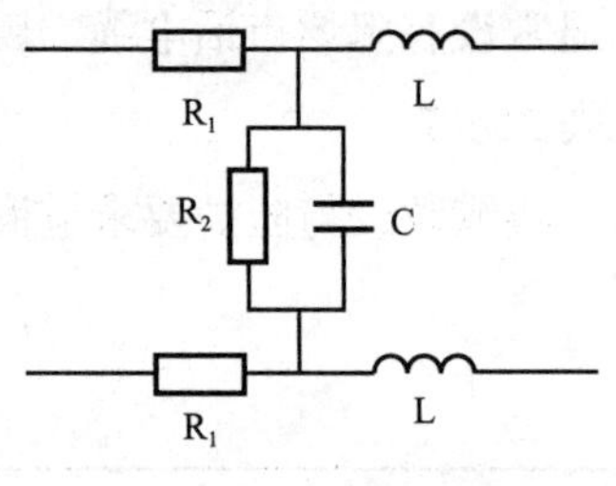


**图21－3　线缆等效电路**

低分布参数电缆是用低介电常数材料通过结构设计，获取的具有长期稳定低等效电容和低等效电感等数值的电缆。图21－3所示为线缆的等效电路图，图中$R_1$为线路电阻、L为线路电感、$R_2$为线间绝缘电阻、C为线间电容。

图21－2中电缆制造常用材料的各类材料参数值各不相同，有些材料的参数值随环境温度的改变而变化。表21－1列出了部分常用线缆材料技术指标，其中部分材料的介电常数值无法确定，绝缘电阻值随温度与湿度变化改变明显，因此制成电缆得不到确切分布参数值。

在设计中有将低分布参数电缆称为本质安全电缆的现象，本质安全电缆的名称极不科学严谨，极易误导安全栅与关联设备间电缆连接的概念，误认为该段连接电缆没有距离限制要求，应给予纠正。

21.2.8　在火灾危险环境中敷设的线缆应按照连接设备的作用与重要程度选择线缆保护层与外护层的结构，选择有利于保护电缆的敷设方式，线缆的护套与敷设方式需参照表21－5的要求，按线缆敷设最不利的敷设段选择线缆。

**表21－5　线缆使用环境与阻燃和防火**

| 线路类型 | 电缆敷设方式 | | | | | |
|---|---|---|---|---|---|---|
| | 室内暗配管敷设线缆 | 明配管敷设导线 | 明配管敷设电缆 | 明敷设电缆 | 直埋敷设电缆 | 电信管道敷设电缆 |
| 普通线路 | — | Z | Z | Z | — | — |
| 报警信号线路 | Z | Z[a] | Z[a] | N | — | Z |
| 重要设备非控制信号线路 | Z | Z[a] | Z[a] | × | — | Z |
| 重要设备控制与供电线路 | Z[b] | × | NS[a] | MI | — | Z |

注：—表示不要求；×表示不应使用；Z表示阻燃；N表示耐火；NS表示耐火加喷水；MI表示矿物绝缘类不燃性电缆。

[a]明配管敷设线路为全程穿钢管敷设；[b]重要设备控制与供电线路应采用电缆连接。

21.2.9　设计文件要明确标注线缆接续位置及接续方式，线缆接续应采用满足使用环境防护等级的专用配套接续件或接线箱进行接续，线缆的接线箱应设置在桥架外或电信管道人(手)孔等方便安装维护的位置。

21.2.10　以铜芯等金属为传输介质的线缆传输信号时抗干扰能力较弱，信号传输距离较近，在同等技术条件下，宜优先选择光纤电缆进行信号传输，以便获取高质量的信号，排除电磁干扰与电位干扰。

21.2.12 长线传输是通信行业中的特有现象，也是电信专业特有的现象。长线是指传输线的几何长度 $l$ 和线上传输电磁波波长 $\lambda$ 的比值 $\bar{L}=l/\lambda$，即 $\bar{L}$ 被称为电长度，当 $l/\lambda \geq 0.05$ 时被定义为长线，当 $l/\lambda < 0.05$ 时被定义为短线。从表 2-1 可以看到，电信专业涉及的波长范围十分宽泛，大部分电信系统信号的波长属于在长线范围中传输的信号。例如：传输 3GHz（$\lambda=10$cm）的线缆 $\bar{L}=0.5$m 就属于长线传输，而输送市电的电力传输线（$f=50$Hz、$\lambda=6000$km）在几千公里以内均属于短线传输。在高速电路中，如果脉冲信号传输长度大于信号上升或下降沿时间对应的有效长度的 1/6 时，就可认为信号的传输为长线传输。由于电信专业涉及长线传输概念，使得电信专业与电气专业和仪表专业在信号传输与传输介质的选择中有所不同，成为石油化工设计中唯一需要考虑信号波长与传输介质的关系，采用同轴电缆甚至波导管进行信号传输的专业。

长线传输属于分布参数电路，而短线则是集中参数电路。传输线中的交变信号在传输过程中，传输线和参考平面之间会形成电场，由于电场的存在，会产生一个瞬间的小电流，这个小电流在传输线中的每一点都存在。同时信号也存在一定的电压，这样在信号传输过程中，传输线的每一点就会等效成一个电阻，这个电阻被称为特征阻抗。在长线传输过程中特征阻抗是设计必须要考虑的问题，信号在传输的过程中，如果传输路径上的特性阻抗发生变化，信号就会在阻抗不连续的结点产生反射。影响特性阻抗的因素有：介电常数、介质厚度、线宽、铜箔厚度等。

长线的信号传输，信号会衰减得比较厉害，长线信号传输对传导介质的结构、线路敷设有着严格的要求，线缆的弯曲和与周边物体的间距都会对信号传输产生影响，需要设计在分析明确信号频率特性和系统功能的前提下进行线缆或传导介质选择与线路设计。

## 21.3 系统配线

配线设计不是简单的线缆连接过程，电信专业的配线设计比相关专业复杂，配线与系统结构是相辅相成的设计过程，需要在工程设计中不断地沉淀积累感悟，通过刻苦学习丰富自己。配线是对信号传输过程中的分配设计，配线设计的优劣在系统中起着至关重要的作用，配线要以保障信号传输安全可靠为首要目的，要确保传输的波形不产生或少产生畸变，合理的配线设计还可以简化系统结构，配线设计还需要为系统的扩展预留充足空间，便于系统扩展。

21.3.1 一般规定

21.3.1.1 电信线路设计是系统网络设计的重要部分，线路传输要求在保证信号质量的前提下，从技术和经济方面考虑并进行比较，合理选用线路网各个段落的线路设备程式，满足系统与用户要求，满足生产管理区域划分，合理地按用户分布密度分配，并方便系统网络维护，合理地确定配线区和配线方式。

21.3.1.2 在系统配线设计中，各电信系统的配线网络要求保持物理链路的独立，不许可在系统配线设计中将不同电信设备的信息复用传输在同一物理线对或芯线中。

21.3.2 电话系统配线

电话系统配线是电话系统设计承担着电话传输的重要作用，电话系统经过一百多年的发展，已形成了完整的安全可靠的构架体系，在线路传输方面，为保证线路的安全畅通，防止线路干扰与串音，建立了完善的电话配线系统设计标准。电话配线系统的设计内容包括传输衰减与用户线路环路电阻及线径选择设计、配线区与交接区设计、电缆容量选择与接续及线缆路由设计。电话线路承担着向电话分机供电、发送铃流和传送音频信号的作用，电话网络的市话电缆是以电缆芯线递减方式完成一对一(电话交换机接口与电话分机)的线路连通。表21-6中列出的电缆型号名称是企业中常用的市话电缆与电缆的敷设方式。表21-7所示为常用市话电缆的芯线规格与各线对电缆的外径数据，供在电话系统配线设计中参考使用。

**表21-6 常用市内通信电缆型号与名称**

| 型号 | 名称 | 主要使用场合 |
|---|---|---|
| HYA | 铜芯实心聚烯烃绝缘挡潮层聚乙烯护套市内通信电缆 | 管道 |
| HYFA | 铜芯泡沫聚烯烃绝缘挡潮层聚乙烯护套市内通信电缆 | 管道 |
| HYPA | 铜芯泡沫皮聚烯烃绝缘挡潮层聚乙烯护套市内通信电缆 | 管道 |
| $HYA_{23}$ | 铜芯实心聚烯烃绝缘挡潮层聚乙烯护套双钢带铠装聚乙烯套市内通信电缆 | 直埋 |
| $HYA_{53}$ | 铜芯实心聚烯烃绝缘挡潮层聚乙烯护套单层纵包轧纹钢带铠装聚乙烯套市内通信电缆 | 直埋 |
| $HYA_{553}$ | 铜芯实心聚烯烃绝缘挡潮层聚乙烯护套双层纵包轧纹钢带铠装聚乙烯套市内通信电缆 | 直埋 |
| HYAT | 铜芯实心聚烯烃绝缘填充式挡潮层聚乙烯护套市内通信电缆 | 管道 |
| HYFAT | 铜芯泡沫聚烯烃绝缘填充式挡潮层聚乙烯护套市内通信电缆 | 管道 |
| HYPAT | 铜芯泡沫皮聚烯烃绝缘填充式挡潮层聚乙烯护套市内通信电缆 | 管道 |
| $HYAT_{23}$ | 铜芯实心聚烯烃绝缘填充式挡潮层聚乙烯护套双钢带铠装聚乙烯套市内通信电缆 | 直埋 |
| $HYFAT_{23}$ | 铜芯泡沫聚烯烃绝缘填充式挡潮层聚乙烯护套双钢带铠装聚乙烯套市内通信电缆 | 直埋 |
| $HYPAT_{23}$ | 铜芯泡沫皮聚烯烃绝缘填充式挡潮层聚乙烯护套双钢带铠装聚乙烯套市内通信电缆 | 直埋 |
| $HYAT_{53}$ | 铜芯实心聚烯烃绝缘填充式挡潮层聚乙烯护套单层纵包轧纹钢带铠装聚乙烯套市内通信电缆 | 直埋 |
| $HYFAT_{53}$ | 铜芯泡沫聚烯烃绝缘填充式挡潮层聚乙烯护套单层纵包轧纹钢带铠装聚乙烯套市内通信电缆 | 直埋 |
| $HYPAT_{53}$ | 铜芯泡沫皮聚烯烃绝缘填充式挡潮层聚乙烯护套单层纵包轧纹钢带铠装聚乙烯套市内通信电缆 | 直埋 |
| $HYAT_{553}$ | 铜芯实心聚烯烃绝缘填充式挡潮层聚乙烯护套双层纵包轧纹钢带铠装聚乙烯套市内通信电缆 | 直埋 |
| $HYFAT_{553}$ | 铜芯泡沫聚烯烃绝缘填充式挡潮层聚乙烯护套双层纵包轧纹钢带铠装聚乙烯套市内通信电缆 | 直埋 |

续表

| 型号 | 名称 | 主要使用场合 |
|---|---|---|
| $HYPAT_{553}$ | 铜芯泡沫皮聚烯烃绝缘填充式挡潮层聚乙烯护套双层纵包轧纹钢带铠装聚乙烯套市内通信电缆 | 直埋 |
| $HYPAT_{33}$ | 铜芯泡沫皮聚烯烃绝缘填充式挡潮层聚乙烯护套单细钢丝铠装聚乙烯套市内通信电缆 | 水下 |
| $HYPAT_{43}$ | 铜芯泡沫皮聚烯烃绝缘填充式挡潮层聚乙烯护套单粗钢丝铠装聚乙烯套市内通信电缆 | 水下 |

注：表中所列电缆，建议使用时用气压维护。

**表 21－7　常用市内通信电缆规格**

| 标称对数 | 电缆外径/mm | | | | | | | | | | | | | | |
|---|---|---|---|---|---|---|---|---|---|---|---|---|---|---|---|
| | HYA | HYFA | HYPAT | HYA | HYFA | HYPAT | HYA | HYFA | HYPAT | HYA | HYFA | HYPAT | HYA | HYFA | HYPAT |
| | 0.32 芯线直径 | | | 0.4 芯线直径 | | | 0.5 芯线直径 | | | 0.6 芯线直径 | | | 0.8 芯线直径 | | |
| 10 | | | | 8.5 | 8.5 | 9 | 9.5 | 9.5 | 10 | 11 | 10 | 11 | 14 | 12 | 14 |
| 20 | | | | 10.5 | 10 | 11 | 12 | 11.5 | 12 | 14 | 12 | 14 | 18 | 16 | 17 |
| 30 | | | | 12 | 11 | 13 | 14 | 13 | 14 | 16 | 14 | 16 | 21 | 18 | 21 |
| 50 | | | | 14 | 13 | 15 | 17 | 16 | 17 | 20 | 17 | 20 | 26 | 22 | 25 |
| 100 | | | | 19 | 18 | 20 | 22 | 21 | 22 | 26 | 23 | 26 | 35 | 31 | 35 |
| 200 | | | | 25 | 22 | 25 | 29 | 27 | 30 | 35 | 31 | 36 | 49 | 42 | 48 |
| 300 | | | | 29 | 26 | 31 | 35 | 33 | 36 | 43 | 38 | 43 | 59 | 51 | 58 |
| 400 | | | | 33 | 29 | 35 | 40 | 37 | 42 | 49 | 43 | 50 | 67 | 58 | 66 |
| 600 | | | | 39 | 35 | 42 | 48 | 45 | 50 | 59 | 52 | 60 | 79 | 70 | 79 |
| 800 | | | | 45 | 40 | 48 | 55 | 51 | 57 | 67 | 59 | 68 | | | |
| 900 | | | | 47 | 43 | 51 | 58 | 54 | 60 | 71 | 62 | 72 | | | |
| 1000 | | | | 49 | 45 | 53 | 61 | 57 | 63 | 74 | 65 | 75 | | | |
| 1200 | | | | 53 | 48 | 57 | 66 | 61 | 68 | 81 | 71 | 82 | | | |
| 1600 | | | | 61 | 55 | 65 | 75 | 70 | 78 | | | | | | |
| 1800 | | | | 64 | 58 | 68 | 78 | 74 | 83 | | | | | | |
| 2000 | 56 | 49 | 57 | 67 | 61 | 71 | 83 | 77 | | | | | | | |
| 2400 | 61 | 53 | 62 | 72 | 67 | 78 | | | | | | | | | |
| 2700 | 64 | 57 | 66 | | | | | | | | | | | | |
| 3000 | 67 | 60 | 69 | | | | | | | | | | | | |
| 3300 | 69 | 62 | 72 | | | | | | | | | | | | |
| 3600 | 72 | 65 | | | | | | | | | | | | | |

注：①单层钢带铠装电缆外径增加量，基本电缆外径为 10～20mm 时，外径近似增加量为 4mm，基本电缆外径≥21mm时，外径近似增加量为 5mm；

②双层钢带铠装电缆外径增加量，基本电缆外径为 11～21mm 时，外径近似增加量为 6mm，基本电缆外径＞21mm 时，外径近似增加量为 7mm。

市话电缆中的线对对绞节距及阻抗容抗感抗值等指标是市话电缆传输的重要技术参数。表21－8列举了市内通信电缆的主要电气性能指标，为设计了解电话系统线缆的技术要求与企业内电话系统线缆选型及配线设计提供参考。

**表21－8　市内通信电缆电气性能**

| 序号 | 项目 | 单位 | 指标 | |
|---|---|---|---|---|
| 1 | 单根导体直流电阻（+20℃），最大值<br>导体标称直径/mm<br>0.32<br>0.4<br>0.5<br>0.6<br>0.7<br>0.8<br>0.9 | Ω/km | <br><br>≤236.0<br>≤148.0<br>≤95.0<br>≤65.8<br>≤48.0<br>≤36.0<br>≤29.5 | |
| 2 | 导体电阻不平衡<br>导体标称直径/mm<br>0.32<br>0.4<br>0.5<br>0.6<br>0.7<br>0.8<br>0.9 | % | 最大值<br><br>≤6.0<br>≤5.0<br>≤5.0<br>≤4.0<br>≤4.0<br>≤4.0<br>≤4.0 | 平均值<br><br>≤2.5<br>≤2.0<br>≤1.5<br>≤1.5<br>≤1.5<br>≤1.5<br>≤1.5 |
| 3 | 绝缘电气强度<br>1）实心聚烯烃绝缘<br>导体之间<br>（3s　DC 2000V）或（1min　DC 1000）<br>导体对隔离带（隔离式电缆）<br>（3s　DC 5000V）或（1min　DC 2500）<br>导体对屏蔽<br>（3s　DC 6000V）或（1min　DC 3000）<br>2）泡沫、带皮泡沫聚烯烃绝缘<br>导体之间<br>（3s　DC 1500V）或（1min　DC 750）<br>导体对隔离带（隔离式电缆）<br>（3s　DC 5000V）或（1min　DC 2500）<br>导体对屏蔽<br>（3s　DC 6000V）或（1min　DC 3000） | — | <br><br><br>不击穿<br><br>不击穿<br><br>不击穿<br><br><br>不击穿<br><br>不击穿<br><br>不击穿 | |
| 4 | 绝缘电阻（DC 100～500V），最小值<br>每根绝缘线芯对其余绝缘线芯接屏蔽<br>非填充式电缆<br>填充式电缆 | MΩ/km | <br><br>10000<br>3000 | |

续表

| 序号 | 项目 | 单位 | 指标 | |
|---|---|---|---|---|
| 5 | 工作电容(0.8kHz 或 1kHz)<br>平均值<br>最大值 | nF/km | ≤10 对<br>52.0 ±4.0<br>≤58.0 | >10 对<br>52.0 ±2.0<br>≤57.0 |
| 6 | 电容不平衡<br>1)线对间电容不平衡 最大值<br>导体标称值：0.32、0.4、0.5<br>0.6、0.7、0.8、0.9<br>2)线对对地最大值<br>3)线对对地(>10 对) 平均值<br>导体标称值：0.32、0.4、0.5<br>0.6、0.7、0.8、0.9 | pF/km | <br><br>≤250<br>≤200<br>≤26.30<br><br>≤570<br>≤490(570) | |
| 7 | 固有衰减(+20℃) | dB/km | 150kHz | 1024kHz |
| | 1)实心聚烯烃绝缘非填充式电缆 平均值<br>大于 10 对的电缆，导体标称直径/mm | | | |
| | 0.32 | | ≤16.8 | ≤33.5 |
| | 0.4 | | ≤12.1 | ≤27.3 |
| | 0.5 | | ≤9.0 | ≤22.5 |
| | 0.6 | | ≤7.2 | ≤18.5 |
| | 0.7 | | ≤6.3 | ≤15.8 |
| | 0.8 | | ≤5.7 | ≤13.7 |
| | 0.9 | | ≤5.4 | ≤12.0 |
| | 2)实心聚烯烃绝缘填充式电缆 平均值<br>大于 10 对的电缆，导体标称直径/mm | | | |
| | 0.32 | | ≤16.0 | ≤31.1 |
| | 0.4 | | ≤11.7 | ≤23.6 |
| | 0.5 | | ≤8.2 | ≤18.6 |
| | 0.6 | | ≤6.7 | ≤15.8 |
| | 0.7 | | ≤5.5 | ≤13.8 |
| | 0.8 | | ≤4.7 | ≤12.3 |
| | 0.9 | | ≤4.1 | ≤11.1 |
| | 3)泡沫、带皮泡沫聚烯烃绝缘非填充式电缆 平均值<br>大于 10 对的电缆，导体标称直径/mm | | | |
| | 0.32 | | ≤17.3 | ≤36.0 |
| | 0.4 | | ≤12.6 | ≤29.3 |
| | 0.5 | | ≤9.3 | ≤24.1 |
| | 0.6 | | ≤7.4 | ≤19.8 |
| | 0.7 | | ≤6.4 | ≤16.9 |
| | 0.8 | | ≤5.8 | ≤14.6 |
| | 0.9 | | ≤5.5 | ≤12.8 |
| | 4)泡沫、带皮泡沫聚烯烃绝缘填充式电缆 平均值<br>大于 10 对的电缆，导体标称直径/mm | | | |
| | 0.32 | | ≤17.0 | ≤32.9 |
| | 0.4 | | ≤12.1 | ≤26.5 |
| | 0.5 | | ≤9.0 | ≤21.8 |
| | 0.6 | | ≤7.2 | ≤18.0 |
| | 0.7 | | ≤6.3 | ≤15.3 |
| | 0.8 | | ≤5.7 | ≤13.3 |
| | 0.9 | | ≤5.4 | ≤11.7 |
| | 等于小于 10 对的电缆 | | 平均值不大于 10 对以上同一形式电缆最大平均值的 110% | |

续表

| 序号 | 项目 | 单位 | 指标 | |
|---|---|---|---|---|
| | 近端串音衰减(1024kHz) | | M－S | |
| | 1)非隔离式电缆　长度≥0.3km | | | |
| | 10对电缆内线对间全部组合 | | M－S≥53 | |
| | 12对、13对子单位内线对间全部组合 | | M－S≥54 | |
| | 20对、30对电缆或基本单位内线对间全部组合 | | M－S≥58 | |
| | 相邻12对、13对子单位内线对间全部组合 | | M－S≥63 | |
| | 相邻基本单位内线对间全部组合 | | M－S≥64 | |
| | 超单位内两个相对基本单位或子单位间线对全部组合 | | M－S≥70 | |
| 8 | 不同超单位内基本单位间线对全部组合 | dB | M－S≥79 | |
| | 不同超单位内子单位间线对全部组合 | | M－S≥77 | |
| | 2)隔离式电缆　长度≥0.3km | | | |
| | 高频隔离带两侧的线对间全部组合 | | | |
| | 线缆内线对总数　10 | | M－S≥70 | |
| | 20 | | M－S≥77 | |
| | 30 | | M－S≥80 | |
| | 50及以上 | | M－S≥84 | |
| | 远端串音防卫度 | | 非隔离式电缆 150kHz | 隔离式电缆 1024kHz |
| | 1)12对、13对子单位或10对(或小于10对)或20对电缆内线对间的全部组合 | | | |
| 9 | 功率平均值 | dB/km | ≥68 | ≥51 |
| | 2)基本单位内或30对及以上电缆内线对间的全部组合 | | | |
| | 功率平均值 | | ≥68 | ≥52 |
| | 3)任意线对组合串音防卫度最小值 | | ≥58 | ≥41 |
| 10 | 屏蔽铝带和高频隔离带的连续性 | — | 电气连续 | |
| 11 | 线芯混线、断线 | — | 无混线、无断线 | |

注：①在所有情况中，小于100m的电缆看作等于100m。

②括号内为泡沫及带皮泡沫聚烯烃绝缘电缆指标。

③如在1个基本单位(子单位)内或10对或20对电缆内，同一线对对其他线对组合的远端串音防卫度出现两个或两个以上的数值在52dB(含52dB)与58dB之间时，则计算的电气特性变异线对为1对。绝缘强度检验时，也可以采用交流电压，其测试电压的有效值 $U_{AC}=U_{DC}/\sqrt{2}$。

电话电缆制造标准中要求电缆芯线以色谱标识电缆芯线的编号，电话系统配线标准要求全色谱电话电缆的色谱分序共有10种颜色组成，即5种主色和5种次色，主次色交叉共组成25种色谱，无论电缆对数多大，均以25对色为一组成缆，电话电缆标准色谱按表21－9所示全色谱线对编号与色谱表排列。

表 21－9 全色谱线对编号与色谱表

| 线对编号 | 颜色 | | 线对编号 | 颜色 | | 线对编号 | 颜色 | | 线对编号 | 颜色 | | 线对编号 | 颜色 | |
|---|---|---|---|---|---|---|---|---|---|---|---|---|---|---|
| | a | b | | a | b | | a | b | | a | b | | a | b |
| 1 | | 蓝 | 6 | | 蓝 | 11 | | 蓝 | 16 | | 蓝 | 21 | | 蓝 |
| 2 | | 橘 | 7 | | 橘 | 12 | | 橘 | 17 | | 橘 | 22 | | 橘 |
| 3 | 白 | 绿 | 8 | 红 | 绿 | 13 | 黑 | 绿 | 18 | 黄 | 绿 | 23 | 紫 | 绿 |
| 4 | | 棕 | 9 | | 棕 | 14 | | 棕 | 19 | | 棕 | 24 | | 棕 |
| 5 | | 灰 | 10 | | 灰 | 15 | | 灰 | 20 | | 灰 | 25 | | 灰 |

注：①白色、红色、黑色、黄色、紫色为主色；
②蓝色、橘色、绿色、棕色、灰色为次色。

在通信行业，全色谱线对编号与色谱排列已成为电话配线系统的各类设备的标准，在通信系统的配线架、交接箱、接线(分歧)模块中均以色谱模块对应线缆线序安装，在电话配线系统中设计需考虑并遵循色谱排列原则进行工程设计。

21.3.2.1 电话配线系统是经过数十年进步演化过来的经典系统结构配置，在企业电话配线系统中要求厂行政电话配线系统、调度电话配线系统和火灾电话报警配线系统共用一套系统网络，用以提高设计与施工效率、方便维护管理和线缆芯线利用率、节省工程投资。电话配线属于芯线递减式配线系统，网络的配线方式分为直接配线(直通配线)、复接配线、补充配线(活接配线)和交接配线四种。直接配线和复接配线的特点是从电话站配线架到各大型建筑分线设备箱的电缆线路中间不经过交接箱或补充箱等中间接续设备的配线方式；补充配线和交接配线在电缆线路中间装有交接箱或补充箱(或联络补助箱)等接续设备。在企业的系统配线设计中，电话配线系统网络不一定完全采用单一的配线方式，可以在一个电缆网络中混合使用多种配线方式组合，以提高电缆网络的灵活性和通融性。

直接配线方式：由于各分线设备与配线架间无复接线对的增减，电缆容量一般在装设分线设备处或电缆分歧点处结合电缆标称对数和用户数量等具体条件进行递减，电缆不递减时，线对一律不做复接。在设计中为了使维护和施工简便，电缆芯线的递减一般以 5 个线对或 10 个线对为单位排序，不采用畸零线对的线序。

复接配线方式：从电话站到各分线设备的电缆线路芯线采用相互复接方法接续。电缆复接配线有两种复接形式，电缆复接方式和分线设备复接方式。复接是电话配线的基础方式，电缆采用复接后扩大了电缆线群、增加了网络的灵活性，提高了电缆芯线使用率并减少了电缆容量，但有时复接后会使电缆递减缓慢，加大电缆局部段的容量，复接次数过多会增加复接衰减降低电缆传输距离，同时还会给测试维护带来不便。

在电缆复接中又分为全复接配线方式和部分复接配线方式两种形式。全复接配线是相邻的配线区所有电缆芯线全部复接，在企业的电话配线设计中多用于小对数电缆的复接，当两个相邻域用户容量之和小于 10 个时，可在一条 10 对电话电缆上采用电缆分歧方式以相同线序分成两条电缆分别接入两个分线设备或将电缆接入其中一个分线设备后引出相同线序电缆接入另一各分线设备，见图21－4全复接配线部分。部分复接配线是相邻配线区的电缆芯线进行部分复接，以提高电缆芯线的利用率并方便用户在小范围内调整，见图21－4部分复接配线部分。分线设备的复接又可细分为单等复接、重等复接、不等分复接、任意复接、安五的倍数复接、套箱复接等多种复接方式，无论采用哪种复接方法都是以解决用户分布需求、便于维护、割接和用户调整为目的。

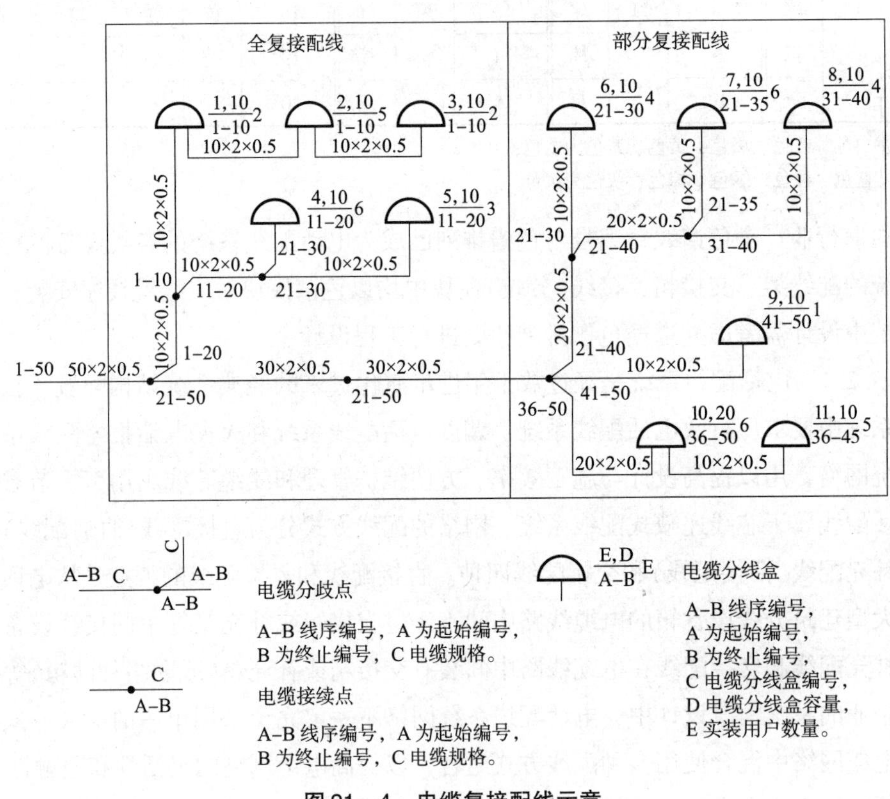


**图21－4　电缆复接配线示意**

采用复接配线需注意以下两点：①同一芯线的复接次数为小于两次；②有保密需求的用户不允许采用复接配线方式。

补助配线方式：电缆的芯线按其接续和用途可分为以下五种，即正用线(又称局线)、邻接线(又称复接线)、备用线、补助线和联络线。补助配线的网络通融性大，线对调度灵活，用户变化适应性强，有利于在企业的电话配线系统中装设专线、同线等专用电话。

交接配线方式：交接配线可分为五种交接方式，一次交接法(简单交接箱法或两级电缆交接法)、交接间法(又称三级电缆交接法)、缓冲交接法、环联交接法和二等交接法。在企业中交接设备采用不等比交接，即配线电缆的总容量大于主干电缆的总容量，通常配线电缆的总容量是主干电缆的总容量2倍。

21.3.2.2　电缆容量和芯线使用率是电话配线系统设计的技术指标。企业中电缆容量由电缆芯线使用率、电缆容量确定的界限规定、电缆复接使用率、电缆递减率和标称对数确定。电缆芯线使用率一般为：电话站至交接箱的主干电缆≥85%；电话站或交接箱引出的直接配线电缆≥70%；电话站或交接箱引出的复接配线电缆≥80%。通常配线电缆的复接率越高，电缆芯线使用率也越高。

21.3.2.6　电缆盘留是电缆线路设计中的基本要求，电缆引入分线箱后必须盘留，以方便电缆的维修与调整。现在在经济利益的驱使下，电话电缆分线箱越来越小，电缆分线箱不留电缆盘留的空间，设计时要注意这一要求，必要时可选择大容量电缆分线盒，以保证电缆盘留与复接的要求。分线盒电缆盘留与复接见图21－5。

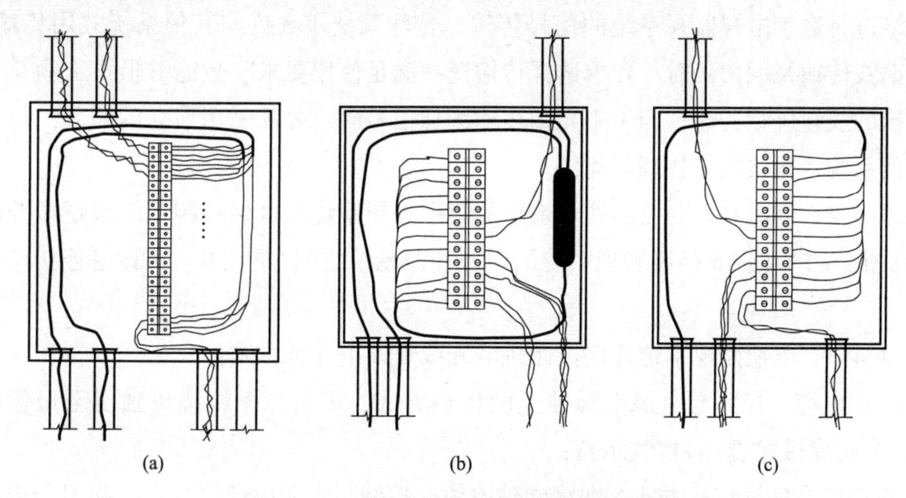


**图21－5　壁嵌式电缆分线盒电缆接线方式**

图21－4中1、2、10号电缆分线盒电缆的复接可参考图21－5(a)和(b)进行接续，图21－5中其他电缆分线盒可参考图21－5(c)接线。电缆分线盒中的接线端子应采用压接方式，不许可采用卡接或旋接端子排。

21.3.2.7　电缆复接可以提高芯线的利用率，但复接次数过多会增加传输电阻值和容抗与感抗值，同时还会给配线系统的维护管理带来不便，因此不宜过多，通常复接次数控制在三次以内。

21.3.3　扩音对讲系统及广播系统配线

广播系统属于全厂性系统，系统配线中传输有两种信号形式：一种是控制系统到功率放大器装置(设备)之间的信号传输；另一种是功率放大器装置与扬声器终端之间的信号传输。在应急广播线路和用于应急广播的扩音对讲系统线路中，以上两种信号传输中还夹带有对线路自检与系统设备的自检信号传输，因此在设计过程中，不但需要熟知功率放大器装置(设备)之间的信号传输与功率放大器装置与扬声器终端之间能量信号传输的基本原理，同时还需掌握熟知线路自检过程与系统设备的自检信号传输的原理，以保证在系统的传输线路中各种信号传输畅通。

21.3.4　电视监视系统配线

电视监视系统配线由系统的控制部分与摄像机及各控制部分间的连线与线路中的配件组成，信号的频宽宽波长短属于典型的长线传输。企业中的电视监视系统要求实时性，信号强延时短，系统操控要求具有高灵敏性。随着技术进步，摄取图像的像素越来越高，对传输信息的码流传输速度越来越高，传输线路的技术要求越来越苛刻，配线设计也需要与时俱进在工程实践中不断地探索完善。

21.3.4.1　视频信号属于宽带高速率信号，模拟视频信号通常为一对一的信号传输，标清信号的信道的频带宽度通常为6MHz。数字视频信号以信道的最大传输速率来衡量，电视监视系统的上行传输速率占比高，UDP协议下的信号传输稳定性差，需要采用独立的专用网络进行数字电视监视系统的信号传输，传输系统不允许与其他系统共用传输网络。当采用铜线传输视频信号时，要求选择传输速率满足使用要求，且能够阻止工频及其他干扰源干扰的线缆进行传输，当采用光缆传输图像信号时，要求采用独立的纤芯，传输线要求与其他系统传输线实施物理隔离。

21.3.4.2　分散布置的控制管理系统的集中控制系统与区域控制系统或现场控制系统之间(见图9-1)和企业层级管理系统的中心控制系统之间(见图9-2)设备连接应采用光纤连接。

21.3.4.3　电视监视系统连接摄像机的配线有以下几种方式：

1)同轴电缆、控制与电源电缆独立的传输方式，即由三条线缆单独引至摄像机，如图9-6中防爆摄像机($n$)接线示意；

2)视频综合电缆传输方式，即将同轴电缆、控制与电源电缆整合在一起组合成电缆直接或间接引至摄像机的方式，如图9-6中防爆摄像机(1)或(2)的接线示意；

3)网线与电源电缆独立的传输方式，即由网线和电源线单独引至摄像机，如图9-8摄像机示意，该配线方式不适用于在企业的爆炸危险环境及露天场所使用；

4)视频综合软光缆传输方式，即将软光纤与电源电缆整合在一起直接或间接地引入摄像机，如图9-7中防爆摄像机(1)为直接接线方式，防爆摄像机(2)为间接接线方式，防爆摄像机($n$)为采用单独光缆与电缆的间接接线方式。

采用同轴电缆与网线等铜缆传输图像信号时，传输距离较近，同轴电缆的传输距离为300~500m，网线的传输距离小于200m。采用光纤传输图像信号时，图像信号的传输距离超过了十几公里。视频综合电缆传输距离受限于综合电缆中同轴线，基本可以满足装置内摄像机到机柜间的传输要求；视频综合软光缆的传输距离不受光纤的限制而受限于电源线的电能输送，电源线的线径有2.5mm$^2$和4.0mm$^2$两种，通常在企业范围内可直接配线通达，线缆直流电阻可参考附录E中表E-2软铜绞线电阻值计算。在企业工程中，对比图9-6~图9-8几种配线方式，采用视频综合电缆传输和视频综合软光缆有利于简化设计、减少施工成本，在爆炸危险环境下将线缆合并可以减少保护钢管和防爆配件的用量，大幅降低安装费用。需要注意的是，视频综合电缆中同轴线屏蔽层的铜网编制密度需大于90%，以隔离电源线的网纹干扰，视频综合软光缆中的纤芯必须使用软纤芯，以利于纤芯直接端接法兰头和防止纤芯在安装过程中折断。实践证明，视频综合电缆传输图像信号在500m范围内效果良好，而视频综合软光缆在6km范围内可完成对防爆摄像机的稳定供电。

21.3.4.5 采用无线信号进行视频图像传输，需要占用的无线频带宽，稳定性差，因此固定安装的摄像机不宜采用无线传输方式。无线视频图像信号的传输设计可以参照《规范》无线通信系统的相关内容进行设计。

21.3.4.6 电视监视系统属于重要的安全基础保障设施，特别是在爆炸和火灾等工况下电视监视系统可远距离实时确认灾情，要确保图9-1中集中控制系统与区域控制系统间的干线线路的可靠传输。

21.3.5 火灾报警系统配线

火灾报警系统的配线设计是火灾报警系统设计的内容，火灾自动报警系统的线路要安全可靠，特别是消防联动控制部分和火灾语音指挥联络部分的线路必须安全可靠，以保证能够及时接受报警，准确控制灭火设施。对于火灾报警系统配线设计，《规范》中提出了“工作时段”的设计要求，设计要对火灾报警系统配线的安全性与可靠性负责，对电缆的敷设方式不再作具体规定。GB 51427—2021《自动跟踪定位射流灭火系统技术标准》中规定，“系统供电电缆和控制电缆应采用耐火铜芯电线电缆，系统的报警信号线缆应采用阻燃或阻燃耐火电线电缆”，要求此设施在自动灭火过程中报警信号始终处于跟踪探测和控制状态，因此要求整个工作时段线缆都能提供可靠的探测和控制信号传输服务，保证系统正常可靠地运行。

21.3.5.1 火灾报警系统的配线设计需按设备的工作性质确定，应根据所连接设备在火灾处置过程中工作时段和对配线可靠性需求决定线缆型式和配线的敷设方式，对于火灾和爆炸事故发生后仍需继续工作设备的配线设计要采取措施避免由于火灾和爆炸的发生致使配线受损中断。如火灾探测报警设备将火情上报后，线路便没有工作需求，工作时段结束；雨淋阀、防火阀等受控设备，当火灾发生后完成了设备启动和状态反馈，线路便不再被使用，工作时段结束；而需要连续不间断控制的灭火设施、通信指挥系统则在事故处置的全过程中始终处于工作状态。因此在火灾事故中，线路的延续工作时间与设备在火灾处置过程中的工作工效密切相关，在设计过程中需要对设备的工作性质与作用作出正确判断后确定线缆型式和敷设方式。

21.3.5.4 现阶段火灾自动报警系统的总线是在DC24V上叠加信号信息的两线制传输方式，该传输方式线路简单、系统制造成本低，但抗干扰能力很差，信号传输的可靠性低，在长距离传输、通过电磁雷电干扰区域环境时，极易产生错误信息和造成传输信息的瞬间中断，因此要求在有电磁干扰环境中采用抗干扰能力较强的多线制连接方式或采用以电流为信号传输载体的传输方式。

21.3.5.5 火灾自动报警系统线路的设计应明确配线线路的端接位置，线路的接续需采用接线端子接续方式，现场的接线端子应安装在满足现场环境要求的箱(盒)内，接线箱(盒)及接线端子的防耐火措施须满足表21-10的规定。

表 21-10 火灾报警系统线路接线箱(盒)防火要求

| 线路类型及箱(盒)安装方式 | 报警信号线路 | | | 重要设备线路 | | |
|---|---|---|---|---|---|---|
| | 壁挂式箱体 | 壁嵌式箱体 | 地下埋设箱体 | 壁挂式箱体 | 壁嵌式箱体 | 地下埋设箱体 |
| 接线端子 | 阻燃型 | 阻燃型 | — | 耐火型 | 耐火型 | 耐火型 |
| 箱体外涂层 | 普通型防火涂料 | — | — | 膨胀型防火涂料 | — | — |

## 21.4 直埋敷设电缆

直埋电缆的设计内容包括电缆程式的选用、与其他建(构)筑物的隔距、电缆埋深、电缆敷设的位置和保护措施。电缆直埋施工灵活简单易行，适用于对防火防爆有安全要求和需要隐蔽、美观，且电缆数量少的场所。直埋电缆敷设隐蔽，防护能力弱，易受到施工破坏，要求敷设区域地质条件稳定，没有化学与杂散电流腐蚀。

直埋电缆的防护要求包括电缆自身机械防护措施和自身防潮防水防渗措施。电缆自身机械保护主要是在电缆外护套中增加铠装防护层，常用的铠装防护有单层钢带铠装防护、双层钢带铠装防护、单层钢丝铠装防护、双层钢丝铠装防护。单层钢带铠装防护以防止穿刺和重物坠砸为主，双层钢带铠装防护的机械保护性能更强，适用于机械损伤较多的场所。单层钢丝铠装防护以增强电缆的抗拉耐受性能为主，而防穿刺性能弱于钢带铠装防护，单层钢丝铠装电缆适用于地质条件不稳、土壤存在膨胀变形和敷设坡度较大需要电缆自身承受拉力的环境。双层钢丝铠装电缆抗拉耐受性更强，多用于有冲撞等强拉力的环境及海洋防护鲨鱼扯拽的环境。敷设铠装防护电缆时允许的最小曲率半径为其最大外径的15倍。

电缆防潮防水性能有采用高阻水材料作为护套层与绝缘层、增加铝箔包裹防潮层和护套内填石油膏阻水等方式，当采用增加铝箔包裹防潮层并填充石油膏式电缆可以直埋敷设在积水浸泡的环境中。

21.4.2 直埋电缆安装敷设与防护的设计内容有电缆路由、埋深、与其他地上或地下管线及建筑物的最小净距设计，电缆保护措施设计等。直埋电缆在与其他地下管线交越时，应尽量相互垂直，其交越处应选择在没有其他地下管线接头和经常维修的地方。直埋电缆与电力电缆交越时，直埋的电信电缆应尽量敷设在其上面。在企业电信设计中直埋敷设电缆的埋深以表 21-11 为准。

表 21-11 直埋电缆埋深

| 电缆敷设的地段 | 土质情况 | 埋设深度/m |
|---|---|---|
| 城市市区及企业及生活区 | 一般土壤 | 0.7 |
| 企业生产区及办公区 | 一般土壤 | 0.7 |
| 企业及生活区以外的郊区 | 一般土壤 | 1.2 |
| 企业及生活区 | 有岩石时 | 0.5 |
| 企业及生活区以外的郊区 | 有冰冻层时 | 敷设在冰冻层下或采用钢丝铠装电缆按一般土壤土质情况的埋设深度敷设 |

21.4.3 为了保证直埋电缆敷设不因受垂直压力或岩石与石砾等对电缆护层挤压与损伤，应在电缆上下各铺100mm细砂或细土，同时直埋电缆上要采取盖覆红砖等保护措施，盖覆红砖的方法与数量参照表21－12中的覆盖方式与数量计算。

**表21－12 直埋电缆盖砖方法和每公里用砖数** mm

| 敷设电缆数量 | 电缆盖红砖方法 | 需用红砖(240×115×53)数量(块/km)包括消耗量 |
|---|---|---|
| 1 | | 4150～4200(重量约14.07t) |
| 2－3 | 100100 | 8400～8550(重量约28.14t) |
| 4 | 100100100 | 12600～12700(重量约42.21t) |

21.4.7 直埋电缆设计要在敷设线路上按测量长度留有2%～3%的施工裕量，同时设计要在电缆接续点和跨越铁路、主要道路、桥梁或河流两端进行电缆盘留并标注盘留位置，电缆盘留长度为1～3m。直埋电缆在经过30°～45°斜坡地形时，设计应作“S”敷设预留，以适应电缆受力的变化。

企业内管线与建(构)筑物密集，直埋电缆要在敷设电缆路由走向50～100m的间距设置标志桩，以标注直埋电缆位置，防止机械设备施工时破坏直埋线路。同时设计还应在直埋电缆与其他地下管线交叉处、穿越铁路与道路的两侧、电缆的接续点、转弯点、分歧点、电缆盘留处和引入建筑物处设置标志桩。直埋电缆标志桩位置应该在有关设计文件中标注记录，以方便维护中查找电缆位置。直埋电缆与其他地上或地下管线和建筑物的最小净距见表21－13。

**表21－13 直埋电缆和电信电缆管道与其他地上或地下管线和建筑物的最小净距**

| 地上或地下管线、设备或建筑物名称 | | 直埋电缆 | | 电信电缆管道 | |
|---|---|---|---|---|---|
| | | 最小净距/m | | | |
| | | 平行 | 交越 | 平行 | 交越 |
| 给水管 | 直径为300mm以下 | 0.5 | 0.5 | 0.5 | 0.5 |
| | 直径为300～500mm | 1.0 | | 1.0 | |
| | 直径为500mm及以上 | 1.5 | | 1.6 | |
| 排水管、含油管道 | | 1.0 | 0.5 | 1.0[ad] | 0.15[e] |
| 排水沟 | | 0.8 | 0.5 | — | — |
| 热力管 | | 2.0 | 0.5 | 1.0 | 0.25 |

续表

| 地上或地下管线、设备或建筑物名称 | | 直埋电缆 | | 电信电缆管道 | |
|---|---|---|---|---|---|
| | | 最小净距/m | | | |
| | | 平行 | 交越 | 平行 | 交越 |
| 可燃气体及易燃气体管道 | 压力≤300kPa<br>（压力≤3kg/cm²） | 1.0 | 0.5[b] | 1.0 | 0.15[cf] |
| | 300kPa＜压力≤800kPa<br>（3kg/cm²＜压力≤8kg/cm²） | 2.0 | 0.5[b] | 2.0 | |
| 电信电缆管道 | | 0.75 | 0.25 | — | — |
| 其他通信电缆 | | — | — | 0.75 | 0.25 |
| 房屋建筑红线（或基础） | | 1.0 | — | 1.5 | — |
| 房屋建筑的散水边缘 | | 0.6 | — | — | — |
| 控制（弱电）电缆 | | — | 0.5 | — | 0.25 |
| 电力电缆35kV以下 | 10kV及以下 | 0.1 | 0.5 | 0.5 | 0.5[de] |
| | 10kV以上 | 0.25 | 0.5 | 2.0 | 0.5[de] |
| 压缩空气管道[a] | | 1.0 | 0.5（0.25） | — | — |
| 人行道、车行道或绿化地带的边石 | | 1.0 | — | 1.0 | — |
| 乔木 | | — | — | 1.5 | |
| 灌木 | | — | — | 1.0 | |
| 公路 | | 1.5 | 1.0[b] | — | — |
| 铁路路轨 | | 3.0 | 1.0[b] | 3.0 | 1.5 |
| 电气化铁路路轨 | 交流 | 3.0 | 1.0[b] | 3.0 | 1.0[b] |
| | 直流 | 10.0 | 1.0[b] | 10.0 | 1.0[b] |

注：[a] 如直埋电缆按表中最小水平净距布置困难时，经采取防护措施后，可适当缩小其净距。在交越时的最小净距栏中，括号内的数值是直埋电缆与压缩空气管交越处1m范围内，直埋电缆采用管子或隔板保护时的净距。

[b] 当电力电缆采取穿管保护时，其净距可减为0.15m。

[c] 在交越处如可燃气体及易燃气体管的接口，直埋电缆宜增加50%的净距。

[d] 主干排水管后敷设时，其施工沟边与电信电缆管道间的水平净距不宜小于1.5m。

[e] 当电信电缆管道在排水管下部穿越时，净距不宜小于0.4m，电信电缆管道应做包封，包封长度自排水管两侧应加长2m。

[f] 在交越处2m范围内，煤气管不应做接合装置及附属设备，当上述情况不能避免时，电信电缆管道应做包封2m。

[g] 当电力电缆加保护管时，净间距可减至0.15m。

## 21.5 管道敷设电缆

电缆管道是穿放电缆的一种地下管道建筑物，它是一种先进而经济合理的电缆敷设方式，在企业中电信系统不断完善、电缆数量日益增多的趋势下，企业中地下电缆管道的使用也越来越普遍。地下电缆管道敷设具备以下特点和优势：

1)电缆容量大，在相同的截面中，可以敷设更多的线缆数量，有利于地下空间的合理利用与统筹安排；

2)管道内可以随时布放或抽换线缆，施工效率高，方便测试和检修；

3)电缆保护措施与使用的便捷性高于其他敷设方式，地下电缆管道标识清晰，管道内线缆可避免直接受到外力破坏，方便在预留管道内增加线缆；

4)管理方便，依据设计及施工记录文件可以快速查找出线缆的敷设地点与管孔位置，及时检修维护。

在石油化工企业中应用地下电缆管道存在以下问题：

1)企业内存在众多有毒有害及爆炸危险性气体区域，其中比重大于空气的危险性气体可以沿着管道流动，扩大了危险区域的范围，有时可将爆炸危险区域以外的燃烧延管道引至危险区，在设计中需进行防范。

2)当企业出现漏泄事故时，漏泄的油品及其他液体可能会流入管道，造成对管道清理困难。

3)第三电缆易受老鼠啃食破坏，在鼠害严重的地区应用地下电缆管道时，设计需要考虑防止鼠害的措施。

电信电缆管道设计文件需包含的内容有：

1)电信管道的平面设计需要在具有等高线标识的平面中进行，平面设计内容有：电信管道路由的各个人(手)孔的编号及井口(盖)坐标位置与标高，人(手)孔中各方向管道的标高，与其他管线的交越位置及标高，各段电信管道内线缆的名称、编号及段长。

2)各段电信管道剖面图设计内容有：各人(手)孔的井口坐标与标高、井底标高、上覆板的底标高、左右两侧管道标高，左右两侧管道的管群排列图和线缆在管群中管孔位置说明，与电信管道交叉的其他管线坐标与标高位置。

3)电信管道路由占用宽通常为2.5~3m，管道设计有明确的坡度上下限要求，需要提前规划，明确管道路由与其他管线与建构(筑)物的距离与交越位置。

21.5.1 电信管道规划是全厂电缆规划的重要组成，应该与全厂电缆规划同步进行，电信管道设计包括主干管道、支线管道设计。电信电缆管道设计的人(手)孔通常采用砖砌或混凝土浇筑方式，电缆管道的管材形式种类很多，有混凝土管孔砌块、石棉水泥管、金属管及塑料型管等方式，而现阶段普遍使用的管材形式以格栅式塑料管、蜂窝式塑料管和硅芯塑料管为主，局部辅以钢管。在电信管道规划中，电信管道要为企业和电信系统的发展考虑充足的预留空间，通常主干管道的管孔数为实用管孔数的3倍以上，支线管道的管孔数为实用管孔数的2~3倍。电信管道的规划要分阶段实施，总体设计阶段重点规划干线管道布置，基础设计阶段完善干线管道并规划支线管道的布置，在详细设计阶段完善干线管道、支线管道及各人(手)孔的设计。电信管道的详细设计需要与其他地下工程及管道同步设计，以保证同步施工，减少地面的二次开挖。电信管道内敷设的电缆以电信系统的弱电电缆为主，也可敷设电信专业用含220V以下电压等级的综合电缆，其他专业220V电压等级及以上等级的电缆不允许在电信管道内敷设。

21.5.4 现在企业内电信电缆使用量很大，电缆管道内敷设的电缆数量远其他行业电缆管道的电缆使用量，在企业电缆管道中敷设的电缆大部分电缆外径较小，电缆管孔可以密集排布，而电缆管道设计中存在的电缆接头、电缆分歧、电缆分支箱(盒)等设施需要布置在人孔内，电缆在人孔内还需要做盘留，穿行通过的电缆要悬挂在电缆托架上，并预留出人员操作空间，因此要求主干电信管道的最大管孔数量≤150。在人(手)孔设计中，需要根据管道容量、电缆盘留量及电缆接头、电缆分歧分支箱等设施选择人(手)孔的型号与大小，人(手)孔的型号选择与建筑形式可以参考 YD/T 5178—2017《通信管道人孔和手孔图集》进行。当主干电信管道的电缆数量较多时，设计可采用同向双路由方式设计多条电缆管道，以此分担电缆过于集中的压力，并有利于迂回电缆路由的选择。

21.5.6 塑料管因其静摩擦系数小，有利于线缆的穿放，电信管道常用管材静摩擦系数见表 21－14。多孔塑料管的管孔尺寸规格多，在单位截面内穿放的线缆数量比其他形式管材多，选择方便。在设计中每一个管孔只允许穿放一根电(光)缆，以防止电(光)缆在管孔内盘绞造成穿放维护困难。

**表 21－14 常用管材静摩擦系数**

| 管材种类 | 静摩擦系数 |
|---|---|
| 高密度聚氯乙烯多孔管 | 0.25 |
| 高密度聚乙烯硅芯管 | 0.15 |
| 钢管 | 0.6～0.7(锈蚀后会更高) |
| 混凝土管块 | 0.8 |
| 石棉水泥管 | 0.5～0.7 |

在电信电缆管道中，电缆管径利用率为60%左右，而多孔(高密度聚氯乙烯)塑料管内壁比较光滑，摩擦系数小，顺直无弯曲，因此电缆管径利用率可以适当提高，但不能超过0.8%。电缆管径利用率计算方法见式(21－1)：

$$\text{电缆管径利用率} = \frac{\text{电缆外径}}{\text{管孔内径}} \tag{21-1}$$

21.5.8 《规范》中人孔净高大于1.8m小于2.5m是方便施工人员直立施工，同时避免人孔侧壁压过大和考虑维护人员进出人孔的爬梯高度而确定。《规范》中人孔井口净高度指人孔上覆板底至地面的距离，人孔井口净高度大时，爬梯会占用井口空间不便于人员进出人孔，因此要求人孔井口净高度大于800mm时，人孔井口段需设置固定爬梯。

21.5.9 为便于施工人员操作，管道进入人孔内的管孔顶距人孔上覆板的距离宜大于300mm，管孔底距井底的距离大于400mm有利于存蓄渗水和防止鼠害。

21.5.14 在电信电缆管道设计中，由于塑料管的抗压抗弯强度高、抗渗性能与抗腐蚀耐久性能好、管孔内壁光滑摩擦系数小易于穿线及管材接续便利而被广泛使用，塑料管的最大穿敷长度≤200m。通常合格的多孔高密度聚氯乙烯多孔管抗压强度大于600kN/m$^2$、拉伸屈服强度大于35MPa，在设计文件中应标注塑料管材的抗压强度和拉伸屈服强度指标。在工程中常发现有不合格的塑料管材被用于工程中，不合格塑料管材填充过量的钙粉（石粉）等添加剂制成，不合格塑料管的抗冲击能力和拉伸屈服强度达不到要求，极易粉化碎裂，现场可通过榔头击打塑料管的方式进行检测，在击打过程中有被砸裂或砸碎的塑料管材应给予注意慎用。

硅芯管是光缆专用穿线管材，管内涂硅胶润滑层，内壁摩擦系数可≤0.15，硅芯管的断裂伸长率大于350、拉伸强度大于21MPa、最大牵引荷载大于8000N，适合于长距离光缆的气吹法施工，一次吹送光缆距离可达到1000～2000m，敷设线路可随地形变化而改变，无须作任何特别处理，适用于厂内外长距离光缆敷设的保护。表21－15所示为常用管材规格及建议电缆外径，供设计中参考。

21.5.15　在企业内电信管道设计中，要求电信电缆管道采用混凝土包封，用以提高管道的稳定性，加强管道的整体防渗水性能，防止在管道旁施工和事故抢修过程中对塑料管道造成伤害。电信管道包封包括混凝土基础垫层和管道包封部分，混凝土基础垫层为全程铺垫100mm厚振捣混凝土，管道混凝土包封通常为管道的两侧及上部包封100mm振捣密实的混凝土。图21－6所示为管道混凝土包封及进入人（手）孔的设计方法。

**表21－15　多孔塑料管规格及布放电缆外径尺寸**

mm

| 名称 | 管型 | 规格 | 内孔 | 建议电缆最大外径 | 外壁厚 | 内壁厚 |
|---|---|---|---|---|---|---|
| 九孔栅格管 | 33 (28)、33 (28)、33 (28)；109 (92) | 9－33/109 | 33(32) | 22 | 2.2 | 1.8 |
| | | 9－28/92 | 28 | 19 | 20 | 1.6 |
| 六孔栅格管 | 33 (28)、33 (28)、33 (28)；109 (92) | 6－22/107 | 33(32) | 22 | 2.2 | 1.8 |
| | | 6－28/92 | 28 | 19 | 2.0 | 1.6 |
| 五孔栅格管 | 33 (28)、50 (42) | 5－33/50 | 33、50 | 22、35 | 2.2 | 1.8 |
| | | 5－28/42 | 28、42 | 19、29 | 2.0 | 1.6 |
| 四孔栅格管 | 42 (33、28)、42 (33、28)；92 (72、62) | 4－42/92 | 42 | 29 | 2.8 | 2.0 |
| | | 4－33/72 | 33(32) | 22 | 2.2 | 1.8 |
| | | 4－28/62 | 28 | 19 | 2.0 | 1.6 |

续表

| 名称 | 管型 | 规格 | 内孔 | 建议电缆最大外径 | 外壁厚 | 内壁厚 |
|---|---|---|---|---|---|---|
| 单孔栅格管 | 110 (92) | 1-104/110 | 104 | 72 | 2.8 | — |
| | | 1-86/92 | 86 | 60 | 2.8 | — |
| 三孔蜂窝管 | | 3-33 | 33(32) | 22 | 2.4 | 1.8 |
| | | 3-28 | 28 | 19 | 2.4 | 1.8 |
| 五孔蜂窝管 | | 5-33 | 33(32) | 22 | 2.4 | 1.8 |
| | | 5-28 | 28 | 19 | 2.4 | 1.8 |
| 七孔蜂窝管 | | 7-33 | 33(32) | 22 | 2.4 | 1.8 |
| | | 7-28 | 28 | 19 | 2.4 | 1.8 |
| 硅芯管 | 42 (38、33、28、26)<br>50 (46、40、34、32) | 50/42 | 42 | 29 | 4 | — |
| | | 46/38 | 38 | 26 | 4 | — |
| | | 40/33 | 33 | 22 | 3.5 | — |
| | | 34/28 | 28 | 19 | 3 | — |
| | | 32/26 | 26 | 18 | 3 | — |

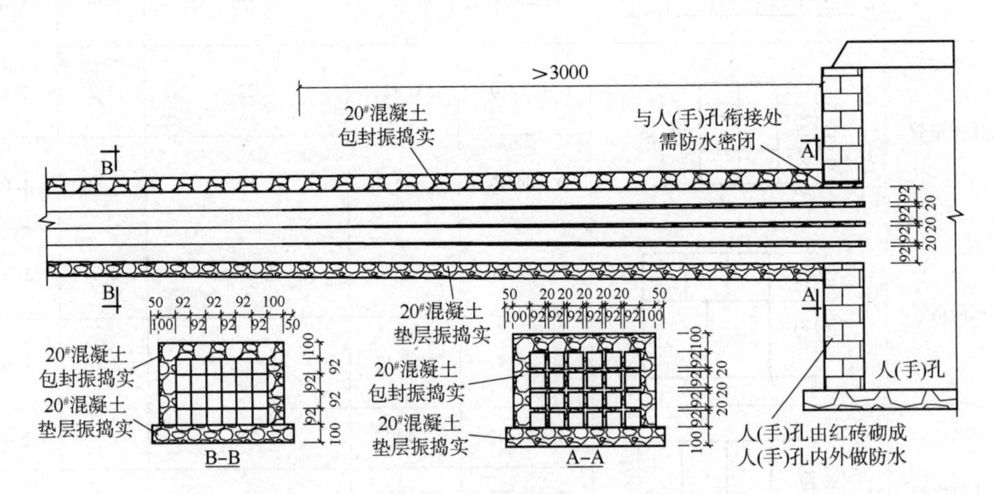


**图21-6 电信管道(栅格管)引入人(手)孔安装**

说明：1. 电信管道与人(手)孔衔接处需保持管道间留有20mm缝隙，并用混凝土振捣填实，当栅格管间隙未堵实时，应采用泡沫堵漏剂填实，保证不漏水。

2. 人(手)孔壁内外及孔底混凝土、上覆板内外需做水泥基渗透结晶型混凝土防水层，保证不漏水。

21.5.16 人(手)孔的位置要便于电信管道路由配置、满足管道段长的要求、有利于避让其他管线与建(构)筑物、避开爆炸危险环境和人行与车型通道。

人(手)孔禁止设置在爆炸性危险环境(含附加二区)和有毒有害气体危险环境区域范围内，防止爆炸性气体与可爆炸粉尘、有毒有害气体进入人(手)孔并经管道扩散。有设计人员认为在人(手)孔内可通过冲砂措施对电信管道进行隔爆处理，此种处理方式极为不妥与不负责任，在人(手)孔内填砂不便于对电信管道中的电缆及配线设施进行维护，即便可以清理填砂，可在清除过程难免给电缆与配线设施造成伤害影响线路安全，设计需要考虑施工人员的利益，尊重施工人员。当爆炸性危险环境必须敷设线缆并引出时，该段线路可改用冲砂电缆沟或直埋等敷设方式。当电信管道人(手)孔在爆炸性气体危险环境以外，或管道在爆炸性气体危险环境下方穿越时，也要求对两侧人(手)孔内的电信管孔实施封堵，确保安全。

21.5.18 在有地下水影响的区域，电信管道的设计需要进行防水措施设计，电信管道的防水设计包括管道部分的防水设计和人(手)孔部分的防水设计。人(手)孔的防水措施可在人(手)孔混凝土垫层下和人(手)孔四壁外做防水层。在管道施工中，管材的接续需采用阻水胶填实粘接，管材引入人(手)孔处，管材的周边进行防水封堵。

## 21.6 电缆沟敷设电缆

电缆沟是地面下用以建筑围护电缆专用通道的设施，在石油化工企业中，电缆沟通常为浅埋方式，以方便打开沟盖板进行维护。在生产区，为预防爆炸性气体和有毒有害气体沿电缆沟扩散，电缆沟通常采用充砂填实方式阻止气体进入。电缆沟可集中敷设数量较多电缆，同时又增加了对电缆的保护，充砂电缆沟还具有抵抗火灾和爆炸事故破坏的能力，在企业中属于应用较为普遍的电缆敷设方式。电缆沟敷设方式易于存留积水浸泡电缆，在雨水较多的地区需增设排水设施，沟内敷设的线缆宜选用防水性能好的线缆。

在爆炸和火灾危险环境中，电缆通常采用地面下敷设方式确保电缆安全，由于装置与单元区内的地面做有硬化处理，造成在硬化地面下直埋敷设电缆维护困难，因此在有爆炸和火灾危险环境的硬化地面区域，采用充砂电缆沟敷设方式成为电缆在地下敷设的首选方式，当充砂电缆沟与排水沟交叉时，充砂电缆沟可以采用图 21－7 所示的方式与排水沟交越。

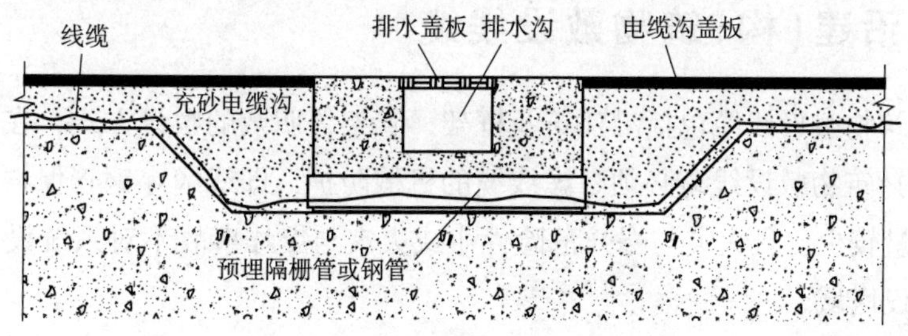


图 21－7 充砂电缆沟与排水沟交叉

## 21.7 桥架敷设电缆

电缆桥架是以自身结构支撑、保护和管理线缆，并将其附着于能够被支撑固定的建(构)筑物上的布线设施。桥架敷设电缆方式电缆容量大，在相同的截面中敷设的线缆数量多，有利于统筹安排，且施工灵活便捷投资费用低。电缆桥架有托盘式、槽式、梯形和组合式等形式，桥架的支撑跨距应小于载荷曲线允许的载荷范围，大跨距桥架是指跨距≥6m且每米载荷大于150kg或设计指标的桥架。电信专业设计中，在露天及水平区域布线中通常采用槽式或托盘式大跨距桥架，以方便在管廊6m立柱间距的安装，由槽式或托盘式电缆桥架引下的电缆保护钢管应从桥架侧面引出，以防止托盘内雨水流入钢管并进入设备中。桥架式电缆敷设属于空中安装方式，对火灾和爆炸事故的防护能力低于直埋敷设、电缆沟敷设和电信电缆管道敷设方式弱，在事故中极易遭受破坏，因此电缆桥架不适用于涉及事故工况下安全管控设备的线缆敷设。

桥架内本质安全设备使用的低分布参数电缆必须用隔板与其他线缆分开敷设，确保低分布参数电缆的安全。

在电缆垂直竖井中敷设的线缆应敷设在梯形电缆桥架中，敷设的线缆应与梯形架绑扎，防止线缆自重力坠伤线缆，详见图21－8。

图21－8 电缆垂直竖井中敷设线缆

## 21.8 沿建(构)筑物敷设线缆

沿建(构)筑物敷设线缆包括沿建筑及框架、管架等明敷的敷设方式，在工业企业生产区内，沿建(构)筑物敷设线缆必须考虑线缆的机械防护，即线缆穿钢管保护，该敷设方式适用于线缆数量较少，且火灾与爆炸危险性小或火灾与爆炸事故不对系统设备的使用工况构成危害的敷设区域。

沿建(构)筑物穿水煤气钢管明敷设的电缆外径与常用保护管管径利用率见表21－16。

表 21－16 水煤气钢管穿电缆最大外径

| 公称直径 | | 钢管外径/mm | 普通水煤气钢管 | | 加厚水煤气钢管 | |
|---|---|---|---|---|---|---|
| 公制/mm | 英制/英寸 | | 钢管内径/mm | 电缆最大内径/mm（直管段～弯管段） | 钢管内径/mm | 电缆最大内径/mm（直管段～弯管段） |
| 10 | 3/8 | 17 | 12.5 | 8～6 | 11.5 | 7～6 |
| 15 | 1/2 | 21.25 | 15.5 | 9～8 | 14.75 | 9～7 |
| 20 | 3/4 | 26.75 | 20 | 12～10 | 19.75 | 12～10 |
| 25 | 1 | 33.50 | 27 | 16～14 | 25.5 | 15～13 |
| 32 | $1\frac{1}{4}$ | 42.25 | 35.75 | 22～18 | 34.25 | 21～17 |
| 40 | $1\frac{1}{2}$ | 48 | 41 | 25～21 | 39.5 | 24～20 |
| 50 | 2 | 60 | 53 | 32～27 | 51 | 31～26 |

注：电缆管径利用率 $=\frac{电缆外径}{管内径}$。

沿建(构)筑物穿水煤气钢管明敷设的导线总截面与常用保护管利用率见表 21－17，导线不允许与电缆混合穿放在同一条管内。

表 21－17 水煤气钢管穿导线最大截面

| 公称直径 | | 外径/mm | 普通水煤气钢管 | | 加厚水煤气钢管 | |
|---|---|---|---|---|---|---|
| 公制/mm | 英制/英寸 | | 内径/mm | 导线最大截面/$mm^2$ | 内径/mm | 导线最大截面/$mm^2$ |
| 10 | 3/8 | 17 | 12.5 | 31～25 | 11.5 | 26～21 |
| 15 | 1/2 | 21.25 | 15.5 | 47～38 | 14.75 | 43～34 |
| 20 | 3/4 | 26.75 | 20 | 77～63 | 19.75 | 77～61 |
| 25 | 1 | 33.50 | 27 | 143～115 | 25.5 | 128～102 |
| 32 | $1\frac{1}{4}$ | 42.25 | 35.75 | 251～201 | 34.25 | 230～184 |
| 40 | $1\frac{1}{2}$ | 48 | 41 | 330～264 | 39.5 | 306～245 |
| 50 | 2 | 60 | 53 | 551～441 | 51 | 510～408 |

注：导线管径截面利用率 $=\frac{管内导线总截面积}{管内径截面积}$，最大截面利用率为 20%～25%。

## 21.9 室内敷设线缆

在层数较多的建筑内，垂直引上电缆应考虑集中在电缆竖井内敷设方式，电信电缆需要与其他管线分开布置，与电力电缆合用竖井时要各占一侧单独敷设。暗配管线路按

表21－16和表21－17选取保护管管径，保护管管段长度符合表21－18的要求，当超过表中要求长度时，通过加装穿线盒方式延续。

**表21－18　室内暗配管线路管段长度**

| 保护管弯曲数量 | 管段无弯曲 | 管段有一个弯曲 | 管段有两个弯曲 | 管段有三个弯曲 |
|---|---|---|---|---|
| 保护管最大管段长度/m | 30 | 20 | 15 | 8 |

当暗配管线路与其他管线平行或交叉敷设时需符合表21－19的要求，保持暗配管线路与其他管线的净距。

**表21－19　室内暗配管线路与其他管线的最小净距**　　mm

| 其他管线 | 电力线路 | 压缩空气管 | 给水管 | 热力管 | | 燃气管 |
|---|---|---|---|---|---|---|
| | | | | 不包封 | 包封 | |
| 平行间距 | 150 | 150 | 150 | 500 | 300 | 300 |
| 交叉间距 | 50 | 20 | 20 | 500 | 300 | 20 |

隔爆配线线路属于全程密闭配管线路，不允许采用暗配管方式配线。

室内暗配管线路的设备安装应该采用嵌入式安装方式，如壁嵌式电话分线箱安装方式见图21－5，壁挂式火灾报警控制器的安装方式见图12－19。

## 21.10　光纤线缆敷设

企业中采用光纤线缆传输电信信号越来越普遍，光纤传输具有损耗低、带宽宽、抗电磁干扰、没有电气回路连通、尺寸小的优点，但光纤同时存在能量传递困难和施工安装技术要求高的问题。

光纤线缆敷设可根据直埋敷设、管道敷设、沿管廊外侧或建筑物墙壁穿钢管防护、桥架敷设及室内暗配方式选用适宜的光缆。光缆在接续过程中，光纤线路衰耗值要小于0.8dB，并应留300mm的纤芯盘留。

# 22 防护

## 22.1 爆炸危险环境防护

防爆是阻止足以引燃爆炸性物质的热能释放措施，危险物质按不同易燃程度与引燃温度分为不同的危险等级与组别，在设计过程中按照等级和组别及释放危险物质的概率与释放源所处位置将危险区划分为不同的等级，在不同等级的危险区对应选用不同能量漏泄防护等级设备及设施。

爆炸危险环境分为爆炸性气体环境和爆炸性粉尘环境。爆炸性气体环境由易燃气体、易燃液体的蒸汽或薄雾环境产生，当爆炸性气体浓度在爆炸限值范围内时，遇到足够的热能量便可产生爆炸；爆炸性粉尘环境由爆炸性粉尘、可燃性导电粉尘、可燃性非导电粉尘和可燃性纤维环境，当空间形成爆炸性粉尘混合物环境时，遇到足够的热能量便可产生爆炸。

22.1.1　在爆炸危险环境中不只有电气装置可以释放能量，光系统和电磁波发射系统等带有能量传输的物质在传输过程中同样可能在某个环节或出现故障时释放能量，当释放的能量转换成热量聚集达到危险物质点燃温度时，有引燃爆炸性物质的可能。电信专业涉及的设备类型范围极宽，设计必须要掌握防爆的基本原理与理论知识，通过原理与基础知识分析解决设计工作中遇到的问题，阻止可点燃能量泄漏到爆炸危险环境中。

GB 50058—2014 的适用范围是爆炸危险区的划分和电力装置设计，对强超声波及电磁波辐射等非电载体电信设备的防护设计少有涉及，光辐射、强超声波及电磁波辐射式设备和传输系统的设计防护标准仍在日趋完善中。因此在电信专业的设计过程中，要依据基础知识与设备工作原理判断是否有能量输出与传递，判断在正常或规定的故障条件下，泄漏的能量是否会点燃所处环境的危险介质，必要时可通过实验确定其危险程度。

22.1.2　在气体爆炸危险环境中，爆炸与可燃性气体存在的概率及气体的燃烧特性组成环境危险程度相关，将可燃性气体按释放漏泄频度划分成危险区，设备按防爆型式作了防护分级，按混合物的引燃温度分组分成温度组别，要求设计的设备选型按气体爆炸危险区划分选择设备的防爆形式，按爆炸危险区混合物分级和引燃温度分组选择设备的分级和温度组别。气体爆炸危险环境的线路设计需与所选设备的防爆形式相对应，线路保护管应选用水煤气钢管并采取静电防护措施。气体爆炸危险环境中的设备选型见表22－1。

**表22－1　爆炸危险环境危险区划分与防爆电气设备结构**

| | 爆炸性气体环境 | | | 爆炸性粉尘环境 | | |
|---|---|---|---|---|---|---|
| | 释放源特征 | | 防爆形式 | 释放源特征 | | 防爆形式 |
| 危险区域划分 | 0区 | 连续出现或长期出现爆炸性气体混合物的环境 | (ia)<br>(ma)<br>(op is) | 20区 | 正常操作时大量、经常或频繁出现可燃性粉尘 | (iD)<br>(mD)<br>(tD) |
| | 1区 | 在正常运行时可能出现爆炸性气体混合物的环境 | (ib)<br>(mb)<br>(d)<br>(e)<br>(o)<br>(px、py)<br>(q)<br>(op pr) | 21区 | 正常操作时可能产生足以爆炸的足够量的可燃性粉尘云 | (pD) |
| | 2区 | 在正常运行时不可能出现爆炸性气体混合物的环境，或即使出现也仅是短时存在的爆炸性混合物的环境 | (ic)<br>(mb)<br>(n、nA)<br>(nR)<br>(nL)<br>(nC)<br>(pz)<br>(op sh) | 22区 | 可燃性粉尘可能不经常地产生，持续时间较短，可能出现可燃性粉尘层，并与空气混合形成危险 | |
| 混合物分级 | ⅡA、ⅡB、ⅡC | | | 粉尘分级 | ⅢA、ⅢB、ⅢC | |
| 电气设备允许最高表面温度分组 | T1 450℃、T2 300℃、T3 200℃、T4 135℃、T5 100℃、T6 85℃ | | | — | — | |

注：防爆形式应用范围：0区的防爆形式可用于1区和2区，1区的防爆形式可用于2区；20区的防爆形式可用于21区和22区，21区的防爆形式可用于22区。

防爆形式分类："d"—隔爆型，"i"—本质安全型，"e"—增安型，"m"—浇封型，"n"—(A)无火花型、(C)火花保护型、(R)限制呼吸型、(L)限能型，"o"—油浸型，"p"—正压型，"q"—充砂型，"op"—(is)本质安全型光辐射、(pr)保护型光辐射、(sh)带联锁装置的光学系统。

引燃温度组别适用的设备温度级别范围：T1—T1～T6，T2—T2～T6，T3—T3～T6，T4—T4～T6，T5—T5和T6。

22.1.3　粉尘爆炸危险环境与气体爆炸危险环境相似，将可燃性粉尘按释放与漏泄频度划分成相应的危险区等级，粉尘爆炸危险环境设备选型设计按粉尘爆炸危险区划分等级选择设备的防爆形式，粉尘爆炸危险环境的线路设计需与所选设备的防爆形式相对应，电缆线路要做静电防护措施，防止带电粉尘的电荷积累。粉尘爆炸危险环境的设备选型见表22－1。

粉尘燃烧爆炸往往不是发生在一个均匀的气相混合物系中，粉尘环境一旦发生爆炸，由于爆炸冲击波的作用，会使散落、沉积的粉尘形成新的混合物系，这种混合物系可能再次被点燃发生爆炸，形成循环爆炸并产生严重后果，在设计过程中需要特别重视粉尘爆炸的这种特点，报警灭火救援设施及配线设计要考虑连续爆炸环境下应用的可靠性。

22.1.4　爆炸危险环境下防爆设备的配线设计是石油化工电信工程设计的重要内容，设计过程中要依设备的防爆形式确定配线方式，设计文件中要有防爆电信设备的安装详图，安装详图中要明确标注防爆电信设备与防爆配件之间的连接关系与技术参数，杜绝因设计文件不到位造成施工过程中理解的差异，致使防爆设备、防爆配件与配线系统的安装丧失防爆功能。

本质安全防爆设备是以安全栅限制能量传递信息的防爆形式，本质安全防爆设备限制的能量包括经安全栅设备输入的能量加上安全栅关联设备与配线线路存储的能量之和。本质安全防爆设计是选择合适的安全栅参数限制能量输入，同时限制控制关联设备与配线线路能量存储与释放的设计过程，当安全栅与关联设备参数确定后，限制配线线路的储能设计就成为系统能否实现防爆要求的关键因素。通常防爆检测部门在检测安全栅与关联设备时会对安全栅与关联设备之间的配线线路提出严格的能量存储限制指标要求，设计需要严格遵守对连接线路的限值要求，对于未提供安全栅与关联设备间线路能量限制要求的检测报告与防爆证书，需查询检测报告与防爆证书的完整性，对于无法提供安全栅与关联设备和线路能量限制要求设备应拒绝使用。安全栅随工作原理的不同分成不同的种类，设计必须依据各电信系统的回路特性选择适宜的安全栅种类，并进行与之配套的线路设计。

隔爆防爆设备是将火花及能量限制在腔体内，并保证隔爆泄压面漏泄出来的能量值被限制在不足以点燃可燃物的防爆形式，在隔爆防爆设备中除泄压面以外，不允许存在有其他能量漏泄部位，隔爆设备的电缆引入装置必须通过堵封件密闭，防止能量泄露或沿配线管路散布到其他位置，在隔爆设备的配线设计中，电缆引入装置内的密封胶圈必须与引入电缆的尺寸配套，通常密封胶圈的内径为电缆外径的$^{+3}_{-1}$mm，在安装过程中，通过电缆引入装置的压紧件压紧挤实密封胶圈与电缆的缝隙实现密闭。铠装电缆使用的电缆引入装置应有钢铠固定设施。

爆炸危险环境的配线应符合 GB 50058—2014 的技术要求，爆炸危险环境中的配线电缆只允许在电缆分(接)线盒(箱)内进行芯线接续，电缆分(接)线盒(箱)的防爆形式必须与配线的防爆形式保持一致，并满足环境所需的危险环境划分的要求。当电缆穿管跨越防爆分区和引入室内环境时，应设有隔离措施。

22.1.7　在石油化工企业中使用的防爆产品认证管理有防爆合格证、中国国家强制性产品认证(以下称防爆 3C 认证)。防爆合格证是确定送检企业送检的设备符合标准的要求，不对送检企业的生产质量管理体系进行审查，不对后续产品进行跟踪监测，只对送检设备负责。防爆 3C 认证制度的检验执行过程包括型式试验 + 初始工厂检查 + 获证后监督认证，防爆 3C 认证不仅对送检设备负责，同时还对产品的生产能力与生产过程进行审核，对送检设备的后续生产进行跟踪监督，对产品生产过程中的关键性元器件和材料进行持续监督。中国国家强制性产品认证管理体系中明确有实施强制性认证管理的防爆电气产品范围目录，见附录A表A－1防爆3C产品强制性认证范围，凡附录A表A－1中涉及的产品类别均强制要求进行防爆3C检测，防爆3C认证证书中明确标注产品名称、产品型号及规格、产品防爆标志、产品委托人(企业)的名称及地址，同时还标注产品生产企业的名称及地址，中国国家强制性产品认证管理体系中更加强调了产品制造企业的责任。管理体系将对生产企业划分为A、B、C、D 4类实施管理，并结合分类管理结果，确定获证后监督方式，调整获证后监督频次。认证过程更强调对产品使用的关键元器件和材料的管理，对关键元器件和材料实行了定期检验制度，见附录A表A－2，以杜绝后期生产过程中的质量滑坡，还可通过对关键元器件和材料清单的管理了解防爆产品企业生产的完整性和真实制造水平，见附录A表A－4。如果隔爆产品的生产企业的隔爆部分为外协品，则说明在产品的关键部件生产上存在能力的不足，属于组装型生产；如果隔爆声产品的发声部分为外协品，则需要关注产品进行隔爆处理后的声音技术指标。设计在选择防爆产品时，应获取对应产品的防爆合格证、中国国家强制性产品认证(防爆3C认证)及关键元器件和材料清单以真实了解防爆产品使用的合法性与生产企业的防爆产品能力。在获取防爆合格证与防爆3C认证时，设计需验证合格证书的完整，关注合格证书附页中对设计及其他方面的技术要求。

## 22.2 防水防尘

电信设备根据使用环境和需求选择设备的防护等级，而IP代码是借助外壳防护的电气设备防护分级，外壳防护分级的内容包括：对人体触及外壳内部分的外壳防护，对固体异物进入外壳内设备的防护，对水进入外壳内对设备造成有害影响的防护。IP代码的配置如图22－1所示。

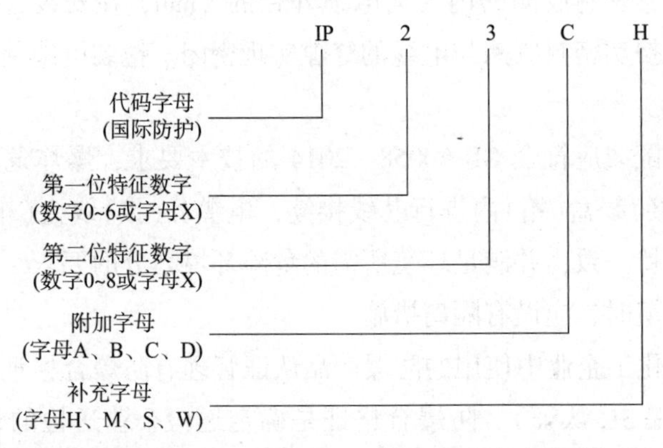


图22－1 IP代码的配置

IP代码的各要素及含义见表22－2，详细说明见GB/T 4208—2017《外壳防护等级(IP代码)》中的相关章节。

**表22－2　IP代码的各要素及含义**

| 第一位特征数字 | | | 第二位特征数字 | | 附加字母(可选择) | | 补充字母(可选择) | |
|---|---|---|---|---|---|---|---|---|
| IP | 防止固体异物进入(设备防护含义) | 防止接近危险部件(人员防护含义) | IP | 防止进水造成有害影响(设备防护含义) | IP | 防止接近危险部件(人员防护含义) | IP | 专门补充的信息(设备防护含义) |
| 0 | 无防护 | 无防护 | 0 | 无防护 | A | 手背 | H | 高压设备 |
| 1 | ≥直径50mm | 手背 | 1 | 垂直水滴 | | | | |
| 2 | ≥直径12.5mm | 手指 | 2 | 15°水滴 | B | 手指 | M | 做防水试验时试样运行 |
| 3 | ≥直径2.5mm | 工具 | 3 | 淋水 | | | | |
| 4 | ≥直径1.0mm | 金属线 | 4 | 溅水 | C | 工具 | S | 做防水试验时试样静止 |
| 5 | 防尘 | 金属线 | 5 | 喷水 | | | | |
| 6 | 密闭 | 金属线 | 6 | 猛烈喷水 | D | 金属线 | W | 气候条件 |
| | | | 7 | 短时间浸水 | | | | |
| | | | 8 | 连续浸水 | | | | |
| | | | 9 | 高温/高压喷水 | | | | |

## 22.3　防腐蚀

电信设施的腐蚀环境分为大气腐蚀环境和地下腐蚀环境，电信设备经历大气潮湿及其他恶劣气候环境或埋地电信设施及地下电缆遭遇地下腐蚀环境时，有可能因为腐蚀效应造成失效。大气腐蚀环境分为室内空间环境和室外空气环境，影响埋地电信设施及地下电缆的腐蚀环境有土壤腐蚀、漏泄电流腐蚀、晶间腐蚀、化学腐蚀、微生物腐蚀和管道腐蚀等环境。

大气腐蚀环境是由于金属或非金属与空间的介质之间发生化学、电化学或其他因素(如应力、光、热等)作用而引起的破坏、变质、丧失使用性能，是由大气中的水和氧气的化学与电化学作用而引起的腐蚀。该类腐蚀可以通过有机/无机涂层和金属镀层进行保护和降低大气湿度等措施防止或减弱腐蚀，大气腐蚀环境分类见表22－3。

**表22－3　大气腐蚀环境分类**

| 大气腐蚀环境分类 | 第一年中的腐蚀速率 | | 环境(指导实例) |
|---|---|---|---|
| | 低碳钢/(μm/a) | 锌/(μm/a) | |
| C1 很低 | ≤1.3 | ≤0.1 | 室内空间：偶尔凝结<br>室外空气：内陆乡村 |
| C2 低 | 1.3～25 | 0.1～0.7 | 干燥的室内空间 |

续表

| 大气腐蚀环境分类 | 第一年中的腐蚀速率 | | 环境(指导实例) |
|---|---|---|---|
| | 低碳钢/(μm/a) | 锌/(μm/a) | |
| C3 中等 | 25～50 | 0.7～2.1 | 室内空间：湿度高，少有杂质<br>室外空气：内陆城市，轻度含盐 |
| C4 高 | 50～80 | 2.1～4.2 | 室内空间：化学工业，海边码头<br>室外空气：内陆工业工厂，滨海城市 |
| C5-I 很高(工业) | 80～200 | 4.2～8.4 | 室外空气：非常潮湿的工业 |
| C5-M 很高(海洋) | | | 室外空气：含盐海边气氛 |

生物腐蚀是由于霉菌和其他微生物引起的霉腐或霉变，存在于湿热的大气腐蚀环境和潮湿的地下环境中。生物腐蚀对于微电子设备影响明显，霉腐导致绝缘材料的绝缘性能下降，印制电路或微金属导线的短路，造成严重甚至重大事故。需要强调指出，由于电子元器件的微型化和密集组装，使得一些腐蚀现象用肉眼难以察觉，但其微弱的腐蚀程度和微量的腐蚀产物即可以起强烈的腐蚀效应，如黏附在继电器节点的腐蚀产物可以引起闭合导通失效；银、铜导电器件表面生成的氧化膜或硫化膜可使其导电率发生极大变化，有些镀层在一定条件下会产生“晶须”，在有电压差及高湿条件下，银会跨过陶瓷或塑料迁移引发短路，镀金器件可伐合金引线发生应力腐蚀断裂等现象。

通常地下环境更为潮湿，腐蚀条件更为复杂，地下设备的腐蚀因素如图 22－2 所示，地下敷设电缆的腐蚀因素如图 22－3 所示。

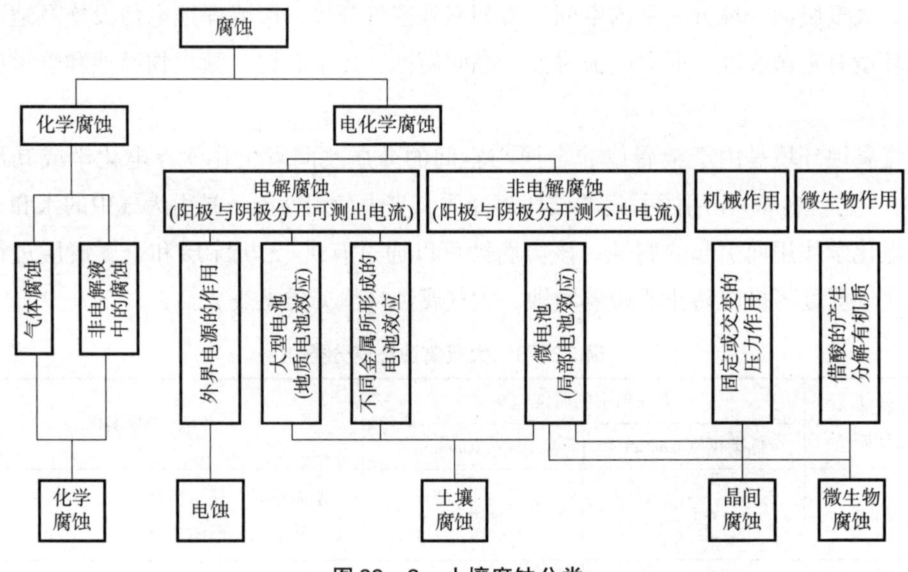


图 22－2　土壤腐蚀分类

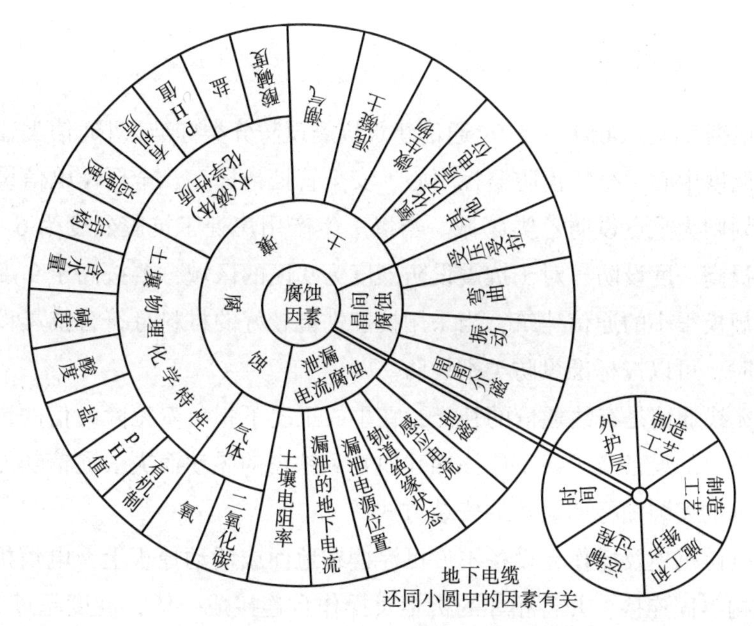


**图 22－3 地下电缆腐蚀因素分类**

防止地下线路腐蚀的措施有：采用负极性信号传输，尽量避开有强腐蚀、剧烈振动、有外部电源泄漏电流作用的区域，避免线缆受到固定或交变的机械应力作用，选择耐受混凝土中游离状石灰腐蚀的电缆护套等措施。

采取恰当的防护措施，腐蚀可以避免或受到一定程度的控制，防腐措施的确定与策划应该融入电信系统设计的方案确定阶段，将防腐措施与技术指标确定到设计方案与设计文件中。在进行防腐蚀设计时，应该考虑的因素有：电信设备可能遭遇的环境条件及主/次要的腐蚀性环境因素，找出系统中对腐蚀损坏最敏感的环节，要求保护的程度(包括临时性防护、可更换零件防护、高稳定性永久防护)以及允许采用的防护手段，通过对各种腐蚀因素的综合分析，预测可能发生的腐蚀类型和危险性后果，确定合理有效的防腐蚀措施。防止电信设备腐蚀损坏的基本方法主要有以下措施：

1)设计中采用高耐腐蚀材料；

2)将电信设备设置在非腐蚀或弱腐蚀环境中，消除或减弱腐蚀性因素；

3)对不耐蚀材料进行耐蚀性表面处理；

4)进行防腐蚀结构设计；

5)设置电化学保护设施。

在石油化工企业中需要注意，隔爆防爆设备因设备的隔爆面存在泄压间隙，潮气霉菌等可以透过间隙渗透到设备腔体内部，因此在设计中不允许将隔爆防爆设备作为密闭设备使用。

## 22.4 抗震加固

22.4.1 根据 YD/T 5054—2019《通信建筑抗震设防分类标准》对通信类建筑抗震设防分类，将企业调度中心、全厂消防监控中心、安全管控指挥室、全厂性电信设备机房和单独建设电话站划归为重点设防乙类区域。当以上生产用房处于抗震烈度为 6 ~ 8 度时，抗震设防烈度按提高一度设防，对于抗震设防烈度为 9 度的区域，要按高于 9 度要求采取抗震措施。对于规模很小的通信建筑，当采用抗震性能较好的材料且符合抗震设计规范对结构体系的要求时，可以按标准设防类别设防。

22.4.2 无线通信是有线通信的补充，在事故工况下担负着抢险通信的重要职责，安装在屋顶或铁塔上的设备及天线不应该因建筑物和铁塔的晃动而失去通信功能，在设计文件中要给出明确的安装图标明设备的安装方式。

22.4.3 电信机柜及操作台设备不许可浮摆在地面或活动地板上，电信机柜及操作台必须与地面结构牢固连接，并将相邻的机柜及操作台连接成一体，高度超过 2.5m 的机架等设备要用型钢与建筑物的墙体结构连接，防止倾倒。与建筑物结构连接的所有螺栓不得用胀塞形式固定。

## 22.5 抗电磁干扰

电磁兼容性技术的早期仅仅考虑对无线电通信与广播有影响的射频干扰(RFI)，随着对干扰源认识范围的扩大及电磁能量应用形式的增多，电磁干扰不再局限于射频形式。还需要考虑感应、耦合和传导等引起的电磁干扰，在模拟系统中电磁干扰会使信号发生畸变，甚至淹没信号，在数字电路中电磁干扰会使误码率增大，甚至发生错误和信息丢失。电磁干扰除影响电子系统和设备的正常工作外，对人体健康也会造成有害的影响，因此将电磁辐射的生物效应与防护技术等纳入电磁兼容性的研究与设计范畴。

电磁兼容性评价中有电磁骚扰、电磁干扰、抗扰度、电磁敏感度、电磁兼容性及电磁环境电平指标。电磁骚扰是指任何可能引起器件、设备或系统性能降低的现象；电磁干扰研究电磁骚扰现象所造成的后果；抗扰度研究存在电磁骚扰的情况下，器件、设备或系统性能在不降低的条件下正常运行能力；电磁敏感度是电子设备或分系统对电磁环境所呈现的不希望影响程度，电磁敏感度阈值越小，抗扰度越差；电磁兼容性是器件、设备或系统在所处电磁环境中良好运行，并且不对其所处环境产生任何难以承受的电磁骚扰能力；电磁环境电平是在设备不通电时，在规定的试验地点和时间内，存在于周围空间的辐射和电网内传导信号及噪声的量值。任何一对复杂系统或装置之间的电磁骚扰和相应过程均可简化成为图 22 - 4，用辐射发射和传导发射来描述骚扰源，用辐射抗扰度和传导抗扰度来描述感受装置是否造成危害。

由图22－4中可以看出骚扰源、耦合途径、敏感设备并称为电磁干扰的三要素，只要屏蔽掉骚扰源、切断耦合途径或隔离开敏感设备中的任何一项电磁干扰现象将不会发生。

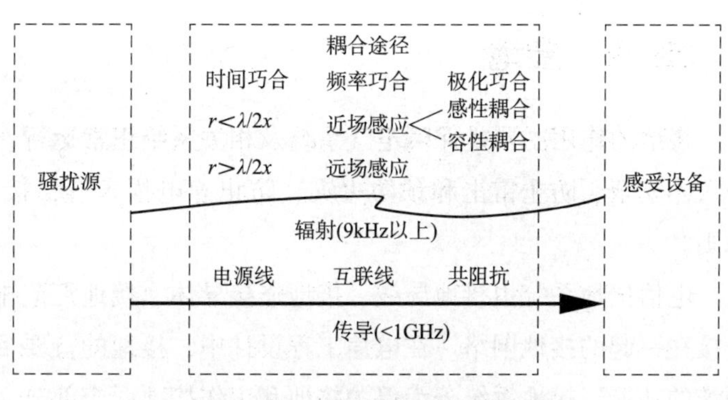


**图22－4 电磁干扰过程三要素**

对于整个设备或系统而言，骚扰源分为外部骚扰源和设备内部元器件的骚扰源，外部骚扰源无处不在，内部骚扰源则需要在设备制造过程中去克服，感受设备则属于电信工程设计的功能需要，不可能去掉，因此最为经济有效的措施就是切断干扰耦合途径中的传导耦合途径和辐射耦合途径。

传导耦合途径是指通过导电介质把一个电路网络上的信号耦合到另一个电路网络形成噪声，辐射耦合途径是干扰源通过空间把信号耦合到另一个电路网络。干扰源按频段分为甚低频干扰源（30Hz以下）、工频与音频干扰源（50Hz及其谐波）、载频干扰源（10～300kHz）、射频及视频干扰源（300kHz）、微波干扰源（300MHz～100GHz）。在以往企业电信系统应用中经常会遇到电磁干扰防范不当产生的系统不稳定的现象，对于这些不稳定的现象工程设计人员需要认真研究反思。电信专业是最早关注电磁兼容性技术的专业，也是企业中涉及频率范围最广泛和干扰源产生较为复杂的专业，而设备制造在追求设备极致指标过程中时常忽略了工业场所电磁干扰的特殊与复杂性，这种现象在火灾自动报警系统中表现得尤为突出。因此在电信系统的设计中需要注重对骚扰源的防范、切断耦合途径、提高敏感设备的抗扰度与电磁敏感度。在设计中消除抑制电磁干扰的方法如下：

1）屏蔽技术可以有效地抑制电磁波的辐射与传导和高次谐波带来的噪声电流，减少电磁干扰；

2）良好的接地系统有益于抑制干扰，降低接地接触电阻值，缩短接地母排连接导体的长度能有效地减弱高频电磁干扰影响；

3）改善布线结构，缩短与其他电缆平行布线的距离，有益于降低空间耦合信号形成的辐射干扰，对于敏感的信号线路应尽量采用绞线或屏蔽线甚至采用光纤进行信号传输；

4）利用滤波技术降低线路传导的谐波，吸收附近设备投入工作时产生的浪涌电压和主电源的尖峰电压干扰；

5）根据易受干扰设备的工作原理和需要抑制的频率范围，有针对性地选择铁氧体等材料磁环对引入导线干扰进行抑制。

在工程设计中应根据工程环境需要采用单一或组合应用方式获取电磁干扰防范的最大效果。

## 22.6 接地

接地的作用主要是保障电气系统及相关系统正常运行、防止设备和线路遭受损坏、保障人体安全、防止雷击和预防火灾、防止静电损害等，接地系统的设计应以安全优先为原则。

电信接地系统由接地导线、接地连接导体、接地汇流排、接地板、接地装置等组成并连接在一起的接地网络。在电信工程设计中，接地的首要目的是保障安全，其次才是保障系统的功能。接地系统分为保护接地和工作接地两个部分，保护接地是防止电气装置的金属外壳、电气配电装置的构架和线路杆塔等带电危及人身和设备安全而进行的接地，是在正常情况下不带电，事故工况下(如绝缘材料损坏或其他非正常工况下)可能带电的金属部分用导线与接地体可靠连接，保证人身与设备安全而采取的保护措施。在企业中接地系统采用联合接地方式，保护接地与配电系统的中性点保持等电位连接，以保证漏电设备的对地电位不超出安全范围。

在电信系统中将防雷接地与静电接地归属到保护接地的范围里，而电信系统的保护接地与电气专业保护接地保持相同的概念，以方便按照电气的相关标准和方法进行设计。

工作接地是电信系统或设备的电路与信号回路的接地，是电子设备在正常或事故情况下能安全可靠地工作，防止因设备故障而引起的高电压，按照设备运行需要设置的接地。当电信系统或设备需要接地时，应纳入工作接地，工作接地应根据设备及配线网络的功能需求确定公共端参考点，如在电话系统及配线网络中，采用的是－48V直流电源供电，即以直流电源的正端作为工作接地参考点，其目的是以此来解决电话配线系统的腐蚀问题。

在电信接地系统中还有悬浮地、基准接地和单点接地概念。悬浮地：在部分电信设备中，逻辑地有单独的接地线路，并将直流电源电路与交流电源电路的接地系统分开，将逻辑地与直流系统接地引至设备的接地端(网)，且这个接地端(网)与地绝缘。悬浮接地现在用得较少，其原因是难以做到真正的悬浮获得稳定的“逻辑地”，在设备的高频段“逻辑地”实现起来更难，辐射耦合到机壳上的静电干扰不易消除。基准接地是对电信设备建立电位基准和接地基准；单点接地则是交流接地、直流接地和保护接地三套接地系统在电信系统内相互绝缘，不存在任何电气连接，在系统外将三套接地系统以单点连接到接地极。基准接地和单点接地的设备接地方式在以民用行业为目的的电信设备中偶有应用，在石油化工企业的电信系统设计中需给予注意。

22.6.1 电信系统接地分为工作接地、保护接地、逻辑接地、信号接地、过电压接地、防雷接地、静电接地、屏蔽接地、功率接地、低干扰接地、阴极保护接地等不同种类与名称，各种接地种类的作用可归纳为维持电信设备正常工作的接地和保护系统与人身安全的接地。因此在《规范》中将其划分为工作接地和保护接地两类，并以此为基础进行接地系统的工程设计。

22.6.2 在 GB/T 50065—2011《交流电气装置的接地设计规范》中规定了电气系统共用接地方式，一般情况下接地电阻值不大于4Ω。电信系统的保护接地与电气系统的保护接地在定义和概念上完全相同，是为防止人身电击伤害而设置，所以电信的保护接地就是电气系统的保护接地，设计应当采用电气专业的现有标准规范和设计方法，与电气共用接地装置，接地电阻值采用电气系统的接地电阻值。另外，参考 IEC 有关标准和 GB 50057—2010《建筑物防雷设计规范》的规定，电信系统的工作接地是用于实现系统功能的接地系统，应当与电气系统共用接地装置，不需要特殊要求，所以保护接地的接地电阻值也就是工作接地的接地电阻值。电信系统接地连接原理示意见图 22-5。

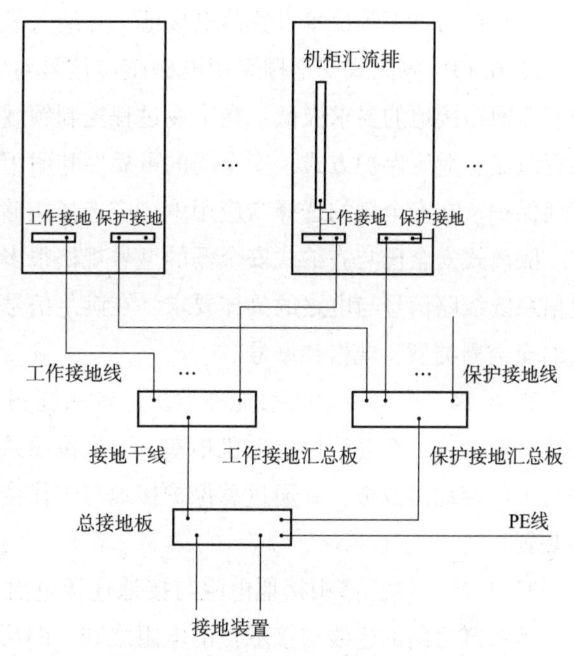


图 22-5 电信系统接地连接原理示意

22.6.4 电信系统中的现场设备的金属外壳、金属保护箱、金属接线箱需要做保护接地，保护接地可以就近直接焊接连接到接地网，或连接到已经接地的金属保护管、支架、框架、平台、围栏、设备等金属构件上，当这些外露的金属件处于非爆炸性气体环境中，且不存在额定高于 36V 危险电压漏电及雷电的直击、传导或感应可能时，可以不做保护接地。

22.6.7 电信系统的工作接地对于保障系统抗拒干扰，稳定工作十分重要，相同建筑物内同系统设备机柜的工作接地系统连线不宜过长，需要保证自身的独立，对于有高频设备的长线系统须特别注意。

22.6.8 在电信机柜室等有多台电信设备或机柜的房间，工作接地汇总板和保护接地汇总板需分别设置，并汇接入总接地板与电气 PE 线和避雷线相连。电信设备较少时，工作接地汇总板和保护接地汇总板可以合并使用。任何情况下工作接地和保护接地不允许以任何形式进行串联方式链接。电信系统的接地设计须参考图 22-5 进行设计。

22.6.11 在石油化工电信中设备的静电接地是防止产生静电火花的防护措施，要求静电接地电阻值不大于 100Ω。静电接地归属于安全保护接地范畴，但因其传导的电荷量小，当设备已有工作接地时，可无须再单独做静电接地连接。

22.6.12 有些半导体器件对静电放电极为敏感，即使这些器件没有被加电，在元器件针脚之间的微量电荷也会产生足以击穿器件的电位差，造成器件的永久损坏。人体有感觉的静电放电电压在 3000~5000V，这个电压已足以使静电放电敏感元器件损坏。因此在电信设备集中位置要进行静电防护，要求电信设备机房的导静电地面、防静电活动地板、金属工作台与机柜等设备设置静电接地，并纳入等电位接地系统。

22.6.13　隔离式安全栅采用电磁感应信号对电信号实施隔离，隔离性能强，对于本质安全回路接地的要求极低，在工业过程控制领域已得到广泛应用。齐纳式安全栅采用齐纳管泄流、泄压保护方式，安全栅的可靠性和耐用性低，齐纳式安全栅还要求具有可靠的接地保护。在安全栅的选择与应用中，应选择能够确保电信系统功能不丧失的安全栅。

隔离式安全栅与齐纳式安全栅的型号规格很多，在安全栅类型选择时，设计需要依据电信系统线路信号与电路的具体要求，在满足信号传递要求和确保安全的前提下，选择适合的安全栅类型、规格和型号。

22.6.14　电信专业的系统种类多，各系统相对独立，室内设置的柜、盘、箱等设备接地需要接地。在全厂性电信机柜室，要求按照系统的分类与机柜的布置分区设置保护接地与工作接地汇流板，并通过总保护接地与工作接地汇流板、总接地板接入电气的共用接地装置。

22.6.25　《规范》中接地电阻与接地连接电阻属于不同的术语与定义，接地连接电阻是接地系统之间的连线与接触点的电阻之和，即从电信设备的接地端到接地极之间的各段连线和各段连线间接触点的电阻总和。《规范》要求接地连接电阻不大于1Ω是要求各类接地端之间在电流的作用下电位差趋近于“0”。在联合接地系统中，接地连接电阻是衡量各接地点间电位差，保障接地系统指标的重要参考数值。

22.6.26　接地电阻是接地体向四周土壤流散的电流遇到的全部电阻。

22.6.29～22.6.32　《规范》中要求或建议广播系统的供电分区、电视监视系统的节点单元、火灾自动报警系统的控制设备、门禁控制系统与入侵和紧急报警系统的控制主机和现场控制器之间采用光纤连接，因此工作接地也需按光纤隔离的区域进行接地。

## 22.7　防雷

22.7.7　架空敷设电缆遭受雷击后，电缆中会产生强脉冲电流，当强脉冲电流通过较长的两端接地的金属管道时，可降低脉冲电流强度，因此要求强雷和多雷地区电缆在进入建筑物前需穿大于15m且两端接地的金属管或金属槽盒埋地敷设引入。多雷区指年平均雷暴日大于40d，不超过90d的地区；强雷区指年平均雷暴日超过90d的地区。对于中雷区和少雷区可根据系统的安全等级要求参照执行。

当空旷区域的高大物体受到雷击时，物体地面处会形成高压电势场区域，在强雷和多雷地区，设计需考虑途经此处的地下敷设电缆的金属保护层接地，并在电缆与高大物体之间设置散流接地带设施来减缓雷击的影响。

22.7.12　选用线间不接地保护型电涌保护器可以减少接地接入点，方便设计，涉及可以根据现场的直击雷的电位反击情况和雷暴量合理确定是否采用线地保护型并接地。

# 23　电信系统供电

电信系统的供电设计是电信系统/设备对电源需求的设计，电信专业设计提供对电源需求技术指标，技术指标的实现应由供配电专业通过供配电设施的组合按电信专业需求提供，电信专业无须关注供配电设施组合的配置。电信专业的供电技术指标由电源质量、用电负荷、电源中/瞬断时间及备用电源的后备时间要求组成，电信系统与设备的供电不应受其他系统或设施操作的影响。

## 23.1　一般规定

全厂性电信系统是以系统集中式供电为主的系统形式，电信终端设备的供电以设置在机柜间或控制室(中心)的控制设备提供，电信终端设备一般不采用单独供电方式供电。设备对供电电源的技术指标需求包括：电源质量、用电负荷、电源中/瞬断时间及备用电源的后备时间。电源质量包括供电电源的电压偏差允许值和频率偏差限值等技术指标；用电负荷是某一时刻用电设备向供电系统获取的电功率总和，其中包括最大用电负荷与平均用电负荷，用电负荷设计中需考虑同时用电系数对电负荷值的影响；电源中/瞬断时间包括电源供电中断时间和供电质量不达标的时间，以及主备供电电源切换过程中产生的电源瞬间中断时间；备电时间是备用电源向设备提供满足供电质量和规定时间范围内能够工作的持续时间，其中，电源瞬间中断时间应以在电源切换过程中能够维持设备正常(不间断)工作的最大允许值作为供电电源瞬断时间值。

## 23.2　备用电源

备用电源是满足用户在安全、业务和生产上对供电可靠性的需求，备用电源是在主供电电源出现断电或无法满足技术要求时，能够提供满足技术要求电源的供电设施。当系统有允许中断时间和有后备供电时间要求时必须配置备用电，备用电源投入的切换时间必须满足电信系统允许的瞬断时间要求。备用电源的形式有带有蓄电池的静止型不间断供电电源，独立于正常电源的发电机组，独立于正常电源的专用馈电线路，或通过以上电源形式组合，能够满足备用电源技术要求的电源设施。其中带有蓄电池的静止型不间断供电装置包括 UPS 电源、EPS 电源与带蓄电池的直流供电装置(含消防设备应急电源等)。备用电源的技术要求包括：满足所需用户的最大用电负荷供电要求、满足用户电源瞬间中断时间要求、满足所需用户在规定持续供电时间内的电功率要求。需要注意的是，在静止型不间断供电装置的设计中，所需用户在规定时间内持续供电的电功率不应按用户的最大用电负荷计算，应按用户使用状态下平均用电负荷与用户非工作状态下平均用电负荷计算获得电功率。

在带有蓄电池的静止型不间断供电装置中，蓄电池容量应是持续供电时间内最大用电负荷下时间段、正常工作时间段、设备热待机时间段电功率的和，而不是在最大用电负荷下规定的持续供电时间蓄电池容量。对于电信系统中，各系统带有蓄电池静止型不间断供电装置的蓄电池容量应按各系统的特点进行计算。带有蓄电池的静止型不间断供电装置的最大供电负荷则应按所需用户的最大用电负荷供电，在向供配专业提供电信专业用电技术要求工程时，应分别提供带有蓄电池静止型不间断供电装置的最大用电负荷和蓄电池的最大电功率容量，以使设计的参数符合实际使用值。本《规范应用》在扩音对讲及广播的电源供电和电视监视系统电源供电章节中分别对蓄电池的容量给出了系统分析与计算示例，可供在工程设计过程中参考应用。

发电机组可以满足备用电源的高负荷与长持续时间供电，发电机组的缺点是启动慢，不能满足电信设备的允许瞬断时间要求，在使用中可以将静止型不间断供电装置与发电机组进行组合，通过静止型不间断供电装置弥补发电机组启动过程中供电中断时间过长的问题，以满足电信系统对供电瞬断时间要求高的困难，如图 23－1 所示为静止电源与发电机组组合备电时序。在主供电回路与备用供电回路切换过程中，若存在供电瞬断时间不满足电信系统/设备要求时，可参照图 23－1 进行设计。

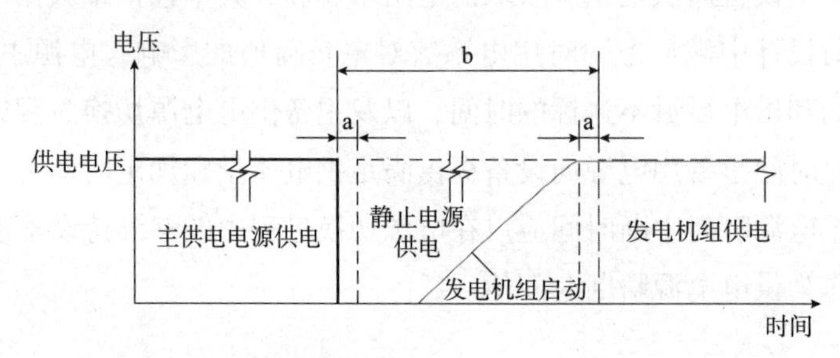


**图 23－1　静止电源与发电机组组合备电时序**

a—供电瞬断时间；b—发电机组启动时间

## 23.3　直流供电装置

直流供电装置是解决电信系统供电安全的传统供电方式，直流供电装置由控制部分和蓄电池组组成（如通信直流电源），直流供电装置通常与电信系统或设备配套配置，由电信专业负责设计。电信系统或设备配套直流供电装置可以降低对供电电源的指标要求，使设备的适应性更广。电信专业的直流供电装置有用于通信系统全浮充制的－48V 通信专用直流供电系统、消防设备应急电源、火灾报警控制系统的供电电源，以及入侵和紧急报警系统的供电电源等电源设施。

## 23.4　电源配电

电信专业机柜间的交流配电柜(箱)总电源容量不宜超过40kV・A，且不同负荷等级供电的配电系统应分别设置，不得混用，同一配电柜内的不同种类别配电系统间应采取有效隔离措施，不同供电回路的配电系统应分别配置、相互独立。

当电信系统配电容量较大或用电回路较多时，宜采用交流配电柜形式，用电设备电源的配电级数需控制在三级以内，即交流配电柜(箱)、电信设备机柜和机内设备。配电柜(箱)需配备输入总断路器和输出分断路器，并预留20%的备用回路。当采用双面配电柜时，交流配电柜的单面电源容量不应超过20kV・A，每一面应分别配备输入总断路器和输出分断路器，每台交流用电设备须有独立的电源断路器。

直流电源每一用电设备需单独设置断路器，而不允许使用隔离开关或隔离开关型端子。

火灾自动报警系统的电源不允许设置剩余电流和过负荷保护装置。

# 附录A　防爆电气产品强制性产品认证管理公告及实施细则摘要

## A.1　防爆电气产品强制性产品认证管理公告

# 中国国家认证认可监督管理委员会公告

发布日期：2019－07－05

---

### 市场监管总局关于防爆电气等产品由生产许可转为强制性产品认证管理实施要求的公告

（2019年第34号）

根据《国务院关于进一步压减工业产品生产许可证管理目录和简化审批程序的决定》(国发〔2018〕33号)要求，市场监管总局决定对防爆电气等产品由生产许可转为强制性产品认证(CCC认证)管理。为确保CCC认证实施顺利，工作衔接平稳有序，现将有关要求公告如下：

一、认证实施日期

自2019年10月1日起，防爆电气、家用燃气器具和标定容积500L以上家用电冰箱(具体产品范围和强制性产品认证实施规则详见附件)纳入CCC认证管理范围，各指定认证机构(认证机构和实验室指定工作将另行公告)开始受理认证委托；各省、自治区、直辖市及新疆生产建设兵团市场监管局(厅、委)(以下简称省级市场监管部门)停止受理相关生产许可证申请，已受理的依法终止行政许可程序。

自2020年10月1日起，以上产品未获得强制性产品认证证书和未标注强制性认证标志，不得出厂、销售、进口或在其他经营活动中使用。

二、指定认证机构工作要求

指定认证机构应依据强制性产品认证通用规则和对应产品实施规则的要求制定认证实施细则，于 2019 年 9 月 25 日前向市场监管总局(认证监管司)完成备案。

三、CCC 认证与生产许可证管理的衔接

(一)2020 年 10 月 1 日前，国内企业生产的以上产品应凭有效生产许可证或 CCC 认证出厂、销售或在其他经营活动中使用。

(二)对于已获生产许可证的企业，若以上产品在 2020 年 10 月 1 日(含)后不再继续生产的，无须办理 CCC 认证；否则，应尽快提交认证委托，并在 2020 年 10 月 1 日前获得 CCC 认证。

(三)对于持有效生产许可证的企业提出的认证委托，指定认证机构应承认相应的审查及检测结果，制定相关转换方案(包括差异检测项目、补充工厂检查等内容)并实施，对符合认证要求的产品换发 CCC 认证证书，同时向企业所在地省级市场监管部门通报获证企业名单。证书转换过程中发生的认证、检测费用原则上由财政负担。

(四)各省级市场监管部门根据认证机构通报和生产许可证到期情况，及时办理生产许可证注销手续。2020 年 10 月 1 日，市场监管总局注销所有未转换的有效生产许可证。

(五)对于在生产许可证有效期间生产的产品，2020 年 10 月 1 日后可继续使用原包装(符合生产许可证要求)出厂销售。

附件：1. 由生产许可转为强制性认证产品范围(略)

2. 强制性产品认证实施规则　防爆电气(略)

3. 强制性产品认证实施规则　家用燃气器具(略)

市场监管总局

2019 年 7 月 5 日

## A.2 强制性产品认证实施细则摘要

防爆电气产品按其防爆型式适用的标准开展认证。产品的防爆型式可以是以下一种，也可以是两种及两种以上的组合，见表 A－1。

**表 A－1 防爆电气产品形式及认证依据标准**

<table>
<tr><th rowspan="2">序号</th><th rowspan="2">防爆形式</th><th colspan="2">依据标准</th></tr>
<tr><th>通用标准</th><th>专用标准</th></tr>
<tr><td>1</td><td>隔爆型“d”</td><td rowspan="8">GB/T 3836.1—2021</td><td>GB/T 3836.2—2021</td></tr>
<tr><td>2</td><td>增安型“e”</td><td>GB/T 3836.3—2021</td></tr>
<tr><td>3</td><td>本质安全型“i”</td><td>GB/T 3836.4—2021</td></tr>
<tr><td>4</td><td>正压外壳型“p”</td><td>GB/T 3836.5—2021</td></tr>
<tr><td>5</td><td>液浸型“o”</td><td>GB/T 3836.6—2021</td></tr>
<tr><td>6</td><td>充砂型“q”</td><td>GB/T 3836.7—2021</td></tr>
<tr><td>7</td><td>“n”型</td><td>GB/T 3836.8—2021</td></tr>
<tr><td>8</td><td>浇封型“m”</td><td>GB/T 3836.9—2021</td></tr>
<tr><td>9</td><td>本质安全型“iD”</td><td rowspan="4">GB/T 3836.1—2021</td><td>GB/T 3836.1—2021</td></tr>
<tr><td>10</td><td>外壳保护型“tD”</td><td>GB/T 3836.1—2021</td></tr>
<tr><td>11</td><td>浇封保护型“mD”</td><td>GB/T 3836.1—2021</td></tr>
<tr><td>12</td><td>正压保护型“pD”</td><td>GB/T 3836.1—2021</td></tr>
</table>

防爆电气设备的等级分为三类。

Ⅰ类：煤矿井下电气设备；

Ⅱ类：除煤矿、井下之外的所有其他爆炸性气体环境用电气设备。Ⅱ类又可分为ⅡA、ⅡB、ⅡC类，标志ⅡB的设备可适用于ⅡA设备的使用条件；标志ⅡC的设备可适用于ⅡA、ⅡB设备的使用条件。

Ⅲ类：除煤矿以外的爆炸性粉尘环境用电气设备。Ⅲ类又可分为ⅢA、ⅢB、ⅢC类，ⅢA为可燃性飞絮；ⅢB为非导电性粉尘；ⅢC为导电性粉尘。

国家将防爆电气产品由生产许可制度转为强制性产品认证制度，适用的范围包括Ⅰ类、Ⅱ类和Ⅲ类防爆电气设备。防爆电气产品强制性认证的基本认证模式为：型式试验＋初始工厂检查＋获证后监督，其中初始工厂检查包括首次工厂检查、扩类工厂检查、OEM/ODM工厂检查、生产企业搬迁的工厂检查、全要素工厂检查等，获证后监督是指获证后的跟踪检查、生产现场抽取样品检测或者检查两种方式之一或组合。

实施强制性认证管理的防爆电气产品范围见表 A－2 中产品种类及代码。

**表 A－2　实施强制性认证管理的防爆电气产品范围**

| | 产品种类及代码 | 产品适用范围 |
|---|---|---|
| 1 | 防爆电机(2301) | 1. 中心高≤160mm 或额定功率≤15kW 的各类电动机≤160mm < 中心高≤280mm或 15kW < 额定功率≤100kW 的各类电动机<br>2. 280mm < 中心高≤500mm 或 100kW < 额定功率≤500kW 的各类电动机<br>3. 中心高 > 500mm 或额定功率 > 500kW 的各类电动机 |
| 2 | 防爆电泵(2302) | 1. 额定功率≤15kW 的各类电泵<br>2. 15kW < 额定功率≤100kW 的各类电泵<br>3. 额定功率 > 100kW 的各类电泵 |
| 3 | 防爆配电装置类产品(2303) | 1. 配电箱(柜)<br>2. 动力检修箱<br>3. 接线箱<br>4. 接线盒<br>5. 电源(箱)<br>6. 滤波器(箱)<br>7. 功率补偿装置<br>8. 整流器(箱)<br>9. 电源变换器(切换装置) |
| 4 | 防爆开关、控制及保护类产品(2304) | 1. 开关(箱、柜)<br>2. 按钮(盒)<br>3. 段路器<br>4. 控制柜(箱、器、台)<br>5. 继电器<br>6. 操作(详、台、柱)<br>7. 保护装置<br>8. 司钻台<br>9. 脱扣器<br>10. 司钻控制器<br>11. 调速控制装置<br>12. 断电器(仪)<br>13. 遥控发射器(接收器)<br>14. 斩波器 |
| 5 | 防爆起动器类产品(2305) | 1. 起动器<br>2. 软启动器<br>3. 变频器(箱)<br>4. 电抗器 |
| 6 | 防爆变压器类产品(2306) | 1. 移动变电站<br>2. 变压器(箱)<br>3. 调压器<br>4. 互感器 |
| 7 | 防爆电动执行机构、电磁阀类产品(2307) | 1. 电动执行机构<br>2. 阀门电动装置<br>3. 电气阀门定位器<br>4. 电动阀<br>5. 电磁阀<br>6. 电磁铁<br>7. 电磁头<br>8. 电磁线圈<br>9. 电截止阀<br>10. 电切断阀<br>11. 调节阀<br>12. 电/气转换器<br>13. 制动器<br>14. 推动器 |
| 8 | 防爆插接装置(2308) | 1. 电联接器<br>2. 插销(含插头、插座)<br>3. 插销开关 |
| 9 | 防爆监控产品(2309) | 1. 摄像机(仪)<br>2. 云台<br>3. 监视器<br>4. 监控(分)站<br>5. 中继器<br>6. 传输接口<br>7. 视频服务器<br>8. 显示器(仪、屏、箱)<br>9. 计算机<br>10. 工控机(含附件)<br>11. 声光(语言、信号、静电)报警装置(器) |

续表

| | 产品种类及代码 | 产品适用范围 | |
|---|---|---|---|
| 10 | 防爆通信、信号装置(2310) | 1. 对讲机<br>3. 电话机<br>5. 话站<br>7. 交换机<br>9. 汇接机<br>11 放大器<br>13. 扩展器<br>15. 隔离器<br>17. 打电器(拉点器)<br>19. 电铃(电笛)<br>21. 信号器(仪、箱)<br>23. 网络接入器<br>25. 驱动器<br>27. 发寻机\接收机(器) | 2. 扬声器(电喇叭)<br>4. 播放器<br>6. 基站(基地台)<br>8. 光端机<br>10. 信号耦合器<br>12. 分配器<br>14. 网络(线路)终端<br>16. 音箱<br>18. 信号装置<br>20. 通信接口<br>22. 指示器<br>24. 网桥(桥接器)<br>26. 网关<br>28. 信号(光电、数据)转换器 |
| 11 | 防爆空调、通风类设备(2311) | 1. 制冷(热)空调或机组<br>3. 风机盘管机组<br>5. 暖风机 | 2. 除湿机<br>4. 风机<br>6. 电风扇 |
| 12 | 防爆电加热产品(2312) | 1. 电加热器<br>3. 电加热带<br>5. 电加热棒<br>7. 电加热管 | 2. 电暖器<br>4. 电伴热带<br>6. 电热板 |
| 13 | 防爆附件、Ex元件(2313) | 1. 穿线盒<br>3. 密封盒<br>5. 挠性连接管<br>7. 填料函<br>9. 接线端子<br>11. 管接头 | 2. 分线盒<br>4. 隔爆外壳<br>6. 电缆引入装置<br>8. 塑料风扇(叶)<br>10. 端子套<br>12. 绝缘子 |
| 14 | 防爆仪器仪表类产品(2314) | 1. 采集器(箱)<br>3. 编码器<br>5. 识别器<br>7. 识别卡 | 2. 计数器<br>4. 读卡器<br>6. 标识卡 |
| 15 | 防爆传感器 | 1. 光电传感器<br>3. 温度(湿度)传感器<br>5. 声(光)控传感器<br>7. 张力传感器<br>9. 堆煤(煤位)传感器<br>11. 撕裂传感器<br>13. 风门传感器<br>15. 倾角传感器<br>17. 馈电传感器<br>19. 延时传感器<br>21. 物料传感器 | 2. 速度传感器<br>4. 状态传感器<br>6. 热释(红外)传感器<br>8. 烟雾传感器<br>10. 触控传感器<br>12. 跑偏传感器<br>14. 电压(电流)传感器<br>16. 磁性(霍尔)传感器<br>18. 接近开关(传感器)<br>20. 开停(急停)传感器<br>22. 位置(位移、行程)传感器 |
| 16 | 安全栅类 | 1. 齐纳安全栅<br>3. 安全限能器(模块)<br>5. 本质安全电源 | 2. 隔离安全栅<br>4. 安全耦合器 |
| 17 | 防爆仪表箱 | 1. 仪表箱<br>3. 仪表柜 | 2. 仪表盘<br>4. 电度表箱 |

防爆电气产品生产企业分为A、B、C、D四类，见表A-3企业分类的基本原则。对获取防爆3C认证防爆电气产品的企业需按表A-3防爆电气产品生产企业分类的要求按监督频次规定的时间间隔进行后续监督，设计需依据最新监督频次的监督合格文件为依据进行设备选型设计。

**表A-3　防爆电气产品生产企业分类**

| 企业分类 | 监督频次 | 监督方式 | 分类的基本原则 |
|---|---|---|---|
| A | 1次/2年 | 跟踪检查，或增加生产现场抽取样品检测/检查 | 该类别由防爆检测单位对所收集的质量信息和生产企业提供的相关资料进行综合风险评估确定。评估的依据至少包括以下几个方面：<br>(1)近2年内的初始工厂检查、获证后跟踪检查，未出现严重不符合项(未出现严重不符合项工厂检查结论为“工厂检查通过”“书面验证通过”)；<br>(2)近2年内的获证后监督检测/检查未发现不符合项，国家级、省级的各类产品质量监督抽查结果均为“合格”；<br>(3)企业有良好的自主设计能力，企业自有检测资源获得ILAC协议互认的认可机构按照GB/T 27025(ISO/IEC 17025)标准认可的资质；<br>(4)其他与生产企业及认证产品质量相关的信息 |
| B | 1次/1.5年 | 跟踪检查，和/或增加生产现场抽取样品检测/检查 | 除A类、C类、D类的其他生产企业 |
| C | 1次/1年 | 跟踪检查和生产现场抽取样品检测/检查 | 出现下列问题之一时，生产企业分类等级为C类：<br>(1)初始工厂检查、获证后跟踪检查存在需要“现场验证”不符合项的，或虽未构成系统性不符合，但存在较多需要“书面验证”不符合项的；<br>(2)被媒体曝光产品质量存在问题(不涉及产品安全的)且系企业责任，但不涉及暂停、撤销认证证书的；<br>(3)CNEX根据生产企业及认证产品相关的质量信息综合评价结果认为需调整为C类的 |
| D | 2次/2年 | 跟踪检查和生产现场抽取样品检测/检查 | 出现下列问题之一时，生产企业分类等级为D类：<br>(1)初始工厂检查、获证后跟踪检查结论判定为“不通过”的；<br>(2)获证后监督检测/检查结果为不合格的；<br>(3)无正当理由拒绝检查和/或监督抽样的；<br>(4)被媒体曝光且系企业责任，对产品安全有影响的，可直接暂停、撤销认证证书的；<br>(5)国家级、省级等各类产品质量监督抽查结果中有关强制性产品认证检测项目存在“不合格”的；<br>(6)不能满足其他强制性产品认证要求被暂停、撤销认证证书的；<br>(7)认证机构根据生产企业及认证产品相关的质量信息综合评价结果认为需调整为D类的 |

关键元器件和材料是确定产品质量的部分，获取防爆3C认证的防爆电气产品应按通过认证的结构与关键元器件和材料进行生产、销售。当已通过防爆3C认证的防爆电气产品需要进行关键元器件和材料变更时，须按表A－4规定的元器件/材料内容到指定认证机构与签约实验室办理手续或认证。当A类关键元器件和材料发生变更时(如更换认证产品所使用的关键元器件和材料、关键元器件和材料的生产者(制造商)、生产企业(生产厂)发生变更，关键元器件和材料的电气参数发生变更等)，需向防爆认证单位提交变更申请，由防爆认证单位确认批准变更项目，必要时由认证委托人送样至签约实验室进行试验。B类关键元器件和材料发生变更时，如果生产企业有防爆认证单位认定的合格技术负责人，由其负责确认批准变更项目，生产企业应保存相应记录并报至防爆认证单位备案，可不提供样品进行试验。防爆认证单位在对生产企业获证后监督时进行核查，必要时进行验证试验。如果生产企业没有防爆认证单位认定的技术负责人，则须向防爆认证单位提交变更申请，由防爆认证单位确认批准变更项目，必要时由认证委托人送样至签约的实验室进行试验。

**表A－4　A/B类关键元器件和材料清单**

| 防爆型式 | 关键元器件/材料 | |
|---|---|---|
| 隔爆型“d” | 1. 外壳 * | 2. 玻璃透明件 |
| | 3. 粘接结合面用粘接材料 | 4. 烧结元件 |
| | 5. 电缆引入装置 | 6. 电缆引入装置用密封件或填料 |
| | 7. 接线端子(绝缘套管) | 8. 风扇(非金属或轻金属) |
| | 9. 风扇罩(非金属或轻金属)(B类) | |
| 增安型“e” | 1. 外壳及与外壳防护等级相关的非金属部件(密封垫、密封圈、胶粘或胶封复合物) | |
| | 2. 玻璃透明件 | 3. 电缆引入装置 |
| | 4. 电缆引入装置用密封件或填料 | 5. 接线端子 |
| | 6. 固体绝缘材料(B类) | 7. 定子绕组绝缘系统(1000V以上) |
| | 8. 风扇(非金属或轻金属) | 9. 风扇罩(非金属或轻金属)(B类) |
| | 10. 电阻加热器的加热丝、绝缘材料 | |
| 本质安全型“i”/“iD” | 1. 外壳及外壳部件 | 2. 可靠元件/组件 |
| | 3. 与外壳防护等级相关的非金属部件(密封垫、密封圈、胶粘或胶封复合物) | |
| | 4. 电池/电池组 | 5. 储能元件(B类) |
| | 6. 印制电路板(PCB/PCBA) | |
| 正压外壳“p”型/粉尘正压保护型“pD” | 1. 外壳及外壳部件 | 2. 玻璃透明件 |
| | 3. 与外壳防护等级相关的非金属部件(密封垫、密封圈、胶粘或胶封复合物) | |
| | 4. 电缆引入装置 | |
| | 5. 电缆引入装置用密封件或填料 | |
| 浇封型“m”/浇封保护型“mD” | 1. 外壳 | 2. 浇封复合物 |
| | 3. 保护装置 | |
| 液浸型“o” | 1. 外壳 | 2. 保护液体 |
| | 3. 电缆引入装置 | 4. 电缆引入装置用密封件或填料 |
| | 5. 安全装置 | |

续表

| 防爆型式 | 关键元器件/材料 | |
|---|---|---|
| 充砂型“q” | 1. 外壳及与外壳防护等级相关的非金属部件(密封垫、密封圈、胶粘或胶封复合物) | |
| | 2. 填充材料 | 3. 电缆引入装置 |
| | 4. 电缆引入装置用密封件或填料 | 5. 保护装置 |
| “n”型 | 1. 外壳及与外壳防护等级相关的非金属部件(密封垫、密封圈、胶粘或胶封复合物) | |
| | 2. 玻璃透明件 | 3. 电缆引入装置 |
| | 4. 电缆引入装置用密封件或填料 | 5. 电机定子绕组绝缘系统(1000V 以上) |
| | 6. 风扇(非金属或轻金属) | 7. 风扇罩(非金属或轻金属)(B 类) |
| | 8. 印制电路板(PCB/PCBA) | |
| 外壳保护型“tD” | 1. 外壳 | 2. 玻璃透明件 |
| | 3. 与外壳防护等级相关的非金属部件(密封垫、密封圈、胶粘或胶封复合物) | |
| | 4. 电缆引入装置 | 5. 电缆引入装置用密封件 |

注：* 隔爆型产品的外壳，如果是铸件，指外壳毛坯件/机加工件。
未标注类别的为 A 类，获得 CCC 证书的 A 类关键元器件可按照 B 类关键元器件管理。

防爆电气产品生产企业报请变更的 A 类/B 类关键元器件和材料的技术内容按表 A－5 要求报请，以备查验。在设计选型中，A 类/B 类关键元器件和材料明细表(表 A－5)须连同设备的防爆合格证及防爆 3C 证书报由设计知晓。

**表 A－5　A 类/B 类关键元器件和材料明细表**

生产者/生产企业：________________　产品名称：________________
型号规格：________________　防爆标志：________________

| 序号 | 元器件/材料名称① | 型号/规格(材质)① | 生产者/生产企业① | CCC 证书编号(或其他证书/报告编号) | 有效期 | 受控类型① | 备注 |
|---|---|---|---|---|---|---|---|
| | | | | | | | |
| | | | | | | | |
| | | | | | | | |

注：标注①的为必填项，未标注的根据产品具体情况填写

强制性产品认证要求防爆电气生产企业实施认证技术负责人制度，认证技术负责人需接受认证检测单位的考核、认定和批准。

# 附录 B　强制性产品认证实施规则　火灾报警产品

编号：CNCA－C18－01：2020

# 强制性产品认证实施规则

## 火灾报警产品

2020－11－30 发布　　　　2020－11－30 实施

国家认证认可监督管理委员会发布

# 目　　录

## 0 引言

本规则基于消防产品中火灾报警产品的安全风险和认证风险制定，规定了公共场所、住宅使用的火灾报警产品实施强制性产品认证的基本原则和要求。其目的是保证认证获证产品持续符合法律法规及标准要求。

本规则与认监委发布的《强制性产品认证实施规则　生产企业分类管理、认证模式选择与确定》《强制性产品认证实施规则　生产企业检测资源及其他认证结果的利用》《强制性产品认证实施规则　工厂检查通用要求》等通用实施规则配套使用。

认证机构应依据通用实施规则和本规则要求编制认证实施细则，并配套通用实施规则和本规则共同实施。

生产企业应确保所生产的获证产品能够持续符合认证及适用标准要求。

## 1 适用范围

本规则适用于公共场所、住宅使用的火灾报警产品，主要包括以下类型：点型感烟火灾探测器、点型感温火灾探测器、手动火灾报警按钮、点型紫外火焰探测器、特种火灾探测器、线型光束感烟火灾探测器、火灾显示盘、火灾声和/或光警报器、火灾报警控制器、家用火灾报警产品、独立式感烟火灾探测报警器。

## 2 认证依据标准

本规则认证依据标准见附件《火灾报警产品强制性认证单元划分及认证依据标准》。

认证检测所依据标准应执行国家标准化行政主管部门发布的最新版本。当增加、减少依据标准或使用标准的其他版本时，应按认监委发布的相应公告执行。

## 3 认证模式

### 3.1 基本认证模式

公共场所、住宅使用的火灾报警产品强制性认证的基本认证模式为：

型式试验 + 工厂条件文件审查 + 获证后监督

符合管理规范、诚信守法、产品质量稳定等条件企业生产的产品，应按照基本认证模式实施认证。

### 3.2 基于风险防范的认证要求

为防范认证风险，认证机构应基于生产企业分类管理结果，在工厂条件文件审查的基础上增加认证要素，以确定认证委托人所能适用的认证模式。生产企业分类管理要求以及增加认证要素的有关要求由认证机构在认证实施细则中规定。

认证机构应定期对认证模式的选择和使用情况及效果进行评价，必要时应报请认监委做出完善和改进。

### 3.3　获证后监督

获证后监督方式为获证后的跟踪检查、获证后生产或口岸现场抽样检测或检查、获证后现场抽样检测或检查任一种方式或多种方式的结合。

认证机构应按照《强制性产品认证实施规则　生产企业分类管理、认证模式选择与确定》的要求，依托企业分类管理结果，合理确定获证后的监督规定。有关要求由认证机构在认证实施细则中规定。

## 4　认证单元划分

认证单元划分见附件《火灾报警产品强制性认证单元划分及认证依据标准》的有关规定。

认证委托人依据单元划分要求提出认证委托。

相同生产者、不同生产企业生产的相同产品，或不同生产者、相同生产企业生产的相同产品，可划为同一认证单元。

## 5　认证委托

### 5.1　认证委托的提出和受理

认证委托人需以适当的方式向认证机构提出认证委托，认证机构应对认证委托进行处理，并按照认证实施细则中的时限要求反馈受理或不予受理的信息。认证委托人应能够承担产品相关质量责任，相关生产企业应能正常生产，并符合国家法律法规和相关产业政策要求。

### 5.2　认证委托资料

认证机构应根据法律法规、标准及认证的需要在认证实施细则中明确认证委托资料清单，至少应包括认证委托申请书及合同，认证委托人、生产者、生产企业的注册证明，产品一致性控制文件，产品的生产工艺说明等。

认证委托人应按照认证实施细则的要求提供所需资料。认证机构负责审核、管理、保存、保密上述资料，并将资料审核结果告知认证委托人。

为简化程序，认证委托人可同时提交由认监委指定实验室出具的型式试验报告。

### 5.3　实施安排

认证机构应与认证委托人约定双方在认证实施各环节中的相关责任和安排，并根据生产企业实际和分类管理情况，按照本规则及认证实施细则的要求，确定认证实施的具体方案并告知认证委托人。

## 6　认证实施

认证机构应建立与所开展的产品认证活动相适应的信息化管理系统。

### 6.1 型式试验

认证机构应在认证实施细则中明确型式试验的基本要求，包括适用检验项目，样品抽样/送样要求、数量，检验时限，产品所用的关键零部件和原材料，明确可被接受的合格评定结果的条件和具体要求。

认证委托人自行选择认监委指定的实验室(以下简称实验室)进行型式试验。

实验室与认证委托人签订型式试验合同，合同中应包括基于单元划分原则的型式试验方案、样品要求和数量、检测标准项目、实验室信息及收费标准、收费方式等。

6.1.1 型式试验样品真实性要求

认证委托人应保证其所提供的样品与实际生产产品的一致性。实验室应对认证委托人提供样品的真实性进行审查。当样品真实性存在疑义时，实验室应按有关规定做出相应处理，并及时向认证机构说明情况。

6.1.2 型式试验的实施

型式试验应由实验室完成。实验室对样品进行型式试验，并对检测全过程做出完整记录并归档留存，以保证检测过程和结果的记录具有可追溯性。实验室应规定并公示其被指定承检的各强制性认证产品的检测时限。

如生产企业具备《强制性产品认证实施规则　生产企业检测资源及其他认证结果的利用要求》和认证标准要求的检测条件，认证机构应在实施细则中明确利用生产企业检测资源的管理程序和具体要求。

6.1.3 型式试验报告

认证机构应规定统一的型式试验报告格式。

型式试验结束后，实验室应按时限规定向认证委托人出具型式试验报告。型式试验报告应包含对委托认证单元涉及的产品与认证相关信息的描述。认证委托人应确保在获证后监督时能够向认证机构和执法机构提供完整有效的型式试验报告。

6.1.4 设计鉴定

对于管理规范、诚信守法、产品质量稳定，并为企业分类管理中A、B类企业，当其具备相应的设计能力，并有实施设计鉴定的基础成果时，可向认证机构提出申请，采用设计鉴定的方式来替代部分型式试验检测项目，以确认产品的符合性。认证委托人需提供由生产者完成的设计鉴定报告及有关资料。由认证机构选择具备能力的实验室对所提供的设计鉴定报告及有关资料进行审核，并将审核结论提交认证机构。

### 6.2 文件审查

认证机构按照消防产品工厂检查的规则标准要求开展文件审查。重点为：

(1)认证委托人提供的工厂信息及产品信息；

(2)工厂质量管理体系的基本情况；

(3)工厂组织机构及职能分配的基本情况；

(4)认证产品的特点及生产工艺流程；

(5)指定实验室出具的产品检验报告等资料；

(6)获证产品证书信息，相关标志使用信息(必要时)；

(7)工厂及获证产品变更情况(必要时)等。

文件审查通过的，认证机构应按照本规则和认证实施细则的规定开展后续工作。文件审查不通过的，认证委托人应进行修改补充完善，并再次提交。

### 6.3　工厂检查

认证机构对生产企业的质量保证能力和产品一致性是否符合认证规则标准要求开展现场检查和评价。认证机构宜积极采用远程工厂检查、“云平台”检查等信息化手段开展工厂检查。

6.3.1　基本原则

认证机构应在认证实施细则中明确生产企业质量保证能力和产品一致性控制的基本要求。

生产企业应按照认证实施细则的相关规定，建立实施有效保持企业质量保证能力和产品一致性控制的体系，保持火灾报警产品的生产条件，保证产品质量、标志等持续符合相关法律法规和标准要求，确保认证产品及相关能力、条件持续满足认证要求。

生产者、生产企业应当建立产品销售流向登记制度，如实记录产品名称、批次、规格、数量、销售去向等内容。

认证机构应对生产企业质量保证能力和产品一致性控制情况进行符合性检查。

根据需要，工厂检查可与型式试验同步进行。

6.3.2　检查范围

检查应覆盖委托认证产品的生产场所。必要时，认证机构可对生产企业以外与认证产品实现过程相关的场所实施延伸检查。

6.3.3　检查结果

工厂检查未发现不合格项，结果为通过。

工厂检查存在一般不合格项时，允许整改，认证机构采取适当方式确认整改有效后，结果为通过。

工厂检查存在严重不合格项时，结果为不通过。

### 6.4　对相关结果的采信

认证机构应对采信其他合格评定结果做出安排，有关要求在认证实施细则中规定。

### 6.5　认证评价与决定

认证机构对型式试验、工厂检查结果和有关资料/信息进行综合评价，评价通过的，按单元颁发认证证书，评价不通过的，认证终止。

### 6.6　认证时限

认证机构应在认证实施细则中对认证各环节的时限做出明确规定，并确保相关工作按时限要求完成。认证委托人须对认证活动予以积极配合。一般情况下，自受理认证委托并签订认证合同起90天内向认证委托人出具认证证书。

## 7 获证后监督

获证后监督是指认证机构对获证产品及生产企业实施的监督，认证机构应结合获证生产企业分类管理和实际情况，在实施细则中明确监督方式选择的具体要求。认证委托人、生产者、生产企业应予以配合。

### 7.1 获证后的跟踪检查

7.1.1 获证后的跟踪检查原则

认证机构应在生产企业分类管理的基础上，对获证产品及其生产企业实施有效的跟踪检查，以验证生产企业的质量保证能力和产品一致性控制能力，确保获证产品持续符合标准要求并保持与型式试验样品的一致性。

获证后的跟踪检查应在生产企业正常生产时，优先选用不预先通知被检查方的方式进行。对于非连续生产的产品，认证委托人应主动向认证机构提交相关生产计划，便于获证后的跟踪检查有效开展。

获证后的跟踪检查应由工厂检查人员实施，可采用生产企业现场检查、远程工厂检查、“云平台”跟踪检查等方式开展。

7.1.2 获证后的跟踪检查内容

认证机构应按照认证规则及依据标准要求，在认证实施细则中明确产品持续符合强制性产品认证质量保证能力和产品一致性要求的跟踪检查内容。

7.1.3 获证后的跟踪检查时间

认证机构应在生产企业分类管理基础上，合理确定跟踪检查时间，具体由认证机构在实施细则中明确。

### 7.2 生产或口岸现场抽样检测或检查

7.2.1 生产或口岸现场抽样检测或检查原则

生产或口岸现场抽样检测或检查应覆盖获证产品。

7.2.2 生产或口岸现场抽样检测或检查内容

生产或口岸现场抽样检测：按照认证规则标准及认证实施细则的要求，在生产或口岸现场抽样后，由实验室对样品实施的认证依据标准适用项目的检测。

生产或口岸现场抽样检查：按照认证规则标准及认证实施细则的要求，由认证机构在生产或口岸现场对获证产品实施抽样并检查。

认证机构应在认证实施细则中制定生产或口岸现场抽样检测或检查的具体要求。

7.2.3 其他

当实施生产现场抽样检测时，如生产企业具备《强制性产品认证实施规则 生产企业检测资源及其他认证结果的利用要求》和认证依据标准要求的检测条件，认证机构可利用生产企业检测资源实施检测(或目击检测)，并承认相关结果；如生产企业不具备上述检测条件，应将样品送实验室检测。认证机构应在认证实施细则中明确利用生产企业检测资源实施抽样检测的具体要求及程序。

### 7.3　现场抽样检测或检查

7.3.1　现场抽样检测或检查原则

现场抽样检测或检查应覆盖获证产品的类别。认证委托人、生产者、生产企业应予以配合，并应对从现场抽取的样品予以确认。

7.3.2　现场抽样检测或检查内容

现场抽样检测：按照认证规则标准及认证实施细则的要求，在现场抽样后，由实验室对样品实施的认证依据标准适用项目的检测。

现场抽样检查：按照认证规则标准及认证实施细则的要求，由认证机构在现场对获证产品实施的检查。

认证机构应在认证实施细则中制定现场抽样检测或检查的具体要求。

### 7.4　获证后的监督频次和时机

认证机构应在生产企业分类管理的基础上，对不同类别的生产企业采取不同的获证后监督频次和监督方式，合理确定监督时间。有关要求由认证机构在认证实施细则中规定。

### 7.5　获证后的监督记录

认证机构应对其开展的获证后监督工作以适宜的形式予以记录并留存，以保证认证过程和结果具有可追溯性。

### 7.6　质量监督抽查、消防检查结果的采信

认证机构应依法采信各级政府管理部门对获证产品开展的国家、地方产品质量监督抽查结果及消防检查结果，并作为获证后监督结论的关键依据。有关要求由认证机构在认证实施细则中规定。

### 7.7　获证后监督结果的评价

认证机构对获证后跟踪检查、生产或口岸现场抽样检测或检查、现场抽样检测或检查、质量监督抽查、消防检查的有关资料、信息、结论进行综合评价。通过评价的，可继续保持认证证书、使用认证标志；未通过评价的，认证机构应当根据相应情形做出暂停或者撤销认证证书的处理，并予公布。

## 8　认证证书

### 8.1　认证证书的保持

本规则覆盖产品认证证书的有效期为5年。有效期内，认证证书的有效性依赖认证机构的获证后监督获得保持。

认证证书有效期届满，需要延续使用的，认证委托人应当在认证证书有效期届满前90天内提出认证委托。证书有效期内最后一次获证后监督结果合格的，认证机构应在接到认证委托后直接换发新证书。

### 8.2 认证证书内容

认证证书内容应符合《强制性产品认证管理规定》的相关要求。

获证产品及其销售包装上标注认证证书所含内容的，应当与认证证书的内容相一致，证书信息的变更应注明变更次数。

### 8.3 认证证书的变更

获证后，当涉及认证证书内容发生变化时；或已获证产品发生技术变更(设计、结构参数、关键零部件/原材料等)影响相关标准的符合性时；或工厂因生产条件等而可能影响产品一致性时；或认证机构在认证实施细则中明确的其他事项发生变更时；或认证委托人需要扩展已经获得的认证证书覆盖的产品范围时；认证委托人应向认证机构提出变更委托。

认证机构应在控制风险的前提下，积极采用“先证后查”等方式开展变更确认。必要时，认证机构可对变更内容开展检查或检测。经认证机构评价通过的，方可变更。具体要求由认证机构在认证实施细则中规定。

### 8.4 认证证书的注销、暂停和撤销

认证证书的注销、暂停和撤销，依据《强制性产品认证管理规定》和《强制性产品认证证书注销、暂停、撤销实施规则》及认证机构的有关规定执行。认证机构应确定不符合认证要求的产品类别和范围，并采取适当方式公布被注销、暂停和撤销的认证证书信息。

### 8.5 认证证书的使用

认证证书的使用应符合《强制性产品认证管理规定》的要求。

## 9 认证标志

认证标志的管理、使用应符合《国家认监委关于强制性产品认证标志改革事项的公告》(国家认监委公告2018年第10号)的规定。

## 10 产品说明书与合格证明

生产者、生产企业向社会出具的产品说明书、合格证明应符合相关认证标准有关要求，真实反映产品的安全要求、使用要求及产品质量与认证标准的符合性。产品合格证明的参数内容应与认证证书保持一致。

## 11 收费

认证机构应在实施细则中规定收费项目、收费标准、收费时限及相关要求，并应向社会公示。认证机构应以服务合同的方式与认证委托人共同约定收费事宜。

认证费用由实验室按相关规定自行收取的，其收费项目、收费标准、收费时限及相关要求应向社会公示，有关单位应以服务合同的方式与认证委托人共同约定收费事宜。

## 12 认证责任

认证机构应对认证结论负责。

实验室应对检验样品的真实性负相关责任，对检测结果和检验报告负责。

认证机构及工厂检查员应对工厂检查结论负责。

认证委托人应对其提交的资料及样品的真实性、合法性负责。

## 13 认证实施细则

认证机构应依据本实施规则的原则和要求，制定科学、合理、可操作的认证实施细则。认证实施细则应在向认监委备案后对外公布实施。认证实施细则应至少包括以下内容：

(1)认证模式的选择及相关要求；

(2)认证单元划分、认证流程及时限要求；

(3)生产企业分类管理要求；

(4)样品检测要求及时限要求；

(5)认证委托资料及相关要求；

(6)工厂条件文件审查要求及时限要求；

(7)工厂条件现场检查要求及时限要求；

(8)获证后监督要求及时限要求；

(9)认证变更的要求；

(10)关键零部件和原材料要求；

(11)收费依据及相关要求；

(12)与技术争议、申诉相关的流程及时限要求；

(13)认证委托人及认证机构、实验室执行《消防产品监督管理规定》的相关要求；

(14)其他。

## 附件

### 火灾报警产品强制性认证单元划分及认证依据标准

| 序号 | 产品类别 | | 关键元器件 | 单元划分原则 | 认证依据标准 |
|---|---|---|---|---|---|
| 1 | 点型感烟火灾探测器 | | 放射源片、光信号发射和接收器件 | 1)主要电路布局、主要参数设置不同不能作为一个单元；<br>2)关键元器件不同不能作为一个单元；<br>3)探测室结构不同不能作为一个单元 | GB 4715 |
| 2 | 点型感温火灾探测器 | | 感温元件 | 1)类型不同不能作为一个单元；<br>2)主要电路布局、感温元件不同不能作为一个单元 | GB 4716 |
| 3 | 独立式感烟火灾探测报警器 | | 放射源片、光信号发射和接收器件 | 1)主要电路布局、主要参数设置不同不能作为一个单元；<br>2)关键元器件不同不能作为一个单元；<br>3)探测室结构不同不能作为一个单元 | GB 20517 |
| 4 | 手动火灾报警按钮 | | 触点、启动零件 | 1)主要电路布局不同不能作为一个单元；<br>2)关键元器件不同不能作为一个单元 | GB 19880 |
| 5 | 点型紫外火焰探测器 | | 光敏元件 | 1)主要电路布局不同不能作为一个单元；<br>2)关键元器件不同不能作为一个单元 | GB 12791 |
| 6 | 特种火灾探测器 | 点型红外火焰探测器 | 光敏元件 | 1)主要电路布局不同不能作为一个单元；<br>2)关键元器件不同不能作为一个单元 | GB 15631 |
| | | 吸气式感烟火灾探测器 | 探测部件、抽气泵 | 1)主要电路布局不同不能作为一个单元；<br>2)关键元器件不同不能作为一个单元；<br>3)探测室结构不同不能作为一个单元 | |
| | | 图像型火灾探测器 | 镜头 | 1)主要电路布局不同不能作为一个单元；<br>2)关键元器件不同不能作为一个单元 | |
| | | 点型一氧化碳火灾探测器 | 气体传感器 | 1)主要电路布局不同不能作为一个单元；<br>2)关键元器件不同不能作为一个单元 | |
| 7 | 线型光束感烟火灾探测器 | | 光信号发射和接收器件 | 1)主要电路布局不同不能作为一个单元；<br>2)关键元器件不同不能作为一个单元 | GB 14003—2005 |
| 8 | 火灾显示盘 | | 显示器件 | 主要电路布局、关键元器件不同不能作为一个单元 | GB 17429—2011 |
| 9 | 火灾声和/或光警报器 | 火灾声光(声/光)警报器 | 发光器件、声响器件 | 1)主要电路布局不同不能作为一个单元；<br>2)关键元器件不同不能作为一个单元 | GB 26851—2011 |

续表

| 序号 | 产品类别 | | 关键元器件 | 单元划分原则 | 认证依据标准 |
|---|---|---|---|---|---|
| 10 | 火灾报警控制器 | | 电源 | 1）主要电路布局不同不能作为一个单元；<br>2）关键元器件不同（电源功率参数不同除外）不能作为一个单元 | GB 4717—2005 |
| 11 | 家用火灾报警产品 | 家用火灾报警控制器 | 电源 | 1）主要电路布局不同不能作为一个单元；<br>2）关键元器件不同不能作为一个单元；<br>3）探测室结构不同不能作为一个单元 | GB 22370—2008 |
| | | 点型家用感烟火灾探测器 | 放射源片、光信号发射和接收器件 | | |
| | | 点型家用感温火灾探测器 | 感温元件 | | |
| | | 燃气管道专用电动阀 | 执行部件 | | |
| | | 手动报警开关 | 触点、启动零件 | | |
| | | 控制中心监控设备 | 电源 | | |

# 附录C 《消防设施通用规范》答复“消防专用电话”适用范围函

住房和城乡建设部司局函

张力克：

关于《消防设施通用规范》有关条文适应范围的意见的函收悉。经研究，回复如下：

国家标准《消防设施通用规范》GB 55036-2022，自2023年3月1日起实施。第12.0.10条规定了消防控制室消防专用电话和外线电话系统的基本设置要求，以确保火灾时设置火灾自动报警系统的建筑的消防控制室和建筑内部重点部位及与消防救援机构消防通信的可靠性。将消防专用电话网络设置为独立的消防通信系统是确保火灾时专用电话线路安全可靠的基本措施。

住房和城乡建设部标准定额司

2022年10月24日

# 附录D　人行道闸技术参数

此技术参数可作为基础设计文件中设备规格书设备的详细技术参数使用，可供设备规格书中其他设备技术参数的参考使用，见表D－1。

表D－1　人行道闸技术参数

| 序号 | 项目 | 功能与技术要求 |
| --- | --- | --- |
| 1 | 设备外壳(箱体)防护等级 | 室外设备：≥IP X4；室内设备：≥IP X2；<br>其中X依据使用环境与固体异物和人员危险防护要求，参照表22－2规定的内容由设计确定 |
| 2 | 警示功能 | 1. 在发生以下情况之一时，设备应警示：<br>未受到允许同行信号，设备检测到人员进入通道；<br>未受到允许同行信号，设备检测到人员逆向进入通道；<br>设备开机自检不通过；<br>拦挡部分运行不归位或不到位。<br>2. 设备处于警示状态时，应不接受允许通行指令 |
| 3 | 允许通行/禁止通行功能 | 1. 设备在接收人工操作或出入口控制系统允许通行/禁止通行的输入信号后，应进入允许通行状态/禁止通行状态。<br>2. 设备在待候禁止通行状态下，接收到允许通行信号后，即转换至允许通行状态后，在以下情况下应自动返回禁止通行状态：<br>在允许通行时间内，检测到人员已按指定方向通行时；<br>检测到通道内无人员通行，但已超出允许通行设定的等待时间时。<br>3. 设备应能设置为持续处于允许通行状态/禁止通行状态 |
| 4 | 应急放行功能 | 设备在断电或发生故障时，应处于无拦挡状态 |
| 5 | 视觉/听觉指示功能 | 设备应对其工作状态、操作与结果等给出不同的视觉/听觉指示。视觉信号：允许通行为绿色，禁止通行与警示为红色；听觉信号：各种警示听觉信号应有明显区，设计过程中需给予规定 |
| 6 | 自检功能与恢复出厂设置 | 1. 设备应具备控制、驱动、拦挡和视觉/听觉指示等部分的自检功能，并有相应的动作或指示。<br>2. 设备应具备恢复出厂设置状态的功能 |
| 7 | 防尾随功能 | 设备防尾随报警信号输出：<br>1. 当收到一条允许通行指令处于允许通行状态中，有两个人以间隔 >75mm 距离顺行进入通道时；<br>2. 超出允许通行指令允许通行数量的人员在前通行，超出规定数量人在后面跟随进入通道，跟随人间隔 >75mm 距离时；<br>3. 防尾随信号输出的信号形式与电压等级要求 |

续表

| 序号 | 项目 | 功能与技术要求 |
| --- | --- | --- |
| 8 | 开启与关闭时间 | 设备拦挡部件的开启与关闭时间≤6s，且开启时间连续可调至≤1s |
| 9 | 允许进入等待时间 | 设备接收到允许通行指令后允许通行的等待时间范围为2s～60s，且连续可调整。没有人员通行并超过通行等待时间时，拦挡部件将自动关闭 |
| 10 | 噪声 | 瞬间最大噪声声压＜80dB(A)，持续噪声声压＜60dB(A) |
| 11 | 听觉指示声压 | 听觉指示声压范围60～90dB(A)，并具备外接输出信号接口 |
| 12 | 视觉指示 | 指示灯在设备正前方≥3m范围 ≥±22.5°视角内清晰可见，符号或文字在设备正前方≥0.8m范围 ≥±22.5°视角内可读 |
| 13 | 通信控制接口 | 1. 设备具有开关量信号输入接口；<br>2. 设备可支持一种或多种通信接口(包括RS485/232/422、以太网、CAN总线等)；<br>3. 接口信号包括各种控制信号输入和设备的各种动作及状态的信号输出 |
| 14 | 电源电压适应范围 | AC：178～242V |
| 15 | 设备安全通行设置 | 1. 室外设备外壳和拦挡部分宜采用热传导性较差的材料，或宜采用隔热防护措施，或宜能使设备表面热传导性降低的处理工艺；<br>2. 设备及外身壳开启时宜有避免设备组件伤人的保护措施；<br>3. 设备的拦挡部分在运行过程中，通道拦挡部分运行区域有人时，拦挡部分应停止运动或自动运行到通行状态 |
| 16 | 故障提示 | 拆除显示灯(屏)线或机芯信号线后，通电应有声光告警警示 |
| 17 | 通道内与退出通道刷卡功能 | 1. 允许通道内刷卡通行功能：人站在通道内刷卡开启拦挡部分通行；<br>2. 禁止通道内刷卡通行功能：人站在通道内刷卡不开启拦挡部分，人退出通道内再刷卡才开启拦挡部分 |
| 18 | 门翼位置调节功能 | 通道控制板能够与电脑上位机进行连接，通过软件对门翼位置和开关门速度等参量进行调整 |
| 19 | 浪涌冲击抗扰度测试要求 | AC电源线：线－线0.5kV和1kV<br>线－地0.5kV、1kV和2kV<br>每一极性测试施加浪涌次数≥20次<br>其他供电/信号线：线－地0.5kV和1kV<br>每一极性测试施加浪涌次数≥5次<br>试验期间，设备不得产生误动作或误警示，测试后设备能够正常工作 |
| 20 | 电快速脉冲群抗扰度测试要求 | 试验电压：交流±2 kV，直流及信号口 ±1 kV；<br>试验次数：1次；<br>试验时间：1min；<br>试验期间：设备不产生误动作或误警示；<br>试验结束：设备各项功能保持正常 |
| 21 | 绝缘电阻测试 | 湿热环境≥10MΩ |
| 22 | 泄漏电流测试 | ≤5mA(交流 峰值) |
| 23 | 电压暂降和短时中断抗扰度测试 | 1. 电压暂降：30% $U_T$ 0.5个周期；<br>60% $U_T$ 5个周期；<br>试验期间：设备不产生误动作或误警示；<br>试验结束：设备各项功能保持正常。<br>2. 短时中断：5% $U_T$ 250个周期；<br>试验期间：设备功能允许暂时丧失，但应能自行恢复；<br>试验结束：设备各项功能保持正常 |

续表

| 序号 | 项目 | 功能与技术要求 |
| --- | --- | --- |
| 24 | 静电放电抗扰度测试 | 空气放电等级：2kV、4kV 和 8kV；<br>接触放电等级：6kV；<br>每种电压等级和极性在各放电部位放电次数：10 次；<br>试验期间：设备不产生误动作或误警示；<br>试验结束：设备各项功能保持正常 |
| 25 | 温升测试 | 在正常工作条件下，外壳温度≤65°；机内发热部件连续工作 4 h 后，温升不应超过部件的规定值 |
| 26 | 保护接地端子测试 | 设备与交流电源的连接采用工作零线和保护接地线严格分开的接线方式，即 S(TN－S)方式；<br>设备具有保护接地端子，其与可触及的导电零部件间应有导电良好的直接连通，接触电阻≤0.1Ω |

# 附录E 电信专业常用线缆

电信专业中使用的线缆种类繁多，用途和性能指标各异，线缆选型复杂。电信线缆最基本的性能是有效地传播电磁波(场)，就其本质而言，电线电缆是一种导播传输线，电磁波在线缆中按规定的导向传播，并在沿线缆的传播过程中实现电磁场能量的转换，线缆中表征电磁波沿回路传输的特性参数称为传输参数。而另一项参数则是表征线缆对使用环境的适应性，即线缆的防护要求。通信线缆主要作用是各种信号传输和远距离通信传输，在石油化工企业中，电信专业常用线缆种类繁多，在表3－1和21.2.12中叙述了电信常用线缆复杂特性，在此不对线缆进行过多介绍，仅对电信专业最常用线缆进行主要传输参数和防护进行简述。电信专业常用电缆主要包括通信用市话电缆、射频同轴电缆、屏蔽线缆、控制电缆、光纤线缆、计算机电缆等线缆类型。

现在各类线缆中绝缘介质和防护层多以高分子塑料类材质为主，由各类塑料组合成种类繁多、传输指标性能及用途各异的电线电缆，组成线缆的塑料种类见图21－2电线电缆常用塑料材料种类，线缆常用材料技术参数见表21－1。工程设计人员虽无须掌握线缆设计的详细知识，但应知晓材料技术参数的基本概念，需知晓线缆材料与结构对线缆参数的影响，“摸着石头过河”需先知河水深浅，工程设计人员需要必备的知识和广泛的知识面，需要防止劣质线缆对电信系统的技术指标的影响，在设计中正确选择线缆材质是保证电气性能的基础。

由于用途、电气性能与使用环境要求不同便产生了各种不同材质组合的线缆，电缆产品的型号组成的常规表示方式如图21－2所示。

按照线缆型号编制规则，内护层或无外护层的护层型号用汉语拼音字母标示，外护层的型号用阿拉伯数字表示。特种护层用汉语拼音字母标识在电缆产品型号的用途或派生项中。电缆的导体与绝缘层主要确定电缆的电气指标，内护层起固定与保护线芯内部结构的作用，外护层起保护整个电缆内部结构与满足使用环境的作用。电缆护层的分类如图E－1所示。

电信设备电源线及电流控制的线缆设计需满足线缆长期允许载流量要求，电源线通常使用聚氯乙烯绝缘及护套线缆，聚氯乙烯绝缘及护套线缆的长期允许载流量值可参考表E－1中给出的最大值设计。需要注意的是，聚氯乙烯绝缘导线应用在潮湿环境中导线的绝缘指标可能会下降，在火灾自动报警等系统设计中需注意聚氯乙烯绝缘双绞线的使用环境。

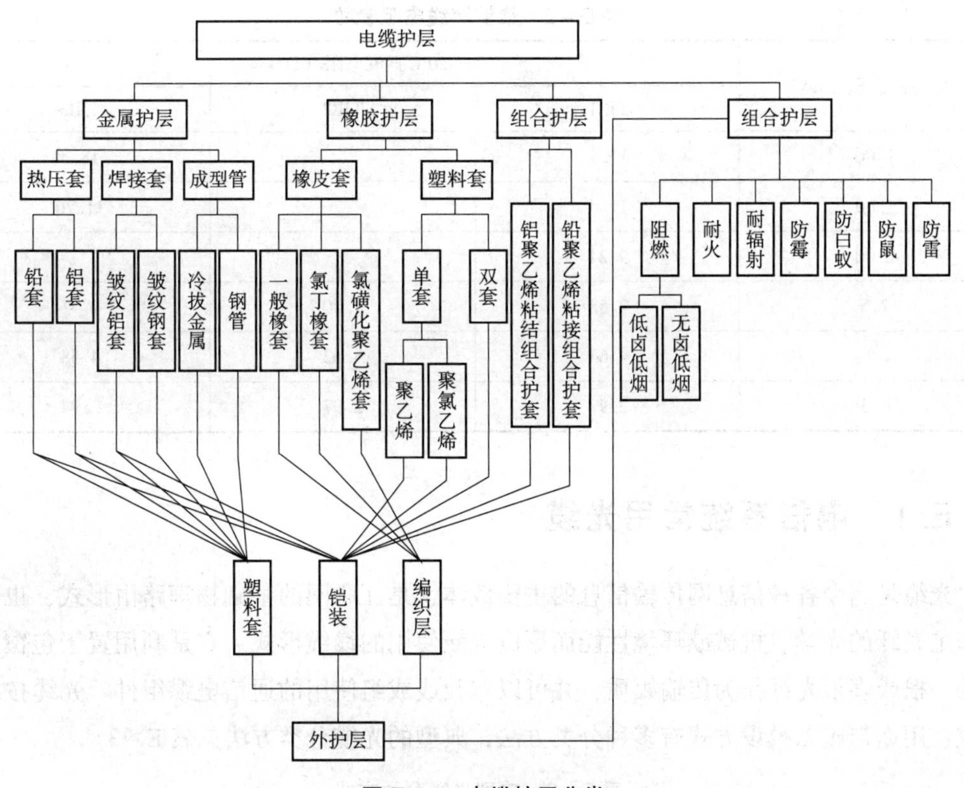


**图E－1　电缆护层分类**

**表E－1　聚氯乙烯绝缘及护套线缆长期允许载流量**

导线工作温度：65℃　　环境温度：25℃

| 导线截面积/mm² | 空气敷设长期允许载流量/A | | | 直埋敷设长期允许载流量/A | | |
|---|---|---|---|---|---|---|
| | 一芯 | 二芯 | 三芯 | 一芯 | 二芯 | 三芯 |
| 1.5 | 18 | 15 | 12 | 27 | 20 | 18 |
| 2.5 | 23 | 19 | 16 | 34 | 26 | 22 |
| 4 | 32 | 26 | 22 | 45 | 35 | 30 |
| 6 | 41 | 35 | 29 | 61 | 45 | 39 |
| 10 | 54 | 44 | 38 | 77 | 57 | 49 |
| 16 | 72 | 60 | 52 | 103 | 76 | 66 |
| 25 | 97 | 79 | 69 | 138 | 101 | 86 |

在长距离电流控制回路中，线缆的电阻对受控回路产生电压降影响，设计可参照表E－2计算线路的电阻值，降低线路压降。

**表 E-2 软铜绞线电阻参数**

| 标称截面积/$mm^2$ | 20℃直流电阻/(Ω/km) | | |
|---|---|---|---|
| | TJR1 | TJR2 | TJR3 |
| 1.00 | 17.9 | | 18.3 |
| 1.60 | 11.5 | | 11.70 |
| 2.00 | 9.24 | | |
| 2.5 | 7.58 | 7.40 | 7.41 |
| 4 | 4.64 | 4.62 | 4.58 |
| 6.3 | 2.97 | 2.97 | 2.94 |

## E.1 电信系统常用光缆

光缆是当今各种信息网传输信息的主要载体，是互联网的基础物理路由形式，也是为了满足光纤的光学、机械或环境性能而形成方便使用的线缆形式。它是利用置于包覆护套中的一根或多根光纤作为传输媒质，并可以单独或成组使用的通信电缆组件。光缆按结构构成、用途与施工敷设方式有多种分类方法，典型的光缆分类方法见表 E-3。

**表 E-3 典型光缆分类方式**

| 分类方式 | 具体光缆类型 |
|---|---|
| 按缆芯结构分类 | 层绞式光缆、中心管式光缆、骨架式光缆、单元式光缆 |
| 按使用场合分类 | 室内光缆、室外光缆、沿电力线路架设的光缆、用于气吹安装的微型光缆和光纤单元、海底光缆等 |
| 按敷设条件分类 | 直埋光缆、管道光缆、架空光缆、室内光缆、设备内光缆、软光缆、水下光缆、海底光缆、气吹安装的微型光缆和光纤单元、路面微槽敷设光缆、排水管道敷设用光缆、光纤复合电力电缆、架空电力特种光缆、通信用光电综合缆等 |
| 按应用的通信网类别分类 | 核心网用室外光缆、接入网用室外光缆、综合布线用室内光缆 |
| 按缆芯的纵向阻水方式分类 | 填充式光缆、非填充式光缆、半干式/全干式光缆 |

光缆型号命名方法：YD/T 908—2011《光缆型号命名方法》标准规定光缆型号由型式、规格和特殊性能标识(可缺省)三大部分组成，表示形式为：型式_规格_特殊性能标识。

形式的组成和格式：型式由五个部分组成，各部分均以代码表示，其中结构特征、缆芯结构和光缆派生结构特征。

分类的代码及含义：光缆按适用场合分为室外、室内和室内外等几大类，每一大类下面还细分有各种小类。表 E-4 所示为通信用光缆分类代码及含义。

表 E-4　通信用光缆分类代码及含义

| 室外型 | | 室内型 | | 室内外型 | | 其他类型 | |
|---|---|---|---|---|---|---|---|
| GY | 通信用室(野)外光缆 | GJ | 通信用室(局)内光缆 | GN | 通信用室内外光缆 | GH | 通信用海底光缆 |
| GYW | 通信用微型室外光缆 | GJC | 通信用气吹布放微型室内光缆 | GJYX | 通信用室内外蝶形引入光缆 | GM | 通信用移动式光缆 |
| GYC | 通信用气吹布放微型室外光缆 | GJX | 通信用室内蝶形引入光缆 | | | GS | 通信用设备光缆 |
| GYL | 通信用室外路面微槽敷设光缆 | | | | | GT | 通信用特殊光缆 |
| GYP | 通信用室外防鼠啮排水管道光缆 | | | | | | |

缆芯和光缆派生结构特征代号及含义：光缆结构特征表示缆芯的主要结构类型和光缆的派生结构。缆芯和光缆派生结构特征代号及含义见表 E-5。

表 E-5　通信用光缆缆芯和光缆派生结构特征代号及含义

| 结构特征 | 代号 | 结构含义 | 结构特征 | 代号 | 结构含义 |
|---|---|---|---|---|---|
| 缆芯光纤结构 | — | 分立式光纤结构 | 阻水结构特征 | — | 全干式或半干式 |
| | D | 光纤带结构 | | T | 填充式 |
| 二次被覆结构 | — | 光纤松套被覆结构或无被覆结构 | 承载结构 | — | 非自承式结构 |
| | J | 光纤紧套被覆结构 | | C | 自承式结构 |
| | S | 光纤束结构 | 吊线材料 | — | 金属加强吊线或无吊线 |
| 松套管材料 | — | 塑料松套管或无松套管 | | F | 非金属加强吊 |
| | M | 金属松套管 | 截面形状 | — | 圆形 |
| 缆芯结构 | — | 层绞结构 | | 8 | “8”字形状 |
| | G | 骨架槽结构 | | B | 扁平形状 |
| | X | 中心管结构 | | E | 椭圆形状 |

护套代码及含义：护套的代码表示护套的材料和结构，当护套有几个特征时，可组合代号表示，见表 E-6。

护套阻燃代码：/—非阻燃材料护套；Z—阻燃材料护套。

表 E-6　护套结构材料和结构代码

| 代号 | 材料名称 | 代号 | 材料名称 |
|---|---|---|---|
| Y | 聚乙烯护套 | V | 聚氯乙烯护套 |
| U | 聚氨酯护套 | H | 低烟无卤护套 |
| A | 铝—聚乙烯粘接护套 | S | 钢—聚乙烯粘接护套 |
| F | 非金属纤维增强—聚乙烯粘接护套 | W | 夹带钢丝的钢—聚乙烯粘接护套 |
| L | 铝护套 | G | 钢护套 |

注：V、U 和 H 护套具有阻燃性，不必在前面加 Z。

通信光纤的主要目的是用于传输光信号，要求保真度变化尽可能小。反之，特种光纤可以用来与光相互作用，可以处理或控制光信号的一些特性。光处理包括信号放大、光功率耦合、色散补偿、波长变换及物理参数的传感，如温度、压力、应力、振动和液面高度等。在设计中应根据光纤的用途选用不同性能的光纤。

## E.2 射频同轴电缆

射频同轴电缆是无线电频率范围内传输电信号或能量的电缆总称。无线电频率一般指15kHz~300GHz的频率，射频同轴电缆主要用作无线电发射或接收设备的天线馈电线及各种通信、电子设备的机内连线或相互连接线，射频同轴电缆根据表E－7分类方法进行分类。

**表E－7 射频同轴电缆的分类**

| 分类方法 | 种类 | 说明 |
| --- | --- | --- |
| 结构 | 同轴电缆、对称电缆、螺旋电缆 | 两导体同轴分布、两导体相互平行或扭绞、导体为螺旋线圈状 |
| 尺寸 | 微型、小型、中型、大型 | 绝缘外径为1mm以下、绝缘外径为1.5~3mm、绝缘外径为3.7~11.5mm绝缘外径为11.5mm以上 |
| 功率 | 小功率、中功率、大功率 | 0.5kW以下、0.5~5kW、5kW以上 |
| 绝缘形式 | 实心绝缘、空气绝缘、半空气绝缘 | 绝缘层全部是固体介质、绝缘层大部分是空气、介于上述两者之间 |
| 柔软程度 | 柔软、半柔软、半硬 | 移动使用或承受反复弯曲、可承受多次弯曲、固定使用，可承受一次弯曲 |

射频电缆的型号由型(号)式、特征阻抗和内导体特征三部分组成，表示形式为：型式_特征阻抗_内导体绝缘外径标称值。

电缆型式分为内导体、绝缘、外导体、外护套四种。内导体的典型结构型式有实心内导体、绞线内导体、管状内导体、皱纹管内导体，内导体的主要材料有裸铜线、铝线、铜包钢线、铜包铝(管)线、铜合金线、镀银铜线、镀锡铜线、镀镍铜线、高阻线。射频同轴电缆的绝缘是射频信号传输的介质，要求其材料和结构能保证电缆有尽可能低的损耗，而且还必须具有足够的机械强度，来保证内、外导体处于同轴位置。射频同轴电缆绝缘可分为实心、空气及半空气绝缘。同轴电缆外导体同时起着导体和屏蔽作用，其机械、物理性能以及密封性能对电缆成品的传输质量有很大影响，外导体形式主要有编织外导体、铜管或铝管外导体、皱纹管外导体、皱纹带纵包外导体、铝(铜)箔纵包及编织外导体、编织浸锡外导体等。同轴电缆的护套材料必须根据电缆的使用环境条件进行选择，一般来说，射频同轴电缆的护套应具有柔软性、坚固性、表面光滑圆整、阻燃性、不透潮气，并能抵抗环境中的污染、辐照、高低温、腐蚀及霉菌等的作用，主要材料和型式有聚氯乙烯护套、聚乙烯护套、聚氨酯护套、氟塑料护套、玻璃丝编织护套等。

射频同轴电缆的使用长度较短，在较小的损耗下传送高频、超高频率的能量，所以其电性能的要求较高。射频电缆有35Ω、41Ω、50Ω、75Ω、100Ω、150Ω、200Ω等多种特性阻抗，在企业中常用的射频同轴电缆特性阻抗有50Ω、75Ω，50Ω特性阻抗的射频同轴电缆主要用于数据信号传输，75Ω特性阻抗的射频同轴电缆主要用于视频信号传输。

在企业中，无线通信系统馈电电缆主要有实心聚四氟乙烯绝缘同轴电缆和皱纹铜(铝)管外导体射频同轴电缆两种型号，两种型号与线径的衰减值见表E-8和表E-9。

**表E-8　实心聚四氟乙烯绝缘同轴电缆衰减值**

| 电缆型号 | 测试频率(dB/m，MHz) | | | | | | | 护套最大外径/mm |
|---|---|---|---|---|---|---|---|---|
| | 100 | 450 | 800 | 1000 | 2000 | 3000 | 6000 | |
| HSCFF-50-1 | 0.55 | 0.95 | 1.10 | 1.23 | 1.76 | 2.18 | 3.15 | 1.60 |
| HSCFF-50-2 | 0.22 | 0.48 | 0.65 | 0.74 | 1.07 | 1.33 | 1.96 | 2.5 |
| HSCFF-50-3 | 0.13 | 0.28 | 0.37 | 0.41 | 0.61 | 0.78 | 1.15 | 4.10 |
| HSCFF-50-3.5 | 0.12 | 0.25 | 0.32 | 0.36 | 0.53 | 0.66 | 1.01 | 4.7 |
| HSCFF-50-5 | 0.10 | 0.20 | 0.25 | 0.28 | 0.41 | 0.53 | 0.81 | 7.00 |

**表E-9　皱纹铜(铝)管外导体射频同轴电缆衰减值**

| 电缆型号 | 测试频率(dB/100m，MHz) | | | | | | | 护套最大外径/mm |
|---|---|---|---|---|---|---|---|---|
| | 150 | 450 | 900 | 1800 | 2000 | 2200 | 2500 | |
| HCAHY-50-5 | 8.07 | 14.22 | 20.45 | 29.60 | 31.33 | 32.99 | 35.37 | 8.20 |
| HCAAY-50-6 | 5.50 | 9.88 | 14.47 | 21.45 | 22.80 | 24.10 | 25.99 | 9.80 |
| HCAHY-50-7 | 5.40 | 9.70 | 14.19 | 21.03 | 22.35 | 23.63 | 25.47 | 10.80 |
| HCAAY-50-8 | 4.58 | 8.16 | 11.86 | 17.41 | 18.48 | 19.51 | 20.98 | 11.50 |
| HCAHY-50-9 | 4.35 | 7.83 | 11.47 | 17.02 | 18.10 | 19.14 | 20.64 | 13.90 |
| HCAAY-50-12 | 3.00 | 5.32 | 7.70 | 11.23 | 11.90 | 12.55 | 13.48 | 16.40 |
| HCAHY-50-17 | 2.02 | 3.64 | 5.33 | 7.92 | 8.42 | 8.91 | 9.60 | 22.50 |
| HCAAY-50-21 | 1.69 | 3.03 | 4.42 | 6.51 | 6.92 | 7.31 | 7.87 | 28.30 |
| HCAHY-50-22 | 1.54 | 2.77 | 4.08 | 6.08 | 6.47 | 6.85 | 7.39 | 28.80 |
| HCAAY-50-23 | 1.45 | 2.60 | 3.81 | 5.65 | 6.00 | 6.34 | 6.84 | 28.30 |
| HCAHY-50-32 | 1.23 | 2.23 | 3.29 | 4.93 | 5.25 | 5.56 | 6.01 | 40.00 |
| HCAAY-50-42 | 1.01 | 1.86 | 2.78 | 4.22 | 4.51 | 4.79 | 5.19 | 51.00 |

无线通信系统馈电电缆可用于无线电移动通信、无线遥控、无线报警的系统。无线电波不能直接传播或传播不良的隧道、地下管廊、地下建筑等环境中，既可传输射频信号，又可作为发送、接收天线。漏泄同轴电缆是一种新型的天馈线，具有低衰减、耦合损耗波小、辐射场强均匀等优点，既有传输信号的作用，又有天线的功效，可将受控的电磁波信

号沿线路均匀地辐射出去及接收进来，实现对电磁场弱区和盲区的覆盖。在石油化工企业中对钢结构遮挡严重及设计未估计到的弱信号区采用漏泄同轴电缆进行信号覆盖补救，不失为一种便利可行的简单措施。漏泄同轴电缆型号及名称见表 E－10。

**表 E－10 漏泄同轴电缆型号及名称**

| | 型号 | 名称 |
|---|---|---|
| 皱纹铜管外导体耦合型 | HLCAAY－50－绝缘外径 | 50Ω 铜包铝内导体泡沫聚烯烃绝缘皱纹铜管外导体聚乙烯护套耦合型漏泄同轴电缆 |
| | HLCAAYZ－50－绝缘外径 | 50Ω 铜包铝内导体泡沫聚烯烃绝缘皱纹铜管外导体阻燃聚烯烃护套耦合型漏泄同轴电缆 |
| | HLCTAY－50－绝缘外径 | 50Ω 光滑铜管内导体泡沫聚烯烃绝缘皱纹铜管外导体聚乙烯护套耦合型漏泄同轴电缆 |
| | HLCTAYZ－50－绝缘外径 | 50Ω 光滑铜管内导体泡沫聚烯烃绝缘皱纹铜管外导体阻燃聚烯烃护套耦合型漏泄同轴电缆 |
| | HLHTAY－50－绝缘外径 | 50Ω 螺旋形皱纹铜管内导体泡沫聚烯烃绝缘皱纹铜管外导体聚乙烯护套耦合型漏泄同轴电缆 |
| | HLHTAYZ－50－绝缘外径 | 50Ω 螺旋形皱纹铜管内导体泡沫聚烯烃绝缘皱纹铜管外导体阻燃聚烯烃护套耦合型漏泄同轴电缆 |
| 纵包铜带外导体辐射型 | HLRCTCY－50－绝缘外径 | 50Ω 光滑铜管内导体泡沫聚烯烃绝缘纵包辊纹铜带外导体聚乙烯护套辐射型漏泄同轴电缆 |
| | HLRCTCYZ－50－绝缘外径 | 50Ω 光滑铜管内导体泡沫聚烯烃绝缘纵包辊纹铜带外导体阻燃聚烯烃护套辐射型漏泄同轴电缆 |
| | HLRHTCY－50－绝缘外径 | 50Ω 螺旋形皱纹铜管内导体泡沫聚烯烃绝缘纵包辊纹铜带外导体聚乙烯护套辐射型漏泄同轴电缆 |
| | HLRHTCYZ－50－绝缘外径 | 50Ω 螺旋形皱纹铜管内导体泡沫聚烯烃绝缘纵包辊纹铜带外导体阻燃聚烯烃护套辐射型漏泄同轴电缆 |
| | HLRCTY－50－绝缘外径 | 50Ω 光滑铜管内导体泡沫聚烯烃绝缘纵包光滑铜带外导体聚乙烯护套辐射型漏泄同轴电缆 |
| | HLRCTYZ－50－绝缘外径 | 50Ω 光滑铜管内导体泡沫聚烯烃绝缘纵包光滑铜带外导体阻燃聚烯烃护套辐射型漏泄同轴电缆 |
| | HLRHTY－50－绝缘外径 | 50Ω 螺旋形皱纹铜管内导体泡沫聚烯烃绝缘纵包光滑铜带外导体聚乙烯护套辐射型漏泄同轴电缆 |
| | HLRHTYZ－50－绝缘外径 | 50Ω 螺旋形皱纹铜管内导体泡沫聚烯烃绝缘纵包光滑铜带外导体阻燃聚烯烃护套辐射型漏泄同轴电缆 |

在企业中应用漏泄同轴电缆时需对漏泄同轴电缆进行防爆处理。

## E.3　线缆屏蔽

线缆屏蔽是减少回路间相互干扰和外部干扰的一种有效方法，屏蔽是利用金属屏蔽体把主串回路和被串回路隔开，使干扰电磁场减弱的一种措施。电缆上的屏蔽体通常是圆柱形，屏蔽有单层、双层或多层重叠缠绕的金属带或细金属导线组成，有时采用双层或多层复合的屏蔽层。

按屏蔽的作用原理电缆的屏蔽体可分为静电屏蔽体、静磁屏蔽体及电磁屏蔽体3种。静电屏蔽体的作用是使电场始终止于屏蔽体的金属表面上，并通过接地的方法把电荷传送到大堤中。如图E－2所示为静电屏蔽体。图E－2(a)为静电屏蔽体不与大地连接时，被干扰导体b上受到的静电感应影响，图E－2(b)为静电屏蔽体与大地连接时，被干扰导体b上受到的静电感应影响。通常静电屏蔽体由逆磁材料(铜、铝、铅等)制成。

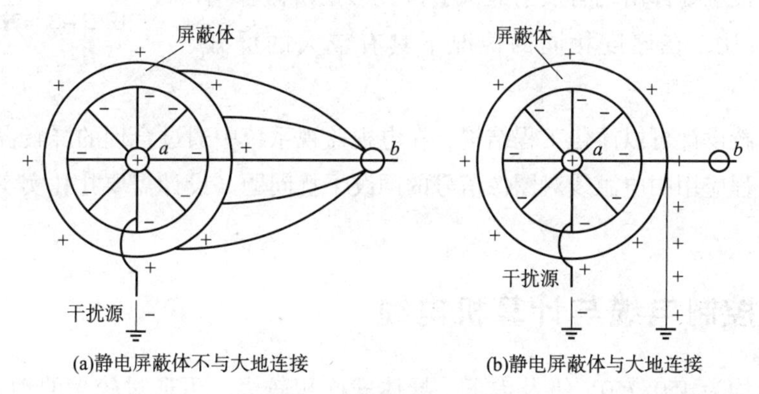

(a)静电屏蔽体不与大地连接　(b)静电屏蔽体与大地连接

**图E－2　电缆静电屏蔽体**

静磁屏蔽体的作用是把磁场限制于屏蔽体内，通常用强磁材料钢制成。由于强磁材料磁导系数很高，屏蔽体磁阻很小，因而干扰源产生的磁通大部分被限制于强磁屏蔽体中而只有少部分进入被屏蔽的空间。屏蔽体的磁导系数越大及屏蔽体厚度越大，则屏蔽效果越好。

静电屏蔽体、静磁屏蔽体仅在低频时有效，而高频时则应用电磁屏蔽体。电磁屏蔽体的屏蔽作用主要是利用屏蔽体表面的反射和屏蔽体内的高频能量衰减来达到的。屏蔽体表面的反射是由于屏蔽体的金属波阻抗和周围的介质如空气或其他绝缘介质的波阻抗不同所引起的；屏蔽体内的能量衰减则是由于金属内涡流引起的损耗所产生的。

电磁能沿着屏蔽体的作用过程与电磁能沿着线路传输的过程类似，屏蔽过程中的屏蔽吸收衰减相当于传输过程的固有衰减，屏蔽过程中的反射衰减相当于传输过程中由于波阻抗引起的反射衰减。不同的地方在于电磁能沿着线路传输时，能量的方向是与导线的传输方向一致，而电磁能在屏蔽体中，能量的方向是与导线的传输方向相垂直，通过介质—屏蔽体—介质的方向辐射出去，见图E－3。因此，电磁能除了在屏蔽体内要产生衰减以外，在介质至屏蔽体和屏蔽体至介质这两个边界上均将出现很大的反射衰减。在线路传输过程中，必须努力避免反射衰减的出现，而对于线路屏蔽而言，则希望有较大的反射，以便得到较大的屏蔽效应。

屏蔽密度为被编织线覆盖的表面与整个被编织的线缆表面之比，屏蔽密度直接影响屏蔽层的抗干扰能力，一般电缆铜线编织密度要求覆盖密度 >90%，编制线直径 >0.1mm，对于所有带屏蔽层的特殊线缆，组屏蔽引流线的直径 >0.4mm，总屏蔽引流线的直径 >0.6mm。

屏蔽线缆的屏蔽效果，频率越高，屏蔽层越厚，屏蔽效果越好。屏蔽层数越多，屏蔽效果也越好，这是由于多层屏蔽体在层与层接触处都出现有反射衰减，因此多层屏蔽体与单层屏蔽体对比，在厚度相同的情况下具有较大的屏蔽效果。

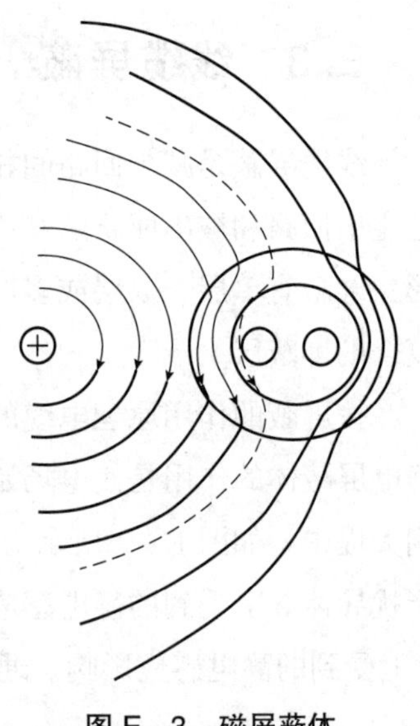


图 E-3　磁屏蔽体

合理的屏蔽设计可以简化工程结构，在电视监视系统中通过合理的屏蔽设计解决了综合视频电缆工程应用中电源线对图像信号的网纹干扰问题。设计需要扎扎实实，不能摸着石头乱过河。

## E.4　控制电缆与计算机电缆

控制电缆均为450/750V 级及以下，导体截面积较大，可通过较大的动力控制电流，计算机电缆大多是300/500V 级，导体截面积较小，主要用于传输信号或测量用的弱电流。通常控制电缆不进行对绞或组绞，在弱电压信号传输时抗串音与电磁干扰能力较弱，电信常用控制电缆见表 E-11。

表 E-11　电信常用控制电缆主要品种

| 产品名称 | 型号 | 导体长期允许工作温度/℃ | 敷设场所及要求 |
|---|---|---|---|
| 铜芯聚氯乙烯绝缘聚氯乙烯护套控制电缆 | KVV | 70 | 敷设在室内、电缆沟、管道等固定场所 |
| 铜芯聚氯乙烯绝缘聚氯乙烯护套编织屏蔽控制电缆 | KVVP | 70 | 敷设在室内、电缆沟、管道等要求防干扰的固定场所 |
| 铜芯聚氯乙烯绝缘聚氯乙烯护套铜带屏蔽控制电缆 | $KVVP_2$ | 70 | 敷设在室内、电缆沟、管道等要求防干扰的固定场所 |
| 铜芯聚氯乙烯绝缘聚氯乙烯护套铝塑复合带屏蔽控制电缆 | $KVVP_3$ | 70 | 敷设在室内、电缆沟、管道等要求防干扰的固定场所 |

续表

| 产品名称 | 型号 | 导体长期允许工作温度/℃ | 敷设场所及要求 |
|---|---|---|---|
| 铜芯聚氯乙烯绝缘聚氯乙烯护套钢带铠装控制电缆 | $KVVP_{22}$ | 70 | 敷设在室内、电缆沟、管道、直埋等能承受较大机械外力的固定场所 |
| 铜芯聚氯乙烯绝缘聚氯乙烯护套细钢丝铠装控制电缆 | $KVVP_{32}$ | 70 | 敷设在室内、电缆沟、管道、竖井等能承受较大机械拉力的固定场所 |
| 铜芯聚氯乙烯绝缘聚氯乙烯护套铜带屏蔽钢带铠装控制电缆 | $KVVP_{22}$ | 70 | 敷设在室内、电缆沟、管道、直埋等要求防干扰并能承受较大机械外力的固定场所 |
| 铜芯聚氯乙烯绝缘聚氯乙烯护套控制软电缆 | KVVR | 70 | 敷设在室内、有移动要求、柔软、弯曲半径较小的场所 |
| 铜芯聚氯乙烯绝缘聚氯乙烯护套编织屏蔽控制软电缆 | KVVRP | 70 | 敷设在室内、有移动要求、柔软、弯曲半径较小要求防干扰的场所 |

控制电缆与计算机电缆产品型号中各字母代表意义见表E－12。

**表E－12 产品型号中各字母代表意义**

| 系列代号 | | 结构特征代号 | |
|---|---|---|---|
| 控制电缆 | K | 铜丝编织屏蔽 | P |
| 计算机电缆 | DJ | 铜带屏蔽 | P2 |
| 材料特征代号 | | 铝/塑复合带屏蔽 | P3 |
| 铜导体 | 省略 | 软机构(移动敷设) | R |
| 聚氯乙烯绝缘 | V | 双钢带铠装 | 2 |
| 聚乙烯绝缘 | Y | 钢丝铠装 | 3 |
| 交联聚乙烯或交联聚烯烃绝缘 | YJ | 聚氯乙烯外护套 | 2 |
| 硅橡胶绝缘 | G | 聚乙烯或聚烯烃外护套 | 3 |
| 氟塑料绝缘 | F | 硅橡胶外护套 | G |
| 聚烯烃绝缘 | E(或Y) | 氟塑料外护套 | F |
| 燃烧特性代号 | | | |
| 单根燃烧 | 省略 | | |
| A类成束燃烧 | ZA | | |
| B类成束燃烧 | ZB | | |
| C类成束燃烧 | ZC | | |
| 无卤 | W | | |
| 低烟 | D | | |
| 耐火 | N | | |

在表E－13中控制电缆的产品规格电缆的标准系列芯数为2、3、4、5、7、8、10、12、14、16、19、24、27、30、37、44、48、52芯和61芯，其他芯数控制电缆属于特殊制造的非标准规格产品，需要特殊制造。耐火、低烟无卤阻燃等控制电缆的芯数规格与常规的控制电缆相同，控制电缆在成缆过程中不分线组。

**表 E－13 控制电缆产品规格**

<table>
<tr><th rowspan="3">型号</th><th rowspan="3">额定电压</th><th colspan="8">导体标称截面积/mm²</th></tr>
<tr><th>0.5</th><th>0.75</th><th>1.0</th><th>1.5</th><th>2.5</th><th>4</th><th>6</th><th>10</th></tr>
<tr><th colspan="8">芯数</th></tr>
<tr><td>KYJV、KYJVP<br>KYJY、KYJYP</td><td rowspan="5">450/750V</td><td>—</td><td colspan="4">2～61</td><td colspan="2">2～14</td><td>2～10</td></tr>
<tr><td>KYJVP2、KYJVP3<br>KYJY、KYJYP3</td><td>—</td><td colspan="4">4～61</td><td colspan="2">4～14</td><td>4～10</td></tr>
<tr><td>KYJV22、KYJY23</td><td>—</td><td colspan="3">7～61</td><td>4～61</td><td colspan="2">4～14</td><td>4～10</td></tr>
<tr><td>KYJVP2－22<br>KYJYP2－23</td><td>—</td><td colspan="3">7～61</td><td>4～61</td><td colspan="2">4～14</td><td>4～10</td></tr>
<tr><td>KYJV32、KVYJ33</td><td>—</td><td colspan="2">19～61</td><td colspan="2">7～61</td><td colspan="2">4～14</td><td>4～10</td></tr>
<tr><td>KFF、KFFP</td><td rowspan="11">450/750V<br>0.6/1kV</td><td>—</td><td colspan="4">2～19</td><td colspan="2">2～12</td><td>—</td></tr>
<tr><td>KFFP2、KFFP3</td><td>—</td><td colspan="4">2～19</td><td colspan="2">2～12</td><td>—</td></tr>
<tr><td>KFFR、KFFRP</td><td colspan="5">2～19</td><td colspan="2">2～12</td><td>—</td></tr>
<tr><td>KFF9F</td><td>—</td><td>—</td><td colspan="3">2～19</td><td colspan="2">—</td><td>—</td></tr>
<tr><td>KGG、KGGP</td><td>—</td><td colspan="4">2～61</td><td colspan="2">2～14</td><td>2～10</td></tr>
<tr><td>KGGP2、KGGP3</td><td>—</td><td colspan="4">4～61</td><td colspan="2">2～14</td><td>2～10</td></tr>
<tr><td>KGG2G</td><td>—</td><td colspan="3">7～61</td><td>4～61</td><td colspan="2">2～10</td><td>2～10</td></tr>
<tr><td>KGGP2－2G<br>KGGP3－2G</td><td>—</td><td colspan="3">7～37</td><td>4～37</td><td colspan="2">2～14</td><td>2～10</td></tr>
<tr><td>KGG3G</td><td>—</td><td colspan="4">7～37</td><td colspan="2">2～14</td><td>2～10</td></tr>
<tr><td>KGGR</td><td colspan="5">2～61</td><td colspan="2">—</td><td>—</td></tr>
<tr><td>KGGRP</td><td colspan="3">2～61</td><td colspan="2">2～48</td><td colspan="2">—</td><td>—</td></tr>
</table>

计算机电缆产品规格见表 E－14，计算机电缆的芯线按对组、三线组、四线组呈组绞结构，设计过程中根据使用的电气参数需要选择适宜的产品规格。

**表 E－14 计算机电缆产品规格**

<table>
<tr><th rowspan="2">型号</th><th rowspan="2">导体标称截面积/mm²</th><th colspan="3">成缆元件结构</th></tr>
<tr><th>对线组</th><th>三线组</th><th>四线组</th></tr>
<tr><td>聚乙烯绝缘、聚氯乙烯绝缘、交联聚乙烯绝缘、无卤低烟阻燃聚烯烃绝缘</td><td>0.5、0.75、1.0、1.5、2.5</td><td>1～50</td><td>1～24</td><td>1～10</td></tr>
<tr><td>硅橡胶绝缘</td><td>0.5、0.75、1.0、1.5、2.5</td><td>1～50</td><td>1～24</td><td>1～10</td></tr>
<tr><td rowspan="2">氟塑料绝缘</td><td>0.5、0.75、1.0</td><td>1～19</td><td>1～10</td><td></td></tr>
<tr><td>1.5、2.5</td><td>1～10</td><td>1～10</td><td></td></tr>
</table>